# VIE, TRAVAUX

ET

## DOCTRINE SCIENTIFIQUE

D'ÉTIENNE

## GEOFFROY SAINT-HILAIRE.

# A MA MÈRE.

I. GEOFFROY SAINT-HILAIRE.

# VIE, TRAVAUX

ET

## DOCTRINE SCIENTIFIQUE

D'ÉTIENNE

# GEOFFROY SAINT-HILAIRE ;

PAR SON FILS

## M. ISIDORE GEOFFROY SAINT-HILAIRE,

MEMBRE DE L'INSTITUT (ACADÉMIE DES SCIENCES),
CONSEILLER ORDINAIRE ET INSPECTEUR GÉNÉRAL DE L'UNIVERSITÉ,
PROFESSEUR-ADMINISTRATEUR AU MUSÉUM D'HISTOIRE NATURELLE.

Je ne juge pas ; je raconte.
*Goethe : Sur la discussion académique
entre Cuvier et Geoffroy Saint-Hilaire.*

## PARIS,

Chez P. BERTRAND, ÉDITEUR,

LIBRAIRE DE LA SOCIÉTÉ GÉOLOGIQUE DE FRANCE,
rue Saint-André-des-arcs, 65.

## STRASBOURG,

Chez Veuve LEVRAULT, libraire, rue des Juifs, 33.

### 1847.

# AVANT-PROPOS.

L'auteur de cet ouvrage a, moins que tout autre, il le sait, le droit de louer Étienne Geoffroy Saint-Hilaire. L'éloge n'a de prix que s'il résulte d'un jugement impartial. L'appréciation des services rendus par Geoffroy Saint-Hilaire à la science et à son pays, appartient à celui qui la ferait, non avec le plus de bonheur, mais avec le plus de justice.

Mais, sans oublier qu'il ne peut être juge, et qu'il ne doit pas être panégyriste, l'auteur a pensé que tout ce qu'il avait le droit de faire, sans manquer à des convenances qu'il respecte, il avait aussi le devoir de l'accomplir, et que

mieux placé que personne pour connaître et faire connaître la vie et les
travaux de Geoffroy Saint-Hilaire, il
lui appartenait plus qu'à personne d'en
retracer l'histoire. Tel est le sentiment
avec lequel il a pris la plume, pour
écrire, en termes simples, le récit de
la vie et le résumé des travaux de son
père.

# VIE, TRAVAUX ET DOCTRINE

DE

# GEOFFROY SAINT-HILAIRE.

## CHAPITRE PREMIER.

### ENFANCE ET PREMIÈRE JEUNESSE DE GEOFFROY SAINT-HILAIRE.

I. Origine. — Enfance et éducation. — Premières études scientifiques sous Brisson. — II. Premières relations avec Haüy, Lhomond et Daubenton. — Études de minéralogie et de cristallographie. — III. Haüy et treize autres ecclésiastiques sauvés des massacres de septembre 1792. — IV. Retour à Étampes. Lettres d'Haüy. — V. Circonstances de l'entrée de Geoffroy Saint-Hilaire au Jardin des plantes. — Offre faite à Lacépède, et noble refus de celui-ci. (1772 — 1793).

### I.

Étienne Geoffroy Saint-Hilaire est né à Étampes, le 15 avril 1772.

Il appartenait à une famille honorable, mais peu fortunée, qui, de Troyes, était venue vers 1720 s'établir à Étampes. C'est une autre branche de la même famille qui, dans le dix-huitième siècle, avait donné trois membres à l'Académie des sciences. Par un concours assez singulier de circonstances semblables dans la vie de deux hommes, d'ailleurs fort différents de caractère et d'esprit, le

1

plus célèbre des anciens Geoffroy était né en 1672,
précisément un siècle avant Étienne Geoffroy Saint-
Hilaire; il avait porté ce même prénom d'Étienne[1];
il avait réuni, jeune encore, au titre d'académicien
celui de professeur au Jardin des Plantes; et l'on
peut ajouter, pour rendre le rapprochement plus
complet, qu'il a émis des idées analogues, dans
un autre ordre de recherches, à quelques-unes des
vues de Geoffroy Saint-Hilaire; au point que le
chimiste et le naturaliste se sont quelquefois rencontrés jusque dans l'emploi des mêmes termes.

Tandis que l'amour et le culte de la science
étaient héréditaires dans la famille du célèbre chimiste, les circonstances au milieu desquelles naissait
Étienne Geoffroy Saint-Hilaire, semblaient l'appeler à revêtir un jour la robe d'avocat ou de
procureur. Son père, Jean-Gérard Geoffroy, exerçait cette dernière profession, et il ne la quitta
que lorsque, au commencement de la révolution,
il fut appelé par élection à siéger au tribunal
d'Étampes. Cité dans le pays pour son austère
probité, il jouissait aussi de la réputation d'un

---

1 Étienne-François. C'est l'auteur de la table des affinités
chimiques. Voyez son Éloge, par Fontenelle.

Les deux autres acàdémiciens de la même famille, sont le
frère aîné d'Étienne-François, Claude-Joseph, qui eut l'honneur
d'être élu à 22 ans, et le fils de celui-ci, mort prématurément,
quelques mois après son admission à l'Académie.

légiste habile et d'un homme éclairé, aimant les lettres et possédant une instruction générale, bien rare à cette époque parmi ceux de sa profession. La pureté de son caractère et les qualités de son esprit lui avaient valu ce qu'il considérait avec raison comme l'une des plus nobles récompenses qu'il pût ambitionner, l'intérêt et l'estime de Malesherbes.

Tel est le sage et vénérable guide que le jeune Geoffroy Saint-Hilaire avait reçu de la nature, et dont la voix fut toujours écoutée par lui avec une égale déférence, qu'il s'agît d'affaires privées ou publiques, ou même de travaux scientifiques.

Deux personnes, de caractères et de goûts bien différents, partagèrent avec Gérard Geoffroy les soins de l'éducation de son fils; l'une, simple et pieuse femme, ne voyant, dans sa modeste vertu, rien au-dessus du soin matériel de la famille et des devoirs intérieurs; l'autre, conservant, dans un âge avancé, une grande activité de pensée; sinon fort instruite, au moins fort désireuse de l'être, et employant les loisirs que lui avait faits la vieillesse, à cultiver tardivement, mais non infructueuse-ment, une belle intelligence. De ces deux femmes, la première était la mère de Geoffroy Saint-Hilaire, l'autre son aïeule paternelle; celle-ci fut, après Gérard Geoffroy, la personne qui exerça la plus grande et la plus heureuse influence sur l'enfance du futur naturaliste. Elle aimait à se faire faire par son petit-fils des lectures à haute voix, et les livres les plus graves étaient ceux qu'elle préférait pour elle-même et pour lui. C'est ainsi que, tout jeune encore, Geoffroy Saint-Hilaire était initié à la connaissance des plus beaux monuments littéraires de l'antiquité et du siècle de Louis XIV. De toutes les lectures qu'il fit à cette époque, une surtout, les *Vies des hommes illustres* de Plutarque, produisit sur lui, à peine âgé de onze ans, une impression profonde; et peut-être son aïeule, en l'introduisant, si prématurément en apparence, dans cette galerie d'admirables modèles de toutes les vertus civiques et privées, eut-elle le bonheur de déposer dans le cœur de son petit-fils les germes précieux que nous verrons bientôt se développer.

Gérard Geoffroy, avec une fortune très-médiocre, avait un grand nombre d'enfants. Il fallut donner de bonne heure une direction au jeune Étienne, et la carrière ecclésiastique parut devoir lui convenir mieux que toute autre. Au collége d'Étampes, où il avait fait ses premières études, il avait montré de l'intelligence et de l'aptitude pour le travail, et son père eût pu concevoir la pensée de lui transmettre sa charge. Mais la constitution de l'enfant était délicate, faible même, et semblait ne pouvoir résister aux fatigues d'une profession laborieuse. Gérard Geoffroy avait d'ailleurs dans le clergé quelques amis dont il regardait la protection comme acquise à l'avance : il ne se trompait pas. Bientôt il eut obtenu pour son fils une bourse au collége de Navarre ; et un peu plus tard, en 1788, sans même que le jeune élève de Navarre eût besoin de quitter Paris, l'un des canonicats du chapitre de Sainte-Croix d'Étampes et un bénéfice assez avantageux lui étaient conférés par un ami de la famille, alors commandataire de l'abbaye de Morigny, près d'Étampes. Cet ami était l'abbé de Tressan, fils du célèbre romancier, et lui-même connu dans les lettres par sa *Mythologie comparée avec l'histoire.*

Ces faveurs n'étaient que les préludes de toutes celles que pouvait espérer Geoffroy Saint-Hilaire, s'il se décidait à entrer, selon les intentions de sa famille, dans la carrière ecclésiastique. Mais il était encore au collége de Navarre, que déjà il se sentait appelé en d'autres voies. Au nombre de ses professeurs, le collége avait l'honneur de compter Brisson, et les élèves de philosophie suivaient son cours de physique expérimentàle. Le jour où Geoffroy Saint-Hilaire y fut admis pour la première fois, fut aussi le jour où il entrevit sa véritable vocation, et pour ainsi dire où il se découvrit lui-même. Bientôt il fut tout à Brisson et à la science ; et lorsque, en 1790, après avoir achevé sa philosophie, il dut quitter le collége de Navarre, il supplia son père de lui permettre de rester à Paris, et de s'inscrire parmi les élèves du Jardin des plantes et du Collége de France.

Mais, à cette époque surtout, la culture des sciences n'était pas une carrière pour un jeune homme sans fortune. Gérard Geoffroy permit à son fils d'entrer comme pensionnaire en chambre au collége du Cardinal Lemoine, et de suivre les cours des établissements scientifiques, mais à la condition de suivre en même temps ceux de l'École de droit. Quoique la jurisprudence lui parût avoir l'aridité de la théologie sans en avoir la grandeur, Geoffroy Saint-Hilaire se résigna si bien, qu'avant la fin de cette même année 1790, il était bachelier en droit. Mais ce premier pas dans la carrière fut aussi le dernier. Il renouvela ses instances auprès de sa famille, et cette fois on décida, à sa grande satisfaction, qu'il ne serait pas jurisconsulte, mais médecin. C'était là sans doute le parti le plus sage que l'on pût prendre, le seul qui pût satisfaire à la fois le fils dans son goût pour la science et le père dans ses prudents calculs d'avenir; mais il en devait être de ce plan si bien combiné comme de tous les autres! Et de même qu'un corps entraîné par la gravitation vers la terre ne s'arrête qu'après l'avoir atteinte, Geoffroy Saint-Hilaire, après avoir délaissé la théologie pour le droit, le droit pour la médecine, devait arriver bientôt de la médecine à la science pure.

## II.

Au collége de Navarre, Geoffroy Saint-Hilaire avait trouvé dans Brisson un maître habile. Au collége du Cardinal Lemoine il allait être plus heureux encore; il allait y devenir l'élève et l'ami d'Haüy.

C'est au réfectoire du collége du Cardinal Lemoine que Geoffroy Saint-Hilaire rencontra l'illustre physicien. Tous deux y venaient chaque jour prendre leurs repas, loin l'un de l'autre, il est vrai; Geoffroy Saint-Hilaire s'asseyait parmi les élèves; Haüy, au contraire, ancien régent de grammaire à Navarre, puis régent émérite de seconde au Cardinal Lemoine, et depuis sept ans déjà membre de l'Académie des Sciences, occupait l'une des places d'honneur à la table des maîtres. Mais il était impossible que la distance établie entre eux par la hiérarchie ne fût pas un jour franchie. Comme Geoffroy Saint-Hilaire, l'abbé Haüy avait fait ses études à Navarre; d'élève devenu maître dans le même collége, il y avait connu et aimé Brisson; c'est en s'entretenant, dans les loisirs que lui laissait sa chaire, avec son savant collègue, qu'il avait pris lui-même le goût de la physique, et avait été initié à la science qui devait immortaliser son nom. Malgré la différence des âges et des positions, que de souvenirs communs entre le savant déjà illustre et le jeune élève en médecine! Aussi, dès le premier jour où le hasard les rapprocha, le plaisir de parler de Navarre, le bonheur de parler de Brisson, le bonheur plus grand encore de parler de science, établit entre eux un lien de mutuelle affection que les événements de 1792 devaient bientôt resserrer de toute la puissance du dévouement et de la reconnaissance.

C'est ainsi que Geoffroy Saint-Hilaire connut Haüy; et bientôt lui, jeune homme de dix-huit ans, il se trouva en tiers dans la douce intimité qui unissait entre eux l'un des membres les plus éminents de l'Académie des sciences et un homme qu'Haüy lui-même ne traitait qu'avec respect, le vénérable Lhomond, régent émérite du Cardinal Lemoine, comme Haüy dont il était l'ami, le commensal et de plus le directeur spirituel. Les entretiens d'Haüy et de Lhomond, véritables leçons privilégiées pour le jeune Geoffroy Saint-Hilaire, étaient aussi variés qu'instructifs. Tantôt le physicien suivait le grammairien sur le terrain qui lui était familier, et Haüy, oubliant un moment qu'il venait de créer la cristallographie, n'était plus que le modeste régent de Navarre et du Cardinal Lemoine. Souvent la zoologie[1], la botanique, qui était

1 Haüy, minéralogiste et physicien illustre, botaniste assez distingué pour avoir appartenu d'abord à la section de botanique de l'Académie des sciences, Haüy possédait aussi des connais-

depuis longtemps la science favorite de Lhomond,
et qu'Haüy, jeune encore, s'était pris aussi à aimer
et à apprendre, peut-être pour complaire à son
ami ; plus souvent, la physique, la chimie, la
minéralogie, faisaient le sujet de la conversation.
Quelquefois on discutait des questions moins abstraites : les interlocuteurs échangeaient leurs pensées sur les événements et sur les hommes de
l'époque ; et la simple, mais ferme vertu des
deux prêtres, le calme d'Haüy toujours occupé de
ses travaux, la constante sérénité de son âme,
n'étaient pas pour Geoffroy Saint-Hilaire des enseignements moins salutaires et moins bien compris que les plus belles théories scientifiques du
célèbre physicien.

Sous l'influence d'une telle amitié et d'un tel
exemple, Geoffroy Saint-Hilaire s'affermissait chaque jour dans la volonté de se consacrer tout entier à la science. Il fréquentait de moins en moins
l'École de médecine, de plus en plus le Jardin des
plantes et le Collége de France. Il devenait l'un des
auditeurs les plus assidus de Fourcroy au Jardin
des plantes ; mais surtout il suivait avec ardeur le
cours de minéralogie que Daubenton faisait alors
au Collége de France. Geoffroy Saint-Hilaire y était
toujours le premier arrivé ; et la leçon faite, il

sances étendues en zoologie. Il a été l'un des collaborateurs de
la partie ichthyologique de l'*Encyclopédie méthodique*.

s'approchait du professeur qui aimait à se voir entouré de ses élèves, et à s'assurer qu'il avait été compris. Les questions que lui adressait quelquefois le jeune disciple d'Haüy, les connaissances étendues qu'il montrait dès lors en physique et en cristallographie, son amour pour la science et l'intelligence qui brillait en lui, ne pouvaient manquer de frapper un juge tel que Daubenton, et de lui inspirer un véritable intérêt pour son élève. En effet, Daubenton ne tarda pas, selon les expressions d'une lettre d'Haüy, à distinguer Geoffroy Saint-Hilaire entre tous ses auditeurs; il l'invita à venir le voir au Jardin des plantes, le chargea de travaux relatifs à son cours, et bientôt, l'appréciant d'autant plus qu'il le connaissait davantage, lui confia la détermination de quelques objets de la collection du Jardin des plantes.

Telle était la position de Geoffroy Saint-Hilaire à vingt ans. Justement fier et heureux de l'affection et de l'estime d'Haüy, de la bienveillance qu'il venait d'inspirer à Daubenton, plein d'ardeur pour la science, il n'avait plus qu'une seule pensée : celle de cultiver la minéralogie sous les auspices des deux illustres professeurs.

Mais, tandis qu'il se livrait paisiblement à ses travaux et à ses espérances, les événements les plus graves, les plus terribles éclataient autour de lui; et il ne s'agissait plus d'écouter ses maîtres, mais de les sauver.

### III.

Au moment même où l'Europe coalisée portait la guerre sur notre territoire, le trône, depuis long-temps ébranlé, de Louis XVI, s'écroulait sous la colère du peuple. Par la journée du 10 août, la nation se trouva divisée en deux classes ennemies; et la main du redoutable vainqueur s'appesantit aussitôt sur les vaincus.

Geoffroy Saint-Hilaire, jeune et obscur étudiant, n'avait rien à redouter pour lui-même. Mais ceux qui l'entouraient, étaient, par leur qualité de prêtres non assermentés, désignés à l'avance à la persécution. Haüy, comme le plus illustre, fut arrêté l'un des premiers. Dès le 12 ou 13 août, Geoffroy Saint-Hilaire eut la douleur de voir ce maître bien-aimé, arraché de sa modeste cellule du Cardinal Lemoine, et conduit au séminaire Saint-Firmin, dont on venait de faire une prison. Les autres ecclésiastiques du Cardinal Lemoine et de Navarre furent de même presque tous incarcérés; et comme la prison de Saint-Firmin, précisément attenante au Cardinal Lemoine, était la plus voisine de ce collége et de Navarre[1], elle réunit la plupart des maîtres de ces deux établissements.

---

1 Les bâtiments du Cardinal Lemoine existent encore en partie dans les chantiers qui portent ce nom (rue Saint-Victor et quai Saint-Bernard). Le Séminaire Saint-Firmin ou de la

En voyant frapper tout ce qu'il aime et tout ce qu'il vénère, Geoffroy Saint-Hilaire élève son courage au niveau de sa douleur; il se promet à lui-même de tout tenter, de tout braver pour les prisonniers. Haüy, qui lui est le plus cher de tous, est aussi, il le sent, le plus facile à sauver. Il court chez Daubenton, chez tous les savants qu'il connaît, chez tous ceux qu'il ne connaît pas, mais auxquels il sait un noble cœur; et telles sont l'activité, la chaleur de ses démarches, que la liberté d'Haüy est, dès le lendemain, sollicitée par plusieurs hommes influents, réclamée au nom de l'Académie, et obtenue. Le 14 août, à dix heures du soir, Geoffroy Saint-Hilaire a entre les mains l'ordre de délivrance : quelques minutes après, il est à Saint-Firmin, se jette au cou d'Haüy, et lui dit : Venez, vous êtes libre ! Mais l'illustre physicien, voyant autour de lui plusieurs de ses collègues et amis, semblait se croire encore au Cardinal Lemoine. Aussi calme que son jeune libérateur est ému, il lui objecte qu'il est tard, et demande à passer encore une nuit en prison. Et quand, le lendemain matin, Geoffroy Saint-Hilaire et d'autres amis

Mission qui, avant 1624, était aussi un collége, est devenu, après la révolution, l'Institution des jeunes aveugles : il vient d'être converti en caserne. Le collége de Navarre, en très-grande partie reconstruit et considérablement augmenté, est présentement l'École polytechnique.

reviennent près d'Haüy, il leur faut encore consentir à un nouveau délai; car le 15 août est un jour de fête, et le prisonnier veut avant tout assister à l'office divin[1]. Enfin, après quelques heures, Haüy consent à suivre Geoffroy Saint-Hilaire, et bientôt il se retrouve au Cardinal Lemoine, près du vénérable Lhomond, délivré aussi, presque aussitôt qu'arrêté, grâce à la puissante protection de l'un de ses anciens élèves, Tallien.

Geoffroy Saint-Hilaire venait de payer sa dette à Haüy : mais il ne pouvait se livrer à la joie, tandis que ses respectables professeurs de Navarre et du Cardinal Lemoine restaient sous les verroux. Que faire pour eux? telle est, jour et nuit, sa

---

[1] Dans le bel éloge d'Haüy, lu par Cuvier, en 1823, à l'Académie des sciences, après un récit, en général exact, de l'arrestation et de la délivrance d'Haüy, l'auteur dit : « Le « lendemain matin il fallut presque l'entraîner de force ; on « frémit encore en songeant que *le surlendemain fut le 2 septembre.* » On voit, par le récit que nous avons fait nous-même d'après divers documents, que cette dernière phrase ne doit pas être prise à la lettre.

Tous ceux qui ont assisté à la séance où fut prononcé l'éloge d'Haüy, se souviennent encore de la profonde sensation qu'il produisit, et des vives sympathies dont Geoffroy Saint-Hilaire se vit l'objet de la part de l'assemblée tout entière. Son émotion était déjà extrême, lorsqu'un des assistants s'élance vers lui, en s'écriant : « Cher ami, cœur, esprit, talent, vous avez tout! » Cet ami chez lequel le récit d'une noble action venait d'allumer un si généreux enthousiasme, c'était le général Foy.

pensée de tous les instants. Quelques démarches sont essayées; elles échouent. Plusieurs jours encore s'écoulent; on touche à la fin d'août, et les portes de Saint-Firmin ne se sont plus ouvertes pour aucun des prisonniers. Cependant les circonstances sont devenues plus graves encore; Danton a prononcé ces terribles paroles : *il faut faire peur aux royalistes,* et le sens sinistre de cette menace n'est que trop facile à comprendre ! Geoffroy Saint-Hilaire sent que le moment des démarches est passé : il n'y a plus un instant à perdre; s'il reste quelque espérance de salut, elle est toute en lui seul et en son dévouement.

Un plan d'évasion s'était présenté à son esprit : il fait aussitôt ses préparatifs. A la faveur des relations qui naissent du voisinage, il avait déjà réussi à gagner l'un des employés de Saint-Firmin; le 1er septembre, par l'entremise de son barbier, il parvient à se procurer la carte et les insignes d'un commissaire des prisons. Retiré dans sa chambre, dont la fenêtre avait jour sur Saint-Firmin, il attend, plein d'anxiété, le moment favorable. Le 2 septembre, à deux heures, au moment où le tocsin sonne, où le désordre est partout, il revêt ses faux insignes; il se présente à la prison; il y pénètre, et bientôt ses maîtres connaissent les moyens d'évasion qu'il a préparés. Tout est prévu, leur dit-il, et vous n'avez qu'à me suivre. Tout avait été prévu, en effet ; tout, sinon le dévouement sublime de ces vénérables prêtres : « Non, répond l'un d'eux, l'abbé de Keranran, proviseur de Navarre ; non ! Nous ne quitterons pas nos frères. Notre délivrance rendrait leur perte plus certaine ! »

Les supplications de Geoffroy Saint-Hilaire ne purent vaincre leur résolution[1]. Il sortit, plein de regrets, suivi d'un seul ecclésiastique qu'il ne connaissait pas.

Dans la même journée, le massacre, qui, vers trois heures, avait commencé aux Carmes et à l'Abbaye, devint général. De sa fenêtre, Geoffroy Saint-Hilaire vit frapper plusieurs victimes : il vit, et cet horrible spectacle lui est toujours resté présent, il vit précipiter d'un second étage un vieillard qui n'avait pas répondu à l'appel, soit qu'il eût voulu se cacher, soit peut-être qu'il fût sourd !

1 Presque au même moment où ces vénérables ecclésiastiques refusaient de quitter Saint-Firmin, d'autres prêtres, aux Carmes, se sacrifiaient aussi à leurs frères. « Quelques-uns, dit « Peltier (*Récit de la révolution du 10 août*), purent se sauver « en escaladant les murs.... ; mais pensant que leur absence « pourrait faire massacrer leurs compagnons, ils rentrèrent, à « l'exception d'un petit nombre. » Ce trait, fort peu connu, est étranger à notre sujet ; mais on nous pardonnera de le citer ici. Il est impossible de reporter sa pensée sur les horribles journées de septembre, sans ressentir le besoin de la reposer sur quelques-uns des actes de vertu et de dévouement qui brillèrent au milieu de tous les crimes de cette époque néfaste de notre histoire.

Et pourtant, il restait à sa fenêtre, ne pouvan.
détacher son esprit de la pensée d'être utile aux
ecclésiastiques de Navarre et du Cardinal Lemoine,
et toujours prêt à saisir les chances favorables qui
pourraient naître des circonstances. Il attendit en
vain toute la soirée; mais, dès que la nuit fut venue,
il se rendit avec une échelle à Saint-Firmin, à un
angle de mur qu'il avait, le matin même, afin de
tout prévoir, indiqué à l'abbé de Keranran et à ses
compagnons. Il passa plus de huit heures sur le
mur, sans que personne se montrât. Enfin, un
prêtre parut, et fut bientôt hors de la fatale en-
ceinte. Plusieurs autres lui succédèrent. L'un d'eux,
en franchissant le mur avec trop de précipitation,
fit une chute, et se blessa le pied. Geoffroy Saint-
Hilaire le prit dans ses bras, et le porta dans
un chantier voisin. Puis il courut de nouveau
au poste que son dévouement lui avait assigné,
et d'autres ecclésiastiques s'échappèrent encore.
Douze victimes avaient été ainsi arrachées à la
mort, lorsqu'un coup de fusil fut tiré du jardin
sur Geoffroy Saint-Hilaire, et atteignit ses vête-
ments. Il était alors sur le haut du mur, et tout
entier à ses généreuses préoccupations, il ne s'apercevait pas que le soleil était levé !

Il lui fallut donc descendre et rentrer chez lui,
à la fois heureux et désespéré. Il venait de sauver
douze vénérables prêtres; mais il ne devait plus

revoir ses chers maîtres de Navarre : au pieux
rendez-vous convenu entre le libérateur et les victimes, le libérateur seul s'était rendu![1]

## IV.

Deux jours après les massacres de septembre,
Geoffroy Saint-Hilaire était à Étampes. Sa famille
attendait impatiemment de ses nouvelles, lorsqu'il
paraît au milieu d'elle. Il n'a pas encore parlé, que
déjà l'inquiétude causée par son absence a fait place
à une anxiété plus vive encore. Il est pâle, défait,

[1] Nous avons dû rapporter ces faits avec détail. Geoffroy
Saint-Hilaire, dans une de ses lettres, les a lui-même résumés
en ces termes :

«Élevé à Navarre, j'avais vingt ans en 1792 ; j'ai aspiré à
«sauver mes honorés maîtres, le grand-maître, le proviseur
«et les professeurs de mon collége, et de plus les professeurs
«du collége le Cardinal Lemoine, où je demeurais avec Haüy
«et Lhomond. Profitant du désarroi occasionné par le tocsin,
«et d'intelligences acquises à prix d'argent, j'ai pénétré à deux
«heures, le 2 septembre, dans la prison de Saint-Firmin ;
«je m'étais procuré la carte et les insignes d'un commissaire.
«Si le bon M. Keranran et mes autres maîtres n'ont point
«accepté de sortir, cela a tenu à un excès de délicatesse, à la
«crainte de compromettre le sort des autres ecclésiastiques.

«J'ai passé la nuit du 2 au 5 septembre sur une échelle en
«dehors de Saint-Firmin, et douze ecclésiastiques, qui m'étaient
«inconnus, échappèrent le 5, à quatre heures du matin. L'un
«d'eux se blessa le pied ; je le portai dans un chantier voisin
«où, pour courir à d'autres infortunés, je fus forcé de le
«laisser, et d'où il réussit à s'évader.»

épuisé, presque sans voix : à peine peut-il retracer les effroyables scènes auxquelles il vient d'assister et de prendre part, ses angoisses durant ces longues heures d'attente sur le mur de Saint-Firmin, et le succès, pour lui si douloureusement incomplet, de son dévouement.

C'était le prélude d'une grave maladie. Le jeune homme de vingt ans avait bien pu élever son énergie morale, mais non ses forces physiques, au niveau des terribles événements des 2 et 3 septembre, et maintenant, il succombait sous le poids des émotions si diverses qui l'avaient tour à tour agité. Les médecins appelés le trouvèrent atteint d'une fièvre nerveuse qui ne le quitta pas pendant une semaine. Enfin le malade, que l'on avait transporté à la campagne, entra en convalescence. Lui-même, dans sa vieillesse, se plaisait encore à raconter comment la vue de la nature, le spectacle des paisibles occupations des villageois, leurs chants rustiques, quelques excursions aux environs d'Étampes, et des études de botanique qu'il fit alors, d'après le conseil d'Haüy, substituèrent peu à peu dans son esprit, à de funèbres tableaux, à de sanglantes images, de douces et calmes pensées, et achevèrent la guérison commencée par la médecine.

Au commencement de l'hiver de 1792 à 1793, Geoffroy Saint-Hilaire put venir reprendre ses occupations à Paris. La mort avait fait bien des vides au Cardinal Lemoine! mais, du moins, il fut reçu à bras ouverts par Haüy et par le vénérable Lhomond.

Le même accueil l'attendait au Jardin des plantes. Dans l'effusion de sa reconnaissance et de son amitié pour son élève, Haüy avait dit à Daubenton ces paroles consignées dans plusieurs biographies : *Aimez, aidez, adoptez mon jeune libérateur.* Jamais prière ne fut plus complétement exaucée. Geoffroy Saint-Hilaire, dès sa première visite, fut accueilli par Daubenton avec une bienveillance tout affectueuse; et peu de mois après, il trouvait dans le vénérable collaborateur de Buffon, un ferme appui et déjà presque un second père.[1]

[1] Nous avons pensé qu'on lirait avec intérêt deux des lettres écrites par Haüy à son jeune ami, en septembre et octobre 1792. En même temps qu'elles complètent utilement le récit que nous venons de faire, elles feront admirer, mieux que tout ce que nous pourrions dire, ce calme, cette sérénité d'âme, cette douce gaîté qu'Haüy sut toujours conserver au milieu des plus graves circonstances.

«Monsieur et cher ami,

«Qu'êtes-vous donc devenu depuis que vous nous avez «quittés, et serai-je encore longtemps condamné à ressentir «doublement le regret de ne plus vous voir, en restant privé «de la seule satisfaction capable de l'adoucir, celle de recevoir «de vos nouvelles? Je tâche d'écarter de mon esprit toutes «les idées que pourrait me suggérer une amitié facile à «s'alarmer, et j'aime à me persuader que votre silence n'est

## V.

C'est en mars 1793 que l'occasion, vivement dési-
rée, d'être utile au jeune protégé d'Haüy, s'offrit pour
la première fois à Daubenton. Lacépède, obligé par

«occasionné que par quelque occupation imprévue, et n'a rien
«de fâcheux que pour moi-même. M. Prêtre... a eu la com-
«plaisance de venir ici de temps en temps. Nous calculons
«ensemble les lois de la cristallisation ; mais il résulte de votre
«absence un *décroissement* dans nos plaisirs que nous sentons
«vivement l'un  et l'autre... M. Daubenton m'a fait part hier
«d'un article composé le matin même sur les théories en his-
«toire naturelle, qui est charmant, et où règne une fraîcheur
«de style étonnante à cet âge. Il interrompt quelquefois nos
«conversations minéralogiques pour me parler de vous, de
«tout ce que vous avez fait pour me prouver votre attache-
«ment, et vous devez croire que dans ce cas, je quitte volon-
«tiers la nature pour l'amitié. J'ai été parfaitement tranquille
«depuis votre départ. J'en profite pour donner un nouveau
«coup de lime à mon traité, et le rendre moins indigne de
«voir le jour, si jamais il y parvient...

«Adieu, mon bon ami ; daignez enfin m'écrire, ne fût-ce que
«deux mots...

«De Paris, ce 26 sept. 1792.                    HAÜY. »


«Monsieur et cher ami,

«La lettre que vous aviez confiée à M. Berthaud ... m'a été
«remise lorsque j'étais sur le point de sortir de dîner ; c'était
«un dessert bien délicat, dont j'ai fait part sur-le-champ à M.
«Lhomond ; nous n'avons jamais été si gais à table, si ce n'est
«quand vous étiez notre vis-à-vis. Je vous félicite, mon cher

divers motifs de se retirer à la campagne, venait de résigner le titre et les fonctions de garde et sous-démonstrateur au Cabinet d'histoire naturelle. Daubenton ne connut pas plus tôt la retraite de Lacépède, qu'il courut chez Bernardin de Saint-Pierre,

« ami, d'avoir pu mettre Andouville sur la carte de vos voyages « de vacance. C'est le séjour des vertus, par une suite natu- « relle, celui du vrai bonheur. Si vous y êtes encore, faites « agréer, s'il vous plaît, à madame de Planoy, l'hommage de « mon très-humble respect. Je ne puis interpréter le motif « qui l'engage à vous présenter comme mon ami, que par le « souvenir qu'elle conserve de tout ce que vous avez fait pour « me prouver votre attachement, et je conçois que c'est un titre « bien propre à inspirer une grande estime pour vous. Le réta- « blissement de votre santé exige que vous écartiez toute occu- « pation sérieuse. Laissez là les problèmes sur les cristaux et « tous ces rhomboïdes et dodécaèdres hérissés d'angles et de « formules algébriques; attachez-vous aux plantes qui se pré- « sentent sous un air bien plus gracieux, et parlent un langage « plus intelligible. Un cours de botanique est de l'hygiène toute « pure; on n'a pas besoin de prendre les plantes en décoction; « il suffit d'aller les cueillir pour les trouver salutaires. Nous « reprendrons l'étude des minéraux, lorsqu'elle sera plus de « saison. Je suis toujours fort tranquille ici; j'ai assisté ces « jours derniers à la revue de notre bataillon, mais sans pique « ni fusil; j'ai seulement répondu à l'appel, après quoi l'on « m'a permis de me retirer; cette démarche m'a procuré beau- « coup d'accueil de la part des principaux membres de la sec- « tion; tous les absents ont été notés; j'ai cru devoir éviter « cette petite disgrâce, et je me conformerai toujours au prin- « cipe, que tout ce qu'on peut faire, on le doit.

« De Paris, ce 6 oct. 1792.                          Haüy. »

alors intendant général du Jardin des plantes; et quelques jours après, le 13, sur la présentation de l'auteur de Paul et Virginie, le Conseil exécutif provisoire nommait Geoffroy Saint-Hilaire à la place vacante. On ne lui donnait toutefois que le titre de sous-garde et sous-démonstrateur du Cabinet d'histoire naturelle.

Cette nomination comblait tous ses vœux; elle l'appelait à donner ses soins aux collections, et par là même lui conférait le droit de puiser librement dans ces inépuisables sources de connaissances positives. Elle resserrait les liens qui déjà l'unissaient à Daubenton; car il devenait l'adjoint de son illustre maître, alors garde et démonstrateur du Cabinet, et le devoir s'ajoutait désormais à l'affection pour créer entre eux des relations de chaque jour. Enfin, si modeste que fût sa place, elle lui assurait un avenir; un logement voisin de celui de Daubenton était mis à sa disposition; et les plans que, dans son ardeur pour les sciences, il s'était tracés à lui-même avec tant de prédilection, étaient maintenant approuvés par la prudence paternelle.

Cependant, à cette époque où les institutions, aussi bien que les hommes, tombaient de toute part sur le sol ébranlé de la France, était-il permis de compter sur le lendemain? A peine Geoffroy Saint-Hilaire devait-il à Daubenton le bonheur d'être attaché au Jardin des plantes, que déjà cet établissement était gravement menacé. De la tempête qui se formait sur lui, il pouvait, il devait sortir, pour Geoffroy Saint-Hilaire, la ruine de toutes ses espérances. Contre toutes les probabilités, ce fut l'inverse qui eut lieu ; et celui qui, trois mois auparavant, avait été si honoré du titre d'adjoint de Daubenton, se trouva tout à coup, sans l'avoir demandé, sans l'avoir prévu, élevé au rang de son collègue. Telle fut l'une des conséquences du mémorable décret, secrètement préparé par Lakanal, et presque aussitôt voté que présenté, par lequel la Convention réorganisa le Jardin des plantes sous le nom de Muséum d'histoire naturelle, y créa douze chaires, et appela à les occuper les douze naturalistes ou, comme on disait alors, les douze *officiers* de l'établissement.

Par la loi du 10 juin, Geoffroy Saint-Hilaire était investi de plein droit de l'une des douze chaires du Muséum. Mais quelques difficultés s'élevèrent.

Fourcroy, que Geoffroy Saint-Hilaire a plus tard compté au nombre de ses meilleurs amis, mais qui, à cette époque, connaissait à peine l'élève d'Haüy et de Daubenton ; Fourcroy, alors membre très-influent du Comité d'instruction publique de la Convention, s'éleva avec une certaine violence contre la mesure qui appelait au professorat un jeune homme à peine âgé de vingt et un ans. L'appui de Daubenton, qui se déclarait avec chaleur garant de la capacité de Geoffroy Saint-Hilaire; la fermeté de Lakanal[1], qui avait appris de Daubenton à l'apprécier, eurent bientôt réduit Fourcroy, sinon à l'approbation, du moins au silence.[2]

1 La lettre suivante, écrite à cette occasion par Gérard Geoffroy à Lakanal, nous a paru digne d'être conservée. Elle achévera de faire connaître le respectable père de Geoffroy Saint-Hilaire, et la ferme confiance qu'il avait dès lors dans l'avenir de son fils. Nous la citons d'après l'original que Lakanal avait précieusement conservé.

> «Étampes, le 12 juillet 1793, l'an II de la
> république française.

«Citoyen représentant,

«Si vous n'aviez été que juste envers mon fils, je ne vous «ferais aucun remercîment, parce que je ne pourrais vous en «faire sans blesser votre délicatesse; mais ayant daigné vous «intéresser à sa jeunesse et à ses succès...., je crois devoir «vous témoigner mes sentiments de manière à vous convaincre «que je suis digne de l'intérêt que vous prenez au bonheur «de ma famille. J'ai huit enfants, et tous sont tels que celui «que vous avez vu, pleins de candeur, d'honnèteté et de désir «de s'avancer dans les différentes carrières qu'ils parcourent : «ils sont tous les amis de leur père, leur père est leur seul «confident. C'est tout ce qu'il m'est permis de vous dire à «leur avantage, et c'en est assez pour vous persuader que le «grain que vous semez dans mon héritage, produira d'excel-«lents et d'abondants fruits, et que vous n'aurez pas à rougir «de vos peines....   GEOFFROY.»

2 Les réclamations de Fourcroy n'étaient pas faites, comme on pourrait le conclure de ce qui va suivre, dans l'intérêt de Lacépède.

Mais d'autres difficultés étaient venues de Geoffroy Saint-Hilaire lui-même; et il fallut, pour les lever, tout l'ascendant de Daubenton sur son jeune collègue. Geoffroy Saint-Hilaire était de l'avis de Fourcroy, il se trouvait trop jeune; puis, lui, minéralogiste, c'est une chaire de zoologie (celle des animaux vertébrés), qu'on lui offrait; car toutes les autres chaires avaient été demandées par les autres professeurs, tous plus anciens que lui. Geoffroy Saint-Hilaire, appelé à une place qu'il ne croyait pas pouvoir remplir dignement, n'hésitait pas sur le parti qu'il avait à prendre : il allait refuser. « Vous ne le ferez pas, dit Daubenton; « j'ai sur vous l'autorité d'un père, et je prends « sur moi la responsabilité de l'événement. Nul n'a « encore enseigné à Paris la zoologie; des jalons « existent à peine de loin en loin pour en faire une « science : tout est à créer; osez l'entreprendre, et « faites que dans vingt ans on puisse dire : La zoo- « logie est une science française. »

C'était faire appel à la fois à tous les sentiments qui avaient le plus de puissance sur Geoffroy Saint-Hilaire; son respect pour Daubenton, son amour pour la science, son patriotisme : sa modestie dut céder.

Mais alors même, il ne donna à Daubenton qu'un consentement conditionnel. Si Lacépède n'eût pas été obligé de quitter Paris et le Jardin des plantes, c'est lui qui eût été nommé à la chaire de zoologie; et les droits qu'il n'avait pas, mais qu'il aurait pu avoir, étaient, pour Geoffroy Saint-Hilaire, aussi respectables, aussi sacrés que ceux des autres professeurs.

Geoffroy Saint-Hilaire, malgré toutes les observations qu'on lui fit, écrivit donc à Lacépède pour lui offrir la chaire : si Lacépède pouvait et désirait venir l'occuper, la démission du jeune titulaire la rendrait immédiatement vacante.

Mais Lacépède mit à refuser autant de fermeté que Geoffroy Saint-Hilaire avait mis d'empressement à offrir; et le jeune professeur, vaincu dans sa modestie, vaincu dans sa délicatesse, prit place au milieu de ses maîtres.[1]

[1] Quoique nous n'ayons pas à écrire ici l'histoire de Lacépède, nous devons saisir l'occasion de rectifier une erreur, trop souvent reproduite, sur la situation de ce célèbre naturaliste à l'époque de l'organisation du Muséum. Ce ne sera d'ailleurs pas sortir de notre sujet; car, sans la rectification que nous allons faire, la conduite de Lacépède vis-à-vis de son jeune confrère, pourrait être attribuée à des motifs beaucoup moins nobles que ceux que nous lui supposons.

Selon les biographes, et selon Cuvier lui-même dans l'Éloge qu'il lut en 1826 à l'Académie des sciences, Lacépède, en 1795, vivait retiré et presque caché à la campagne, n'ayant qu'un seul désir, celui de se faire oublier : son retour à Paris ne put avoir lieu qu'en 1794, après le 9 thermidor; et alors même, dit encore Cuvier, il ne reparut sur la scène qu'avec le titre modeste d'élève de l'École normale.

S'il en était ainsi, le refus par lequel Lacépède répondit à Geoffroy Saint-Hilaire, n'eût été dicté que par le soin de sa propre sûreté; et dans la lettre que nous allons tout à l'heure citer, sous l'apparence des nobles sentiments qu'il exprime, on ne devrait voir qu'une crainte habilement déguisée.

Nous repoussons cette interprétation, et nous allons prouver par les faits que Lacépède, gravement compromis et obligé de se cacher à la fin de 1793 et en 1794, ne l'était pas vers le milieu de 1793, et qu'il eût pu venir, à l'époque de l'organisation du Muséum, occuper la chaire à laquelle Geoffroy Saint-Hilaire lui offrait de renoncer en sa faveur.

Dès le 5 juillet 1793, les professeurs du Muséum, et c'est un de leurs premiers actes, demandaient la création d'une troisième chaire de zoologie, destinée à Lacépède, qu'ils regrettaient vivement de ne plus voir au milieu d'eux.

Le même jour, en attendant la création de la nouvelle chaire, création qu'ils n'obtinrent qu'en frimaire an III, ils écrivaient à Lacépède pour lui offrir de faire un cours libre au Muséum sur les branches de la zoologie dont il avait fait une étude spéciale, l'erpétologie et l'ichthyologie.

Le 12 du même mois, les professeurs recevaient la réponse de Lacépède, qui acceptait avec reconnaissance ce témoignage de l'estime de ses anciens collègues.

Enfin, quelques jours après, une affiche, placardée sur les murs de Paris, faisait connaître au public la nouvelle organisation du Muséum, et le nom de Lacépède, comme si ce savant eût été dès lors légalement installé, s'y trouvait inscrit entre les noms de Geoffroy et de Lamarck.

Il résulte avec évidence de ces faits que Lacépède, sauf la nomination officielle et les avantages de la place, était professeur au Muséum dès le mois de juillet 1793; et dès lors chacun pourra apprécier toute la délicatesse, toute la noblesse du refus qu'il faisait le 30 juin à Geoffroy Saint-Hilaire dans les termes suivants :

« Citoyen,

« Je compte beaucoup sur l'amitié de mes anciens collègues ;
« il se peut qu'elle est assez grande pour leur faire désirer de
« me revoir parmi eux ; une place de professeur de zoologie
« beaucoup moins assujettissante que celle de garde du Cabinet,
« pour laquelle j'ai demandé dans le temps un successeur, ne
« contrarierait pas, ainsi que cette dernière, les soins qu'exigent
« ma mauvaise santé et la continuation de l'Histoire naturelle ;
« je regarde plus que personne, une place de professeur du
« Musæum comme des plus honorables, et le choix de mes an-
« ciens et illustres collègues, comme une grande gloire ; mais
« rien au monde ne pourrait m'engager à recevoir un bienfait
« qui aurait pu vous nuire, et je n'accepterais cette grâce, quel-
« que chère qu'elle fût à mon cœur, qu'autant qu'elle ne serait
« accompagnée d'aucune crainte d'avoir diminué vos avantages.

« … Agréez, citoyen, ma reconnaissance pour tous les sen-
« timents que vous me témoignez, et soyez bien convaincu de
« mon fraternel dévouement.

« LA CÉPÈDE. »

# CHAPITRE II.

### PREMIERS TRAVAUX DANS LA SCIENCE ET AU MUSÉUM, ET PREMIÈRES RELATIONS AVEC CUVIER.

I. Résumé de l'histoire du Muséum d'histoire naturelle. — II. Réorganisation faite, en 1793, par la Convention nationale. — Pauvreté extrême des collections zoologiques à cette époque. — Geoffroy Saint-Hilaire, minéralogiste, et Lamarck, botaniste, créateurs de l'enseignement zoologique en France. — Premiers développements des collections. — Premier cours de zoologie. — Premier mémoire. — III. Création et premiers développements de la Ménagerie. — IV. Dévouement et services rendus en 1793 et 1794 au poëte Roucher, à Daubenton, à Lacépède. — V. Premières relations avec Cuvier; union intime et communauté de travaux. — VI. Mémoires communs de Cuvier et de Geoffroy Saint-Hilaire sur la classification des Mammifères. — Premier aperçu du principe de la Subordination des caractères. — Mémoires propres à Geoffroy Saint-Hilaire. — Vues générales. — Premier énoncé de l'Unité de composition organique.

( 1793 — 1798 ).

I.

L'histoire de Geoffroy Saint-Hilaire est trop intimement liée à celle du Muséum d'histoire naturelle, pour qu'on s'étonne de nous voir rappeler ici, en peu de mots, l'origine et les progrès successifs de ce magnifique établissement.

Projeté, institué même en janvier 1626 par lettres-patentes, il fut définitivement créé neuf ans plus tard, par un édit de Louis XIII, ou plutôt, par les soins de Guy de la Brosse, son médecin ordinaire. Ouvert pour la première fois au public en 1640, sous le nom de *Jardin royal des plantes médicinales*, il fut d'abord une véritable école de pharmacie. Selon les termes mêmes de l'édit royal, trois *conseillers-médecins* avaient été choisis « pour faire aux écoliers la démonstration de l'*intérieur des plantes* et de tous *les médicaments*, et pour travailler à la *composition de toute sorte de drogues, par voie simple et chimique.* »

Sous les successeurs de Guy de la Brosse, et particulièrement sous Fagon, son petit-neveu, le *Jardin royal des plantes médicinales* perdit peu à peu le caractère spécial d'une école de pharmacie, et prit, par l'extension donnée à son enseignement, celui d'un établissement scientifique. La botanique y fut successivement professée par Fagon, Tournefort, Sébastien Vaillant, les Jussieu; l'anatomie humaine, qui n'avait pas tardé à se substituer à l'étude de l'*intérieur des plantes*, par Duverney, Dionis, Winslow, Ferrein, Vicq-d'Azyr; la chimie, par Fagon, Étienne-François Geoffroy, Lémery, les deux Rouelle, Macquer.

Jusqu'en 1732 l'établissement avait été placé sous la direction des premiers médecins du roi. A la mort de Chirac, le *Jardin royal des plantes* (car son nom s'était modifié en même temps que son enseignement) échappa enfin à une autorité, purement nominale dans la main de quelques-uns, abusivement exercée par d'autres; il fut placé sous la direction d'un jeune membre de l'Académie des sciences, Cysternay du Fay.

Ce fut un heureux choix. Digne continuateur des travaux de Fagon, cet intendant donna à la fois ses soins à la prospérité matérielle de l'établissement et à l'amélioration de l'enseignement. Par la réunion qu'il fit aux herbiers et au petit nombre d'objets que l'on possédait déjà, de sa propre collection de pierres précieuses, il mérita d'être considéré comme le véritable fondateur du Cabinet d'histoire naturelle.

Après tant de services rendus, Du Fay termina sa vie par un nouveau bienfait envers le jardin et envers la science : il demanda, il obtint que Buffon lui fût donné pour successeur.

On peut presque affirmer que, si Buffon n'eût pas été appelé à l'Intendance générale, il n'eût jamais écrit l'*Histoire naturelle :* il est plus certain encore que sa nomination a été la cause première de cette splendeur sans exemple chez les autres nations, à laquelle s'éleva si rapidement le Jardin des plantes. Non-seulement à l'influence toute puissante de Buffon sont dues des constructions importantes, des acquisitions de terrain si considérables, que le jardin se trouva plus que doublé en étendue : Buffon fit plus encore ; il jeta sur lui un reflet de sa propre gloire, et l'établissement qu'illustrait le prêtre immortel de la nature, en devint peu à peu le temple aux yeux de l'Europe entière. Et lorsqu'en 1788, Buffon s'éteignit, son esprit, du moins, continua à animer ses successeurs, et, au défaut de lui-même, son nom resta le plus ferme appui du Jardin des plantes.

Ce fut, en effet, sous la protection de ce grand nom, et comme dépositaires des idées de Buffon, que les *officiers* de l'établissement, le vénérable Daubenton à leur tête, se présentèrent, en 1790, devant l'assemblée nationale, lui demandant pour leur établissement ce qu'elle faisait alors pour toute la France, une réforme et une constitution. Ils proposaient dès lors d'étendre l'enseignement à toutes les branches des sciences naturelles, et de doter, à cet effet, de douze chaires, l'établissement qui jusque-là n'en avait que trois, de le transformer, ce sont leurs propres expressions, en un *véritable Musœum d'histoire naturelle,* et par là même, comme ils ajoutaient dans leur prophétique adresse, de l'ériger en une *métropole* de toutes les sciences naturelles. [1]

Ni l'assemblée constituante, surchargée de travaux, ni l'assemblée législative, au milieu de ses orageux débats, ne donnèrent suite au mémorable projet que nous venons de rappeler. L'honneur

1 Voyez *Adresse et projet de règlements, présentés à l'Assemblée nationale par les officiers du Jardin des plantes,* in-8.º. 1790.

en était réservé à la Convention. Du milieu de ces luttes de géants, dans lesquelles elle se déchirait elle-même, cette terrible, mais puissante assemblée savait faire surgir tout à coup, par un étonnant contraste, des institutions fécondes, durables, et telles qu'elles semblent ne pouvoir appartenir qu'à une époque de calme, de paix et de méditation profonde. Il en fut ainsi de la réforme du Jardin des plantes. Présentée par Lakanal, elle fut discutée le 10 juin 1793, presque au lendemain de la proscription des Girondins, et au moment même où la moitié de la France se soulevait contre la Convention. Et telle est la sagesse de ces mesures votées par une assemblée encore émue de l'attentat commis par elle-même sur trente-deux de ses membres; telles ont été, pour le Muséum et pour la science, les heureuses conséquences de cette loi révolutionnaire, qu'elle a été respectée depuis plus d'un demi-siècle par tous les gouvernements qui se sont succédé en France, et qu'un seul vœu peut-être émis pour elle : c'est qu'elle préside longtemps encore aux destinées du Muséum.

## II.

La loi du 10 juin 1793, par cela même qu'elle partageait à titre égal l'enseignement et l'administration du Muséum d'histoire naturelle entre les douze *officiers* de l'établissement, leur imposait une responsabilité et des devoirs bien inégaux. Les uns, chargés, comme professeurs-administrateurs, des mêmes chaires qu'ils avaient occupées, comme professeurs ou démonstrateurs, sous l'intendant général, ne faisaient que continuer plus librement et avec plus d'autorité leurs anciennes fonctions. D'autres, au contraire, appelés à inaugurer les chaires instituées par la Convention, devaient entreprendre une œuvre nouvelle pour eux-mêmes aussi bien que pour l'établissement, et ils allaient se trouver, dès les premiers pas, en présence des difficultés sans cesse renaissantes qui s'attachent à toute grande création.

Geoffroy Saint-Hilaire non-seulement fut l'un de ces derniers, mais nul autre n'eut à triompher de circonstances plus défavorables. Il avait pour lui la force de la volonté, le dévouement à la science, et l'élan irrésistible de cette époque où rien n'était impossible. Il avait, en un mot, ce qu'un homme peut trouver en lui-même. Mais, au dehors, tout était obstacles, difficultés, dénuement ! On s'en convaincra, si l'on veut bien avec nous comparer la position de Geoffroy Saint-Hilaire dans sa chaire nouvelle de zoologie, et les circonstances au milieu desquelles deux de ses collègues allaient enseigner l'autre branche de l'histoire naturelle des êtres organisés. Que de ressources offertes à ceux-ci ! Que de richesses botaniques accumulées dans un établissement où la science des végétaux régnait en souveraine depuis 1635; qui n'avait cessé d'être *Jardin des plantes médicinales*, c'est-à-dire, Jardin de botanique médicale et pharmaceutique, que pour devenir le *Jardin royal des plantes*, c'est-à-dire encore, et maintenant dans toute l'extension de ce nom, un Jardin de botanique et de culture! Quelques chiffres montreront mieux qu'une longue exposition à quel degré de splendeur le Jardin des plantes s'était élevé. En 1641 on possédait déjà deux mille trois cents plantes vivantes. Sous Buffon on était devenu tellement riche qu'on avait pu distribuer, la même année, des graines ou des plants de douze mille espèces. A la même époque, plus de six mille plantes étaient cultivées dans les serres et l'orangerie; plus de vingt mille, classées dans l'herbier.[1]

A la richesse des jardins, des serres, de l'herbier du Muséum, opposerons-nous la pauvreté de ce qu'on appelait alors les Salles de l'histoire naturelle des animaux? Commencée tardivement, sans plans et sans vues arrêtées, principalement composée de dons qui, en se répétant quelquefois, laissaient entre eux d'immenses lacunes, la collection zoologique n'avait fait, même sous Buffon, que de faibles progrès; et dans les derniers temps, elle avait à quelques égards rétrogradé. Plusieurs

1 *Adresse à l'Assemblée nationale* déjà citée.

des précieux squelettes de Daubenton, faute de place sans doute, avaient été relégués dans les combles du Cabinet, et selon une expression de Cuvier, ils y gisaient *entassés comme des fagots.* Les salles de zoologie étaient mieux tenues (toutefois sans être méthodiquement rangées[1]), mais tout aussi peu remplies que les salles d'anatomie comparée. Les oiseaux passaient pour être, avec les insectes et les coquilles, l'une des parties les plus riches du Cabinet : cette prétendue richesse, et l'on pourra juger par cet exemple de l'état des parties réputées pauvres, se réduisait en 1793 à *quatre cent trente-trois individus,* préparés au soufre, et brûlés par ce mode vicieux de conservation.[2]

1 Deleuze, *Histoire et description du Muséum,* p. 50 et 53.

2 Le passage suivant est extrait d'un rapport fait en 1855 à l'Administration du Muséum. Il avait été rédigé, en ce qui concerne les anciennes collections, d'après des notes de feu Dufresne, nommé aide-naturaliste de zoologie au Muséum peu de temps après la réorganisation de l'établissement.

«Ce qui reste à faire ne saurait effrayer, et paraît même «bien peu de chose après ce qui a été fait.

«Voici, en effet, quel était l'état de ces collections il y a «moins de quarante ans.

«MAMMALOGIE. Un beau zèbre, un tapir en très-mauvais «état (existant encore aujourd'hui), quelques singes (nous en «avons encore quelques-uns), et quelques autres mammifères, «presque tous donnés depuis à divers établissements départe-«mentaux, ou réformés.

«ORNITHOLOGIE. 433 oiseaux préparés au soufre et brûlés

Telles sont les modiques ressources dont le nouveau professeur de zoologie put disposer pour l'instruction de ses élèves et pour ses propres études.

Dans ce Muséum où les droits et les devoirs étaient légalement égaux, les professeurs de botanique, Desfontaines et Antoine-Laurent de Jussieu, n'avaient pas moins, à d'autres égards, l'avantage sur leur jeune collègue. Au moment où le Jardin des plantes fut transformé en Muséum, il avait depuis plus d'un siècle et demi une double destination. Jardin de culture, on en avait fait en même temps,

«par ce mode vicieux de préparation, et qui, à quatre ou «cinq exceptions, ont été tous réformés.

«Il n'y avait rien en magasin.

«Aujourd'hui, outre tout ce qui existe en magasin, et après «les envois considérables faits à vingt-cinq ou trente villes de «France, l'état de la collection est le suivant :

«MAMMALOGIE. Six salles, dont l'une comprend 46 portes «d'armoires, une autre 42, une troisième 48.

«ORNITHOLOGIE. Soixante armoires, la plupart à deux portes, «un grand nombre d'autres à trois portes. On peut juger du «nombre des objets contenus dans la totalité de ces armoires, «par le nombre déjà indiqué de 1497 oiseaux contenus dans «trois armoires seulement. »

Depuis 1835, plusieurs nouvelles armoires ont été établies. Une salle, l'une des plus vastes des Galeries, et une autre, plus petite, ont été affectées aux collections mammalogiques, et tout est non-seulement rempli, mais encombré.

dès l'origine, un établissement d'enseignement botanique; le fondateur lui-même, Guy de la Brosse,
y avait professé en 1640, aidé de Vespasien Robin,
sous-démonstrateur. Au Muséum d'histoire naturelle après 1793, comme ils le faisaient dans l'ancien
Jardin des plantes, l'un depuis 1770, l'autre depuis
1786, les illustres titulaires des chaires de botanique
n'eurent donc qu'à continuer l'œuvre de nombreux
devanciers, qui, pour l'un d'eux, était une œuvre
et une gloire de famille.

En zoologie, au contraire, Geoffroy Saint-Hilaire
était appelé, non pas à suivre, mais à donner
l'exemple. Nul, avant 1793, n'avait professé la
zoologie au Jardin des plantes; nul, au Collége de
France, où Daubenton, titulaire, il est vrai, d'une
chaire d'histoire naturelle fondée pour lui, se bor-
nait aux généralités de la science et à l'étude des
minéraux. Ainsi, pour Geoffroy Saint - Hilaire,
comme pour son collègue Lamarck, point d'antécédents, point de traditions, point d'auditoire
préparé à les entendre. La création même de l'enseignement zoologique en France, telle était l'œuvre
qu'il s'agissait d'accomplir; et, par un merveilleux
concours de circonstances, cette œuvre dont la
nouveauté eût pu effrayer le zoologiste le plus consommé, c'est un botaniste, c'est un minéralogiste
de vingt et un ans, qui venaient d'être appelés à
l'entreprendre !

Heureusement rien ne les effraya. Avec des collections dont ne se contenterait pas aujourd'hui une ville de troisième ordre; avec le secours d'un seul aide commun aux deux professeurs de zoologie, et qui même ne leur fut accordé définitivement qu'un an plus tard; sans avoir, sans pouvoir de long-temps espérer, dans cette époque de crise financière, les moyens de s'enrichir par des achats[1]; plus pauvres encore en livres qu'en objets d'étude, mais se sentant forts de leur dévouement à la science, de leur union que rien ne troubla jamais, et de l'appui de leurs collègues, Lamarck et Geoffroy Saint-Hilaire commencèrent dès le mois de juillet 1793 ces travaux qui devaient fonder parmi nous un enseignement nouveau, créer ces immenses collections que deux vastes galeries ne suffisent plus à contenir, enrichir la science elle-même autant que le Muséum, et faire dire un jour : la Convention sait faire sortir de terre des savants comme des armées!

Geoffroy Saint-Hilaire a lui-même rendu compte, dix ans après la réorganisation du Muséum, des résultats de ses premiers efforts[2]. Voici en quels termes simples il parle de ces travaux par lesquels

1 La somme dont ils pouvaient disposer, était, pour les deux cours ensemble, de 600 francs.

2 La note que nous citons ici, a été publiée dans le mois de germinal an XI (avril 1805).

il avait dû tout créer autour de lui, et pour ainsi
dire, avant tout, se créer lui-même.

« Quand je commençai à diriger mes recherches
« vers l'histoire naturelle des animaux, cette science
« n'était point encouragée à Paris; on n'en avait
« jamais fait la matière d'un enseignement; et je
« ne m'attendais pas que je serais bientôt chargé
« de la traiter le premier dans un cours public.

« Établi en l'an II professeur de l'histoire natu-
« relle des Mammifères et de celle des Oiseaux, je
« devins aussi, dans le Muséum, administrateur des
« collections de ce genre. On sait qu'alors on comp-
« tait à peine quelques quadrupèdes dans la collec-
« tion nationale. Mon devoir me prescrivait de
« chercher à en augmenter le nombre. J'entrai en
« correspondance avec les principaux naturalistes
« de l'Europe; je fus puissamment secondé par leur
« zèle, et la collection des quadrupèdes vivipares ou
« des *Mammifères* est maintenant le plus riche dépôt
« de ce genre qui existe. J'ai également beaucoup
« enrichi la collection des oiseaux. Enfin, j'ai rendu
« ces collections utiles aux jeunes naturalistes en
« déterminant rigoureusement les animaux confiés
« à mon administration. »

C'est le 6 mai 1794 que Geoffroy Saint-Hilaire
ouvrit son cours dans les Galeries d'histoire naturelle. Au nombre de ceux qui venaient l'entendre,
était son père, et nous avons sous les yeux les

quarante leçons de ce cours, rédigées intégralement
et avec soin par ce vénérable auditeur. L'histoire
naturelle de l'Homme, qui n'est point considérée
comme appartenant au règne animal, celle des
Mammifères, exposée surtout selon les vues et la
classification de Daubenton, et quelques généralités
sur les Oiseaux, sont les sujets de ce premier enseignement; la prudence, la réserve, la modestie, mais
en même temps une ferme confiance dans l'avenir,
en forment le caractère. « Les fruits trop précoces,
« dit en terminant le jeune professeur, ne sont
« jamais les meilleurs : ayez la patience d'attendre
« leur maturité, sans presser l'arbre qui doit les
« produire. » Le ton du discours d'ouverture contraste seul avec le ton général du cours. Mais
comment celui qui venait inaugurer en France l'enseignement de la zoologie, se serait-il défendu, à
vingt-deux ans, de l'enthousiasme qu'inspire toute
œuvre grande et nouvelle? Voici les premières
paroles adressées par lui à ses auditeurs :

« Citoyens, le lieu où nous nous trouvons réunis,
« l'objet qui nous rassemble, tout vous prouve
« qu'un nouvel ordre de choses s'est établi dans ce
« monument des sciences... Tandis que nos frères
« d'armes vont repousser d'un bras nerveux les
« efforts impuissants des rois coalisés, et cimenter
« de leur sang les bases de notre république, nous,
« dans le silence de l'étude, ... nous allons acquérir

« de nouvelles connaissances, afin d'ajouter un nou-
« veau rayon à la gloire nationale. [1] »

La publication du premier travail original que
la science ait dû à Geoffroy Saint-Hilaire, suivit de
près son premier cours. Ce mémoire était relatif
à une question spéciale de zoologie : la détermination des rapports de l'Aye-aye. Mais l'auteur devait,
dès son début, sortir des voies de la zoologie exclusivement descriptive, et montrer cette tendance
si caractéristique de son esprit vers la conception
et la discussion des généralités et des principes.
Dans un préambule étendu qu'il place en tête de
son Mémoire, il expose quelques vues sur les rapports naturels des animaux, et, examinant les idées
de Bonnet sur l'*Échelle des êtres*, il n'hésite pas,
tout en les trouvant spécieuses et séduisantes, à
les déclarer inadmissibles. Il est donc vrai de dire,
et c'est une circonstance bien digne d'être notée,
que les premières pages qu'ait écrites Geoffroy
Saint-Hilaire, ont été précisément dirigées contre
un système avec lequel ses propres théories de-

---

1 Nous regrettons de ne pouvoir comparer au premier cours
de Geoffroy Saint-Hilaire, les cours des années suivantes ; ceux-
ci n'ont pas été conservés. Nous avons retrouvé, dans un journal
du temps, un compte rendu des premières leçons de plusieurs des
professeurs du Muséum en 1795. Malheureusement l'auteur de
l'article, en faisant connaître le succès obtenu par Geoffroy
Saint-Hilaire, ne donne, de sa première leçon, qu'une analyse
très-succincte.

vaient être dans la suite si souvent confondues par leurs adversaires, et parfois même par leurs partisans.

Le Mémoire sur l'Aye-aye fut lu à la Société d'histoire naturelle le premier décembre 1794.[1] A ce moment, la nomination de Geoffroy Saint-Hilaire à la chaire de zoologie ne remontait pas encore à dix-huit mois, et dans ce court intervalle de temps, il avait enrichi les collections de Mammifères et d'Oiseaux; il avait commencé à les classer; il avait fait avec succès un cours selon un plan nouveau; il avait donné sur une question de zoologie un mémoire remarquable. C'était beaucoup sans doute, et plus peut-être que n'avait espéré Daubenton lui-même. Et cependant, de tous les services que Geoffroy Saint-Hilaire venait de rendre au Muséum et à la science, il nous reste à faire connaître le plus important. Dès 1793, dit l'un de ses plus célèbres collègues[2], « il avait reçu et fait

[1] Il a été publié, en janvier 1795, dans la *Décade philosophique*. Les considérations relatives aux idées de Bonnet, qui formaient le préambule du Mémoire, ont été lues à la Société avec le reste du travail, mais supprimées à l'impression. Daubenton, qui aimait aussi peu les idées générales que son élève était vivement entraîné vers elles, lui conseilla ce sacrifice. Geoffroy Saint-Hilaire y consentit d'autant plus docilement, que lui-même avait trouvé, en le relisant, son préambule un peu déclamatoire.

[2] Duméril. *Discours* prononcé, le 22 juin 1844, aux

« nourrir dans cet établissement les animaux qu'il
« voulait observer pendant et après leur vie; il avait
« créé ainsi cette Ménagerie, qui, depuis, et sous
« sa direction unique, est devenue le modèle d'une
« institution enviée par toute l'Europe savante. »

### III.

La création de la Ménagerie, réalisation tardive
d'un vœu émis, dès 1620, par Bacon au nom de la
science et de la philosophie, est, de l'aveu de tous,
l'une des institutions qui ont le plus contribué aux
progrès de la zoologie et de l'anatomie comparée
depuis un demi-siècle. Il est donc de notre devoir
de faire connaître les circonstances, en général inexactement rapportées par les auteurs, ou même
entièrement omises, qui ont préparé cette grande
institution scientifique, et celles au milieu desquelles elle a été réalisée.

La première pensée[1] de la création d'une ménagerie à Paris, remonte à l'année 1790. C'était l'époque des grands projets et des grandes réformes ;
et dans leur plan de réorganisation de l'établisse-

funérailles de Geoffroy Saint-Hilaire. — Voyez aussi le *Discours*
de M. Chevreul.

[1] La première pensée, du moins, qui ait été énoncée. Buffon,
d'après Bernardin de Saint-Pierre (dans le Mémoire cité plus
bas), avait désiré, mais sans oser la demander, la translation
à Paris, et comme annexe du Jardin des plantes, de la ménagerie du roi à Versailles.

ment, les officiers du Jardin des plantes n'oublièrent pas de donner place à une ménagerie.[1]

En 1792 cette idée fut reprise, et cette fois, on ne se borna pas à un simple projet : on fit une tentative. Après le 10 août, la Ménagerie du roi à Versailles avait été pillée : un beau dromadaire, plusieurs petits quadrupèdes, un grand nombre d'oiseaux avaient été, les uns mangés, les autres livrés à l'écorcheur. Cinq animaux seulement, parmi lesquels on remarquait un rhinocéros de l'Inde et un lion, avaient échappé au massacre. Mais ils avaient, comme les autres, le malheur d'avoir appartenu au roi, et de rappeler, disait-on, des souvenirs de tyrannie. Ils étaient d'ailleurs inutiles, coûteux à nourrir, dangereux pour la ville. Leur mort fut décidée, et le ministre des finances fit offrir leurs squelettes au Jardin des plantes.

L'intendant général était alors Bernardin de Saint-Pierre, nommé par l'un des derniers actes du règne de Louis XVI. Il semblait qu'il n'y eût qu'à accepter une offre faite, en de telles circonstances, au nom du Conseil exécutif. Saint-Pierre refusa, et, dans un Mémoire plein de force, de raison, d'esprit et d'éloquence[2], il dénonça à la Convention,

---

1 *Projet de règlements pour le Jardin des plantes,* titre VII, articles 12 et 15.

2 Il a paru sous ce titre : *Mém. sur la nécessité de joindre une ménagerie au Jardin des plantes,* in-12. Paris, 1792.

comme un crime de lèse-science, l'arrêt porté contre les animaux de Versailles. Il demanda qu'ils fussent transportés au Jardin des plantes, pour y devenir le noyau d'une ménagerie, *nécessaire,* dit-il, à la dignité de la nation, à l'étude de la nature, à celle des arts libéraux. Le Mémoire qui portait cette spirituelle épigraphe : *miseris succurrere disco,* fut lu avec l'intérêt qui devait s'attacher à des pages signées d'un tel nom. La cause des animaux fut gagnée; leur vie fut sauve; mais ce fut tout. La translation ne fut ni décrétée, ni même discutée par l'assemblée, alors occupée d'intérêts bien autrement graves : c'était le moment où l'on allait délibérer sur la mise en jugement de Louis XVI.

Il était impossible qu'un projet dont l'utilité, dont la grandeur avaient été si éloquemment démontrées, ne fût pas reproduit lors de la première organisation du Muséum en juin 1793. Le règlement qui fut alors rédigé par les professeurs et voté par le Comité d'instruction publique de la Convention, est complété par un chapitre intitulé : *Des moyens d'accélérer les progrès de l'histoire naturelle.* L'une des promesses de ce chapitre est la création d'une Ménagerie, destinée à la fois à l'étude scientifique de l'organisation et des mœurs des diverses classes d'animaux, et à l'acclimatation des espèces utiles.

D'après les termes mêmes de l'article[1] que nous

1 Il commence ainsi : *Lorsque le Muséum aura les moyens...*

venons de rappeler, la réalisation de ce projet était renvoyée à une autre époque. On l'indiquait plutôt pour l'avenir, et pour un avenir indéfini, qu'on ne la souhaitait dans le présent. Quand l'établissement renaissait sous une forme nouvelle avec tant de devoirs et si peu de moyens d'y satisfaire, on trouvait sage d'ajourner à des temps meilleurs toute création difficile ou dispendieuse, et l'institution de la Ménagerie offrait plus qu'aucune autre ce double caractère.

Mais il est de ces instants où la vraie sagesse consiste, non dans cette froide prudence qui doit présider aux actes ordinaires de notre vie, mais dans la hardiesse même d'une rapide, d'une subite détermination. Cinq mois ne s'étaient pas encore écoulés depuis la réorganisation du Muséum, lorsqu'une occasion se présente tout à coup de créer la Ménagerie. Cette occasion, il fallait la saisir, à quelques difficultés, à quelques embarras que l'on dût s'exposer, ou renoncer, pour un grand nombre d'années peut-être, à un projet dont l'exécution importait à un si haut dégré au progrès de la science et à la splendeur de l'établissement. Geoffroy Saint-Hilaire, appelé le premier par ses fonctions à prendre un parti, n'hésita pas. Sans locaux préparés, sans fonds alloués pour la nourriture et la garde des animaux, sans que rien eût été ni disposé ni prévu pour la création immédiate de la

Ménagerie, il eut l'heureuse témérité d'entreprendre cette œuvre d'avenir, et le bonheur d'entraîner ses collègues à y concourir.

Nous rapporterons avec quelque détail cette circonstance remarquable de son histoire et de l'histoire du Muséum.

Le 4 novembre 1793, Geoffroy Saint-Hilaire se livrait, dans le calme du cabinet, à quelques recherches d'histoire naturelle, lorsqu'une nouvelle bien inattendue lui est apportée. Plusieurs quadrupèdes, un ours blanc, une panthère, d'autres animaux, sont aux portes du Muséum. Bientôt un autre ours blanc et deux mandrills; puis, un chat-tigre, plusieurs autres quadrupèdes, et deux aigles, arrivent à leur tour. Tous ces animaux étaient envoyés au Muséum par l'administration de la police. Elle avait décidé la veille, qu'à l'avenir, nulle exhibition d'animaux vivants ne serait permise à Paris, et que trois ménageries ambulantes, alors existant dans la ville, seraient saisies. C'étaient ces trois ménageries qui venaient d'arriver. Pour premier avis, le Muséum recevait les animaux eux-mêmes, qu'escortaient les propriétaires dépossédés, réclamant des indemnités promises par l'arrêté même qui les avait frappés.[1]

---

1 « Ces animaux, était-il dit, seront conduits à l'instant au « Jardin des plantes, où ils seront payés, ainsi que les cages « qui les renferment. Les propriétaires recevront en outre une « indemnité. »

Le chiffre de ces indemnités, pour l'un d'eux seulement, s'élevait à près de **17 000** francs.

Le Muséum avait le droit de refuser un envoi fait dans des circonstances si inopportunes, et à des conditions si onéreuses. Établissement national, et non municipal, rien ne l'obligeait à déférer à un ordre de l'administration de la police.

Le jeune professeur de zoologie ne songea pas un seul instant à user de cette ressource. Fort de l'appui de son vénérable maître Daubenton, alors directeur du Muséum, il ne craignit pas d'assumer sur lui une immense responsabilité. Il accepta les animaux, et toutes les difficultés qu'entraînait cette acceptation, furent, en quelques instants, provisoirement résolues. On n'avait ni local, ni gardiens, ni argent : il pourvut à tout. Il fit ranger les cages les unes à la suite des autres, sous ses fenêtres, dans la cour du Muséum : ce fut la première Ménagerie. Pour gardiens, il retint les propriétaires eux-mêmes des animaux, privés, par la saisie, de leurs moyens d'existence. Quant à la nourriture des animaux et à l'entretien de leurs gardiens, en attendant qu'on y eût régulièrem..t pourvu, il se chargea d'y subvenir. « Il avait compris, dit « l'auteur d'une excellente relation de ces faits[1],

---

1 Cette relation, publiée en avril 1858 dans le *Magasin pittoresque*, a été reproduite dans divers ouvrages.

« tout l'intérêt que devait avoir pour la science
« et pour le pays un pareil établissement, et com-
« bien, le premier pas une fois fait, il serait difficile
« au Gouvernement de revenir en arrière. »

Ainsi, en un seul jour, la Ménagerie du Muséum,
à laquelle nul ne pensait la veille, se trouva insti-
tuée par une mesure révolutionnaire. Et ce mot
peut s'appliquer non-seulement à la brusque saisie
des animaux, mais à leur acceptation par Geoffroy
Saint-Hilaire. Il avait outre-passé de beaucoup ses
pouvoirs. Comme il s'y attendait, il n'eut pas l'assentiment de tous ses collègues.Ceux dont la prévision s'étendait au delà des difficultés du moment,
approuvèrent hautement sa conduite : la prudence
de quelques autres s'en effraya. Mais l'hésitation ne
fut pas de longue durée. Un mois ne s'était pas
écoulé que l'assemblée des professeurs subvenait,
par un vote, aux besoins les plus urgents des animaux et de leurs gardiens, et que des démarches
actives étaient faites par elle auprès du Gouvernement pour obtenir les ressources nécessaires à
l'établissement définitif de la Ménagerie.

Lakanal, protecteur naturel et toujours dévoué[1]

_______

[1] Notre illustre statuaire, M. David, possède et a bien voulu
nous communiquer la correspondance de Lakanal avec Daubenton
en 1793, 1794 et 1795. Ces lettres sont autant de témoignages
de la constante sollicitude de leur auteur pour le Muséum. Tous
les naturalistes savent que cet établissement a dû à Lakanal,

de l'établissement dont il venait d'être le second fondateur, en plaida la cause, cette fois encore, auprès de ses collègues; elle fut gagnée, mais non sans peine. Ce fut seulement en mai 1794 que le Comité du salut public ordonna *l'arrangement provisoire de quelques loges;* en août, que les travaux furent commencés; et trois mois plus tard, que la Ménagerie reçut d'un décret de la Convention[1] une existence définitive et des ressources assurées.

Ce décret fut rendu le 11 décembre, date doublement remarquable pour le Muséum; car le même jour, selon un vœu depuis longtemps exprimé, une chaire spéciale fut créée pour l'histoire des Reptiles et des Poissons[2], et les portes du Muséum se rouvrirent devant Lacépède.

Geoffroy Saint-Hilaire et ses collègues n'avaient point attendu que la Ménagerie fût officiellement reconnue pour l'enrichir, et la rendre digne d'un grand établissement et d'une grande nation. Dès le premier jour, l'ordre des Carnassiers et celui des Primates y avaient eu de nombreux représentants,

en 1795, son salut et sa réorganisation. Nous ne serons que juste en ajoutant qu'il lui dut aussi, en très-grande partie, ses premiers progrès en 1794 et dans les années suivantes.

1 Il fut rendu sur le rapport de Thibaudeau.

2 Geoffroy Saint-Hilaire avait été jusqu'alors titulairement chargé de tous les animaux vertébrés. Mais, de fait, il n'avait eu à s'occuper que des Mammifères et des Oiseaux. Voyez la note finale du Chapitre premier (p. 27).

et le bâtiment qui avait été consacré aux petits Mammifères[1], se trouva rempli aussitôt qu'occupé. Il existait alors, vers le milieu du jardin, un vaste bassin enclos d'une grille : des Oiseaux de rivage et des Palmipèdes se trouvèrent bientôt rassemblés sur ses bords. Mais on manquait de ces grands quadrupèdes herbivores qui font les plus beaux ornements de la Ménagerie actuelle. On avisa aux moyens de se les procurer. Le rhinocéros de Versailles, tant désiré de Bernardin de Saint-Pierre, était mort; mais un couagga, un bubale, avaient survécu. On eut peu de peine à les obtenir. On obtint de même deux dromadaires qui avaient appartenu au prince de Ligne. Enfin, on parvint à faire casser, et ceci fut un peu plus difficile, un marché qui concédait à Merlin de Thionville et au marquis de Livry la chasse dans le parc du Raincy. Geoffroy Saint-Hilaire et Lamarck furent autorisés à y aller choisir les animaux qu'ils jugeraient utiles à la Ménagerie. Ils revinrent le soir même, faisant conduire devant eux des cerfs et des biches, des chevreuils, des daims fauves et blancs, qui furent provisoirement installés dans les bosquets le long de la rue de Buffon.[2]

1 Ce bâtiment, situé à l'extrémité de l'allée des marronniers près du quai, a été abattu il y a quelques années.

2 Dans l'intéressante relation que nous avons citée, on trouve, sur la translation des animaux du Raincy, des détails

C'est ainsi que cette institution, premièrement fondée par la détermination hardie de Geoffroy que nous croyons devoir reproduire. «Nous avons un jour, «dit l'auteur, entendu raconter à l'illustre vieillard, la visite «qu'il fit à cette occasion au Raincy avec Lamarck, cette autre «gloire, alors naissante aussi, de la zoologie française. Merlin «de Thionville, qui n'avait point encore connaissance de l'ar- «rêté rendu par Crassous, était en pleine chasse quand on «vint l'avertir que deux jeunes gens, arrivés au château, de- «mandaient qu'on leur remît les précieux habitants de la forêt. «Que l'on se fasse une idée de la surprise et de la colère du «terrible conventionnel, ainsi menacé dans ses plaisirs. M. Geof- «froy n'était point du tout rassuré; et ce fut bien timidement «que, pour toute réponse, il présenta au furieux chasseur l'arrêt «dont il était porteur, et qui faisait connaître, avec sa qualité, «au nom de quel pouvoir il venait. L'effet de ce nom, de cette «décision prise dans l'intérêt du peuple, fut comme un coup «magique. Les chasseurs s'arrêtèrent; l'emportement contre les «importuns visiteurs fit place au désir empressé de les servir : «on se remit en chasse, non plus pour le divertissement de «tuer des animaux, mais pour une poursuite toute philoso- «phique destinée à les mettre dans les filets, et par suite, à «la disposition des deux délégués de la *Ménagerie nationale*. «Merlin de Thionville conduisit lui-même le convoi, et aux «animaux confisqués au Raincy, il ajouta même plus tard, en «échange d'animaux empaillés, divers animaux précieux dont «il était possesseur. »

Il paraît que les deux envoyés du Muséum durent se trouver fort heureux du succès de leur mission auprès de Merlin. Voici ce qu'écrivait à Geoffroy Saint-Hilaire l'illustre conventionnel qui, après avoir attaché son nom à la réorganisation de l'éta- blissement, en resta le constant et zélé protecteur :

«Cette belle et indispensable création (la Ménagerie) est,

Saint-Hilaire, se développa rapidement par son activité et celle de ses collègues; que le jour même, où un acte officiel lui donna le titre de Ménagerie nationale, elle se trouva digne de porter ce nom.

## IV.

Nous venons d'assister au début de Geoffroy Saint-Hilaire comme professeur, comme auteur, comme administrateur : nous allons retrouver en lui l'homme généreux et énergique des journées des 2 et 3 septembre. Tel que nos lecteurs le connaissent déjà[1], était-il possible que les terribles années 1793 et 1794 s'écoulassent sans lui fournir de nouvelles occasions de dévouement?

L'éclat des noms illustres ou célèbres, auxquels

« en tout point votre ouvrage. Votre mission auprès de Merlin « a réussi, et je m'en étonne; car cet huissier de Thionville était « un véritable crâne, fort influent d'ailleurs, et Crassous était « parmi nous un homme sans valeur. Tout autre que vous eût « échoué dans une entreprise dont on doit le succès à votre bon « génie et à votre beau talent pour tenter les efforts les plus dé- « licats. Vos déboursés, vos voyages, votre infatigable sollicitude, « tout atteste que sans vous le Muséum serait privé de son plus « important supplément....　　　　　LAKANAL. »

1 L'éloquent secrétaire perpétuel de l'Académie de médecine a peint Geoffroy Saint-Hilaire, dans un discours prononcé sur a tombe, par ces belles paroles : « L'enthousiasme, j'ai presque « dit le fanatisme de l'humanité, ce fanatisme qui n'est peut- « être qu'une pitié souveraine, était sa religion, et cette sainte « religion, d'autres proscrits la trouvèrent en son cœur en 1850 ! »

se rattachent quelques faits de cette époque, les
a sauvés de l'oubli, où d'autres bienfaits, plus obscurs, ont été pour jamais ensevelis par la modestie
de leur auteur. Ces noms sont ceux du poëte
Roucher, de Daubenton lui-même, un instant compromis par une lâche dénonciation, et de Lacépède.

Geoffroy Saint-Hilaire connaissait à peine l'auteur des *Mois*; il avait lu quelques-unes de ses
productions; il l'avait rencontré au Jardin des
plantes où le poëte était souvent conduit par le
goût des études botaniques. C'était là toutes ses
relations avec lui. Mais le jour où Roucher fut proscrit, le jour où il eut besoin de ses amis, Geoffroy
Saint-Hilaire voulut être l'un d'eux. Au mépris des
lois sanglantes qui plaçaient sur la même ligne et
frappaient de la même peine et la plus haute vertu
et le dernier des crimes, le dévouement libérateur
et l'assassinat, Roucher avait été sauvé une première
fois par des hommes de cœur dont l'histoire a conservé les noms[1]. Geoffroy Saint-Hilaire fut heureux
de participer à l'œuvre qu'ils avaient commencée;
il offrit de recueillir aussi Roucher sous son toit,
asile plus sûr, disait-il, qu'aucun autre; car la
maison, qu'il habitait alors[2], avait une communication intérieure avec les catacombes; et réfugié,

1 MM. Pujos et Perrin.
2 Dans l'intérieur du Jardin des plantes, près de l'Administration du Muséum.

dans un moment de plus vives alarmes, au sein
de ces immenses souterrains, Roucher pourrait
défier toutes les recherches de ses persécuteurs. Il
accepta, et quittant une retraite où il avait vécu
quelques semaines, il vint au Jardin des plantes,
que bientôt il dût abandonner à son tour pour une
autre demeure; car partout le soupçon s'attachait
aux pas du proscrit, et l'obligeait d'errer d'asile en
asile. Triste existence, intolérable surtout pour un
poëte, ami des champs et de la nature! pour celui
qui s'était peint lui-même par ce joli vers :

Il aima la campagne et sut la faire aimer!

Aussi Roucher prit-il une détermination que
rien ne put ébranler. Las de vivre dans une
continuelle anxiété, et, quand ses amis tremblaient
pour sa vie, de trembler sans cesse pour la leur si
généreusement exposée, il se décida à retourner chez
lui. Il y fut arrêté. Arraché presque aussitôt à sa
prison par un dernier effort de l'amitié, il fut, le
4 octobre 1793, arrêté de nouveau. On sait le reste:
la résignation avec laquelle il supporta son malheur, les vers si touchants qu'il composa au
moment de paraître devant le tribunal révolutionnaire, et sa mort sur l'échafaud peu de jours avant
la chute des terroristes !

L'amour de l'humanité avait seul entraîné
Geoffroy Saint-Hilaire a se dévouer au salut de

Roucher. Que n'eût-il pas fait pour son bien-aimé maître, pour son père adoptif Daubenton? Heureusement le collaborateur de Buffon ne fut qu'un instant menacé, et Geoffroy Saint-Hilaire put écarter tout danger de cette tête vénérable, sans avoir à craindre pour lui-même. Un ouvrier que Daubenton, comme directeur du Muséum, avait réprimandé pour des travaux mal faits, voulut se venger : il en avait le pouvoir. Frère d'une personne attachée au service de Madame Daubenton, et venant familièrement, chaque jour, dans la maison, il avait surpris quelques paroles de Daubenton, assurément fort innocentes en elles-mêmes, mais à cette époque (c'était vers le commencement de 1794) fort compromettantes. Il court les dénoncer à la tribune de la Section, et la redoutable accusation d'incivisme est portée contre Daubenton. « Heureu-« sement Geoffroy Saint-Hilaire, dit une relation que nous avons sous les yeux[1], « l'apprend, se « rend à la Section, cause avec l'un et avec l'autre, « et fait si bien que le rapport de suspicion ne peut

[1] Elle est de M. le professeur Valenciennes, qui l'a rédigée d'après les souvenirs de son père, l'un des aides-naturalistes nommés en 1794, lors de la première organisation du Muséum, et déjà attaché avec les mêmes fonctions à l'ancien Jardin des plantes. Valenciennes père avait été témoin des premiers rapports de Geoffroy Saint-Hilaire avec Daubenton, et il avait même contribué à fixer l'attention de l'illustre professeur sur son jeune élève.

« être rédigé à temps, pour être renvoyé au Comité
« central. Daubenton fut oublié. »

Dans la notice biographique sur Daubenton[1],
qu'il a publiée il y a quelques années, Geoffroy
Saint-Hilaire, selon son habitude, passe sur ces
faits; mais il raconte comment son illustre maître,
et ce fut sans doute à l'occasion du danger qu'il
venait de courir, crut devoir se présenter devant
l'administration locale pour en obtenir un certificat
de civisme. Le naturaliste illustre, le directeur du
Muséum ne l'eût pas obtenu peut-être; mais le
*berger* Daubenton, ainsi qu'il se qualifia en souvenir de ses Instructions sur les troupeaux, fut
déclaré *bon citoyen* aux acclamations de tous. Il
ne fut plus inquiété depuis.

Vers la même époque, Geoffroy Saint-Hilaire
payait à Lacépède avec le même empressement sa
dette d'amitié, en l'aidant à se choisir une retraite
plus sûre. Et quand Lacépède fut installé à Leuville,
il s'y rendit plusieurs fois secrètement pour faire
au célèbre zoologiste des communications utiles à sa
sûreté. Dans l'un de ces voyages, il fut menacé par
un attroupement, et il s'en fallut de peu qu'il ne
fût arrêté comme conspirant avec un noble. Une
fois aussi, l'asile de Lacépède fut sur le point d'être
découvert par ses ennemis les plus acharnés;

1 Elle a paru dans l'*Encyclopédie nouvelle*, t. IV. Geoffroy
Saint-Hilaire l'a réimprimée dans ses *Fragments biographiques*.

Geoffroy Saint-Hilaire parvint à faire croire à ces forcenés que les indices déjà recueillis par eux étaient faux, et que Lacépède vivait retiré dans le midi de la France! Déplorable époque que celle où, pour faire le bien, il fallait violer les lois et trahir la vérité!

Heureux du succès de son adresse, Geoffroy Saint-Hilaire ne voulut pas même que la tranquillité de Lacépède fût troublée : il garda le silence sur ce qu'il venait de faire; Lacépède était sauvé; c'était assez : qu'avait-il besoin de trouver une autre récompense dans la reconnaissance d'un ami? Cette récompense qu'il ne voulait pas, il l'eut cependant, et dans quelles circonstances! Près de dix ans plus tard, Madame de Lacépède, cette *Anne-Caroline* dont le souvenir a été gravé dans la science en traits ineffaçables par la tendresse et les regrets de son époux, allait succomber jeune encore. Geoffroy Saint-Hilaire fut appelé près de son lit de mort. Madame de Lacépède savait tout depuis longtemps, mais sous le secret, et elle s'était tue. Mais, quand elle se vit près de descendre dans la tombe, cette noble femme voulut voir Geoffroy Saint-Hilaire, et lui exprimer solennellement sa reconnaissance : ce furent presque ses dernières paroles!

## V.

Dans l'histoire des hommes comme dans celle des nations, les événements n'ont pas une marche régulière et proportionnelle au temps : tantôt ils se ralentissent, tantôt ils se précipitent, et une année laisse parfois après elle plus de traces que telle longue période. On vient de voir Geoffroy Saint-Hilaire, en 1794, en même temps qu'il avait le bonheur de se rendre utile à Daubenton et à Lacépède, consolider l'institution naissante de la Ménagerie, enrichir et classer les collections, professer pour la première fois en France la zoologie, faire ses premières observations scientifiques, écrire et publier son premier mémoire : cette même année 1794 est aussi celle de ses premières relations avec le savant qui devait être, tour à tour, le plus cher de ses amis, le plus illustre de ses collègues au Muséum, et le plus puissant de ses adversaires scientifiques.

Tandis que Lacépède se tenait caché dans sa retraite de Leuville, un autre ami de Geoffroy Saint-Hilaire, ami de sa famille avant de l'être de lui-même, l'agronome Tessier, avait fui, plus loin de Paris, la persécution qui allait aussi l'atteindre. Habitant en Normandie, aux environs de Fécamp, la petite ville de Vallemont, il fut assez heureux pour rencontrer, assez bon juge pour apprécier presque aussitôt un jeune homme, habitant d'un château voisin, celui de Fiquainville, où il faisait l'éducation du fils de M. d'Héricy. Tessier, avant la révolution, avait eu l'insigne honneur de révéler le premier au monde savant et à lui-même un homme devenu depuis justement célèbre, l'astronome Delambre. Dès ses premières liaisons avec le jeune précepteur de Fiquainville, dès qu'il connut quelques travaux d'histoire naturelle faits par lui dans ses loisirs[1], Tessier comprit, comme il le dit depuis, qu'il *venait encore d'avoir la main heureuse*; qu'il venait de découvrir *un second Delambre.* Tessier n'avait deviné toutefois qu'une faible partie de la vérité : le jeune précepteur était appelé à des destinées bien plus hautes encore! il s'appelait George Cuvier, et de ce nom, si obscur encore, il devait faire, en vingt ans, l'un des plus grands noms de son siècle!

Geoffroy Saint-Hilaire, encore enfant, avait appris de ses parents à révérer Tessier pour son caractère et ses vertus. Devenu homme, il avait connu ses travaux, et trouvé en eux de nouveaux motifs de l'honorer. Nul, peut-être, après Daubenton et Haüy, n'avait plus d'ascendant sur Geoffroy Saint-Hilaire. Lui-même l'a dit : l'opinion de Tessier *faisait loi pour lui.* Dès la première lettre d'un ami aussi vénéré, Geoffroy Saint-Hilaire pensa de Cuvier et voulut pour lui, tout ce que pensait, tout ce que voulait Tessier.

Bientôt, sous les auspices de leur ami commun,

---

1 Dès 1792, Cuvier avait publié dans un journal d'histoire naturelle deux notes et un mémoire sur l'anatomie de la Patelle.

une correspondance s'établit entre le jeune naturaliste de Paris et le jeune naturaliste de Fiquainville, et les précieux manuscrits, fruits des loisirs
de Cuvier, furent envoyés, sur sa demande, à
Geoffroy Saint-Hilaire. L'impression, que leur lecture produisit sur lui, fut des plus vives. L'estime
qu'il avait conçue pour Cuvier sur la parole de
Tessier, fit place aussitôt, dans son âme ardente et
enthousiaste, à cette profonde admiration que
l'Europe devait bientôt partager avec lui. « Venez,
écrivit-il à Cuvier, venez jouer parmi nous le rôle de
Linné, d'un autre législateur de l'histoire naturelle. »

Ainsi, celui auquel Daubenton venait d'ouvrir
les voies de la science, y appelait, avec lui, le
rénovateur futur de l'anatomie comparée : c'est
ainsi qu'il devait s'acquitter envers le premier fondateur de cette science![1]

Cuvier n'osa d'abord avoir autant de confiance
que Geoffroy Saint-Hilaire dans ses propres desti-

[1] M. Pariset a fait, à cette occasion, un rapprochement
trop curieux pour que nous l'omettions ici. « Quatre hommes,
« quatre Français, dit-il (*Discours* déjà cité), ont fait revivre
« presque sous nos yeux la zoologie : Buffon, Daubenton, Geoffroy
« Saint-Hilaire et Cuvier. Un trait singulier de l'histoire de nos
« quatre naturalistes, c'est qu'ils se sont, pour ainsi dire, ou-
« vert l'un à l'autre le chemin de la science et de la gloire. Un
« auxiliaire était nécessaire à Buffon : il choisit Daubenton.
« Daubenton adopte Geoffroy Saint-Hilaire. Sur la foi de quel-
« ques essais que lui envoie Cuvier, Geoffroy Saint-Hilaire eut

nées : sans rompre avec la famille d'Héricy, il demanda seulement à venir passer avec son élève quelques mois à Paris. Cet arrangement fut accepté par la famille, et le prince de Monaco, avec qui elle était liée, offrit à Cuvier et à son élève un petit appartement dans son hôtel. C'est là que vint s'établir Cuvier au commencement de 1795.[1]

On aime facilement ceux qu'on estime. Geoffroy Saint-Hilaire s'attacha de plus en plus à Cuvier, et bientôt une douce intimité s'établit entre les deux jeunes gens. Tout, à cette époque, les attirait l'un vers l'autre; même amour de l'étude, même

« hâte de le tirer de son obscurité, en l'appelant à Paris, et en « lui donnant l'hospitalité. »

Nous devons ajouter que, dès 1852, dans le dernier article qui soit sorti de sa plume, Gœthe avait signalé cet enchaînement. L'illustre poëte avait, de plus, fait cette remarque, que la même opposition qui avait existé entre Daubenton et Buffon, devait renaître inévitablement entre Cuvier et Geoffroy Saint-Hilaire.

1 En avril, disent tous les biographes : c'est une erreur, comme nous le prouverons plus bas (voyez la note de la page 68). — Les circonstances de l'arrivée de Cuvier à Paris ont été, comme l'époque, inexactement rapportées dans toutes les biographies de ce grand naturaliste, même dans la plus exacte et la plus complète de toutes, celle de M. Duvernoy, parent et ami de Cuvier, dont il a si honorablement continué les travaux. M. Duvernoy a, au contraire, fidèlement rapporté les premières relations de Geoffroy Saint-Hilaire avec Cuvier (voyez sa *Notice*, p. 10 et 118).

élan de la jeunesse[1] vers tout ce qui est noble et
beau, même désir de servir la science et leur pays.
Et s'il existait dès lors, dans les tendances différentes
de leurs esprits, les germes des dissentiments qui
devaient plus tard éclater sur des questions fondamentales, comment eussent-ils pu le soupçonner
à une époque où tous deux, encore à leur début,
pouvaient à peine entrevoir les régions supérieures
de la science où s'agitent ces grandes questions?

Aussi Cuvier était à peine depuis deux mois à
Paris, que déjà Geoffroy Saint-Hilaire et lui vivaient
en frères. Ils ne se quittaient guère qu'aux heures
où les devoirs de l'un envers son élève, de l'autre
envers le Muséum, leur en faisaient une nécessité.
Les amis de Geoffroy Saint Hilaire devenaient ceux
de Cuvier; les moyens d'étude que l'un tenait de
sa position, leur étaient communs; et ils s'asso-
ciaient pour la composition d'un ouvrage étendu,
dont la collection mammalogique du Muséum
devait fournir les matériaux. Il ne leur restait plus
qu'à partager la même demeure : ils ne tardèrent
pas à le faire. Cuvier, nommé, au commencement
de juillet, suppléant du professeur d'anatomie
comparée, ne pouvait hésiter plus longtemps : il se
décida à rester à Paris, rendit à la famille d'Héricy
l'élève qu'elle lui avait confié, et, quelque temps

---

1 Cuvier avait alors vingt-cinq ans et demi, et Geoffroy
Saint-Hilaire vingt-trois.

après, quitta l'hôtel de Monaco pour venir demeurer chez son ami.[1]

Cuvier ne devait plus quitter le Jardin des plantes. On sait l'éclat de son premier cours, de ses premiers travaux. Jamais succès ne fut plus rapide, et contre l'ordinaire, il fut aussi durable, aussi solide qu'il avait été prompt. Au commencement de 1795, Jussieu, Lacépède, Lamarck[2], étaient presque les seuls, avec Tessier et Geoffroy

[1] Un peu plus tard, le professeur d'anatomie comparée, Mertrud, céda deux pièces de son appartement à son suppléant, et cet arrangement fut régularisé le 24 novembre par l'assemblée des professeurs. La maison où Cuvier s'établit ainsi dès 1795, est celle qu'il a toujours habitée depuis.

[2] Ces trois illustres savants, et Millin, directeur de l'un des recueils scientifiques les plus estimés de cette époque, furent aussi très-utiles à Cuvier dans les commencements de sa carrière. Par une circonstance digne de remarque, Lamarck, qui, lui aussi, devait trouver un jour dans Cuvier un si persévérant adversaire, fut le premier de tous à s'associer aux vœux et aux efforts de Geoffroy Saint-Hilaire.

Nous ajoutons à regret que, pendant quelque temps, Daubenton se sentit, au contraire, peu entraîné vers Cuvier. Il trouvait que Geoffroy Saint-Hilaire mettait beaucoup trop de zèle à se créer une redoutable rivalité. Un jour qu'il avait invité son jeune collègue à dîner, il fit placer devant lui un exemplaire de Lafontaine, ouvert à la fable de la Lice et de sa compagne.

Un peu plus tard, Daubenton comprit tout le mérite de Cuvier, et il ne fut pas moins désireux que ses collègues de le voir attaché au Muséum par un titre définitif.

Saint-Hilaire, qui connussent le nom de Cuvier;
à la fin de la même année, il n'était pas en Europe
un naturaliste qui ne l'honorât; quelques années
plus tard, pas un qui ne l'admirât. La prédiction
de Tessier était dépassée, celle de Geoffroy Saint-
Hilaire réalisée.

Nous n'avons pas à suivre plus loin la brillante
carrière de Cuvier. Nous le retrouverons plus tard
l'adversaire scientifique de celui dont nous venons
de le voir l'ami et presque le frère; mais, disons-le
dès à présent, il est de ces amitiés qui laissent dans
les nobles cœurs des traces ineffaçables : dans la
vivacité des discussions qui s'élevèrent à diverses
reprises entre Cuvier et Geoffroy Saint-Hilaire, il
put arriver que la mémoire de leurs jeunes années
s'obscurcît en eux momentanément; mais il suffit
toujours que l'un d'eux fût malheureux pour qu'aussitôt l'autre redevînt l'ami de 1795.

Et toujours aussi, Geoffroy Saint-Hilaire plaça
au nombre des souvenirs à la fois les plus doux et
les plus glorieux de sa vie ceux que nous venons
de retracer. « Je crois, dit-il dans l'un des derniers
« écrits qui sont sortis de sa plume[1], que l'on devra
« dire un jour de moi que j'ai rendu à la société
« deux services éminents. » L'un de ces services, il

---

1 La phrase suivante fut écrite plus tard encore. « Je n'ai
« jamais cessé d'être, pour mon ancien compagnon d'étude, un
« ami cordialement dévoué. »

le place dans ses travaux de philosophie naturelle;
l'autre, qu'il semble mettre sur la même ligne, et
devant lequel s'effacent à ses yeux et les souvenirs de
l'expédition d'Égypte et tout le mérite de ses longues
recherches zoologiques; « l'autre, c'est, dit-il, d'avoir
« appelé à Paris et d'avoir introduit chez les natu-
« ralistes le célèbre Cuvier. »

## VI.

Les mémoires, fruits des travaux communs de
Cuvier et de Geoffroy Saint-Hilaire en 1795, sont
au nombre de cinq, et ceux que Geoffroy Saint-
Hilaire composa seul dans la même année et dans
les années suivantes, sont beaucoup plus nombreux. Tous seront cités ailleurs[1]; nous ne devons
qu'en indiquer ici l'esprit et les résultats principaux.

A une seule exception près, relative à un travail
sur la classification des Oiseaux de proie, tous sont
relatifs à la classe des Mammifères. On se tromperait d'ailleurs de beaucoup, si l'on pensait que leur
intérêt se renferme dans le cercle des études mammalogiques. Leur caractère, c'est, au contraire, la
généralité des principes posés ou des vues émises
à l'occasion des faits spéciaux, et tellement que,
dans ces mémoires consacrés à la détermination
exacte d'animaux encore inconnus ou mal décrits,

1 Voyez, à la fin de ce volume, la liste des ouvrages et
mémoires de Geoffroy Saint-Hilaire.

à l'établissement de genres nouveaux, à l'étude de divers phénomènes physiologiques, se trouvent déposés les germes de plusieurs des grandes vues qui, successivement développées dans les années suivantes, dominent aujourd'hui l'édifice entier des sciences zoologiques.

Nous choisirons, comme exemples, parmi les travaux qui sont communs à Cuvier et à Geoffroy Saint-Hilaire, le Mémoire sur la classification des Mammifères[1] et le Mémoire sur les Orangs, publiés l'un et l'autre en 1795. Parmi ceux qui sont propres à Geoffroy Saint-Hilaire, nous citerons un Mémoire sur les animaux à bourse, qui date de

[1] Après le titre de ce mémoire, on lit ces mots, auxquels les biographes n'ont fait aucune attention : *lu à la Société d'histoire naturelle, le 1ᵉʳ floréal de l'an troisième:* Or, cette date correspond au 20 *avril* 1795. Donc il est faux que Cuvier ne soit arrivé à Paris qu'en avril 1795. Qui pourrait supposer, en effet, qu'un mémoire aussi important et aussi étendu ait été improvisé en moins de vingt jours par ses auteurs? Ajoutons que Geoffroy Saint-Hilaire, d'après un passage très-explicite d'une note laissée par lui, ne se lia intimement avec Cuvier que dans le second mois de son séjour à Paris; et, sans doute, le Mémoire sur les Mammifères ne fut entrepris qu'un peu plus tard encore; ce qui reporte l'arrivée de Cuvier à Paris au commencement de l'année.

On a cité, il est vrai, une lettre de Cuvier, en date du 24 juillet 1795, dans laquelle on lit : «Le mémoire sur le larynx «est mon premier ouvrage. *Je le composai, il y a trois mois,* «*en arrivant à Paris.*» Nous pouvons affirmer qu'une erreur a été ici, ou faite dans la transcription de la lettre, ou commise

l'année suivante; un autre sur les prolongements frontaux des Ruminants, composé en 1797[1]; un autre, enfin, sur les Makis, qui le fut à la fin de 1795, et qui parut en 1796.

Tous les naturalistes reconnaissent que le premier de ces Mémoires est le point de départ de tout ce qui a été fait depuis, non-seulement sur la classification des Mammifères, mais sur l'application elle-même de la Méthode naturelle à l'ensemble de la zoologie. Dans un préambule étendu, le principe fondamental de la *subordination des caractères* se trouve formulé avec précision, clairement expliqué, et déjà utilement appliqué : si le mot de

par Cuvier lui-même. Le Mémoire sur le larynx a été certainement composé en 1794 : car il a été envoyé à l'assemblée des professeurs du Muséum dès le 3 janvier 1795, et le rapport sur ce travail a été fait par Mertrud le 25, peu de jours avant la présentation, faite par Geoffroy Saint-Hilaire, d'un autre mémoire de Cuvier. Ces faits sont attestés par les documents les plus authentiques, les procès-verbaux eux-mêmes des séances de l'assemblée administrative du Muséum.

Nous avons dû rétablir ici la vérité des faits et des dates, de même que, dans le premier chapitre de cet ouvrage, nous avons rectifié quelques circonstances importantes de la vie d'Haüy et de celle de Lacépède. Nous trouverons encore, dans la suite de ce livre, plus d'une occasion d'éclaircir des points importants de l'histoire, en général si inexactement écrite, des savants et de la science.

1 Il ne fut publié que plus tard, à cause du départ de l'auteur pour l'Égypte.

*subordination* ne s'y trouve nulle part écrit, du moins l'idée y brille à chaque page. Ce grand travail restera en zoologie, a dit un de nos plus célèbres savants, ce que sont en physiologie les *primæ lineæ* de Haller.

Dans le mémoire sur les Orangs, les auteurs soulèvent une question bien plus grande encore, la plus grande peut-être de la philosophie naturelle. « Dans ce que nous appelons des *espèces,* disent-ils, ne faut-il voir que les diverses dégénérations d'un même type? » La question n'est que posée; et pouvait-il en être autrement? Des deux auteurs, l'un était destiné à devenir le plus puissant défenseur de la fixité des espèces; l'autre, avec Lamarck, le soutien non moins persévérant de l'idée inverse.

Suivons maintenant Geoffroy Saint-Hilaire dans les Mémoires qui lui sont propres.

En 1796, à l'occasion des animaux à bourse, tout en maintenant l'unité de ce groupe, il en compare les divers genres, les diverses formes, aux genres, aux formes analogues déjà connus parmi les Mammifères ordinaires, et fait le premier pas vers l'admission d'une série parallèle; par conséquent, vers la conception, dans un cas particulier, de cette *classification parallélique* qui commence à peine aujourd'hui à être comprise.

En 1797, il commence son Mémoire sur les prolongements frontaux des Ruminants par une idée bien souvent développée depuis, bien nouvelle à cette époque. Il n'hésite pas à considérer la zoologie et l'anatomie comparée comme les compléments nécessaires de la physiologie et de la pathologie; il voit, dès lors, dans les mille formes diverses de l'animalité, comme autant d'expériences toutes faites par la nature pour nous dévoiler les mystères de l'organisation humaine.

Plus loin, dans le même travail, comparant les prolongements frontaux de la Girafe à ceux des Cerfs, il explique leurs différences par des inégalités de développement, et fait ainsi, à l'avance, on peut le dire, une première application de cette Théorie des *Arrêts,* à laquelle il allait, dix ans plus tard, donner une si grande place dans la science.

Enfin, le Mémoire sur les Makis va nous fournir pour dernier exemple l'idée elle-même, au développement de laquelle Geoffroy Saint-Hilaire devait consacrer une si grande partie de sa vie : l'Unité de composition organique. Et dans ce Mémoire, composé en 1795, publié au commencement de 1796, l'idée mère de l'anatomie philosophique se trouve, non pas seulement pressentie, non pas indiquée, mais formulée avec une étonnante netteté. La nature, ce sont les propres expressions de l'auteur, a formé tous les êtres vivants sur *un plan unique, essentiellement le même dans son principe, mais varié de mille manières dans toutes ses parties accessoires.*

Et dans la même classe d'animaux, les formes diverses sous lesquelles elle s'est plu à faire exister chaque espèce, dérivent toutes les unes des autres; il lui suffit de *changer quelques-unes des proportions des organes pour les rendre propres à de nouvelles fonctions, pour en étendre ou restreindre les usages.* Toutes les différences viennent seulement d'*un autre arrangement,* d'une autre complication, d'une modification enfin de ces mêmes organes.

Lorsqu'on voit Geoffroy Saint-Hilaire, assez maître, dès 1795, de cette grande idée, pour l'exprimer avec cette netteté; entrevoyant, en 1797, le Principe des inégalités de développement, complément nécessaire de la Théorie des analogues que lui seul peut démontrer; lorsque, d'ailleurs, l'auteur de ces vues allie, à ses constantes tendances vers la généralisation, une connaissance solide, pratique des faits, ne semble-t-il pas que l'anatomie philosophique soit sur le point de naître en France? La question est bien comprise, nettement posée : n'est-ce pas le moment de passer de la conception à la démonstration?

Geoffroy Saint-Hilaire allait peut-être le tenter : il ne le put pas, et ce fut un bonheur pour lui et pour la science. Comme Gœthe, à la même époque, en Allemagne, il se serait consumé en efforts glorieux, mais prématurés. Pour que l'anatomie philosophique pût être créée, il fallait logiquement que l'anatomie comparée eût été renouvelée; il fallait que l'œuvre de Cuvier, comme elle avait été préparée par l'œuvre de Daubenton, rendît possible celle de Geoffroy Saint-Hilaire.

Et lorsqu'au commencement de 1798, Berthollet vint trouver Cuvier et Geoffroy Saint-Hilaire pour leur offrir d'accompagner Bonaparte dans une lointaine expédition, chacun des deux amis fit précisément ce que lui prescrivait son véritable intérêt et celui de la science : Cuvier refusa; Geoffroy Saint-Hilaire accepta.

# CHAPITRE III.

### EXPÉDITION D'ÉGYPTE.



(1798 — 1801).

## I.

On sait de quel profond mystère furent enveloppés les préparatifs de l'Expédition d'Égypte. Le but en resta longtemps ignoré de ceux mêmes qui tenaient les premiers rangs dans l'armée et la Commission des sciences.

« Venez, avait dit Berthollet à Geoffroy Saint-Hilaire; Monge et moi serons vos compagnons, et Bonaparte, notre général. » En se confiant dans l'avenir glorieux que lui présageaient de tels noms, Geoffroy Saint-Hilaire avait consenti, sans savoir pour quels climats, pour quelle aventureuse destinée il allait quitter ses paisibles travaux et sa tranquille demeure du Jardin des plantes.[1]

1 « Sur la foi de paroles aussi vagues, a dit M. Arago dans

Cependant il ne tarda pas à pénétrer une partie du secret. Le choix des livres réunis pour la Commission des sciences, lui révéla ce qu'on taisait encore à tous. Et lorsqu'en avril 1798, il quitta Paris avec son collègue Savigny, son frère Marc-Antoine Geoffroy, alors capitaine du génie, et le peintre Redouté, il s'était également préparé à l'exploration scientifique de la Syrie et à celle de l'Égypte.

L'histoire conservera à jamais le souvenir de la journée où Toulon vit sortir de sa rade l'immense escadre, commandée par l'amiral Brueys. Deux mois avaient suffi pour réunir autour du jeune vainqueur de l'Italie trente-six mille soldats, dix mille marins français et italiens, des littérateurs, des artistes, des savants, Monge, Fourier, Malus, Berthollet, Dolomieu, Geoffroy Saint-Hilaire, Larrey et tant d'autres, les uns déjà illustres, les autres appelés à le devenir. Ils partirent le 19 mai 1798, tous pleins d'enthousiasme et de patriotiques espérances.

Geoffroy Saint-Hilaire était, avec son frère, à bord de la frégate l'Alceste, où se trouvaient aussi

« son bel éloge de Fourier, avec les chances d'un combat naval,
« avec les pontons anglais en perspective, allez aujourd'hui
« essayer d'enrôler un savant déjà connu par des travaux utiles
« et placé dans quelque poste honorable, un artiste en posses-
« sion de l'estime et de la confiance publiques ; et je me trompe
« fort si vous recueillez autre chose que des refus. »

le général Reynier, commandant la division d'avant-garde, les généraux Manscourt et Julien, et plusieurs officiers distingués. Geoffroy Saint-Hilaire, devenu, selon son expression, l'un des *soldats lettrés* de l'armée d'Orient, crut devoir saisir une occasion si favorable de devenir moins étranger aux travaux et aux devoirs militaires. Dans ces longues conversations qu'engendre le loisir du bord, il se faisait tour à tour l'élève en tactique des généraux, et leur professeur de physique et d'histoire naturelle. Ce fut pour eux, autant que pour lui-même, qu'il fit sur un requin, pris le vingtième jour de la navigation, des expériences de galvanisme, qui furent pour l'équipage tout entier un sujet d'étonnement et de vif intérêt. Il fit ensuite l'anatomie du requin; et étant parvenu à se procurer les deux *pilotes* qui l'accompagnaient, et à recueillir sur eux de curieuses observations, il jeta dès lors les bases d'un mémoire, publié neuf ans plus tard, sur l'affection mutuelle de certains animaux.

Ces paisibles occupations furent plusieurs fois troublées par de vives alertes. Tantôt on signalait à l'horizon une escadre anglaise, et en peu d'instants on ne voyait plus, on n'entendait plus sur la frégate que des préparatifs de défense, que des cris de guerre. Une autre fois, en vue des côtes de la Sardaigne, Geoffroy Saint-Hilaire lui-même devenait pour tous un sujet d'alarme. Il se rendait à bord d'une autre frégate pour visiter trois de ses collègues, lorsque la frêle embarcation qui le portait, fut renversée par une fausse manœuvre. Les marins qui le conduisaient, reparurent seuls : il ne savait pas nager, et tous le crurent perdu. Mais lui-même ne désespéra pas de son salut : luttant avec énergie contre les flots, il remonta à leur surface, et un hasard heureux lui ayant fait rencontrer l'extrémité d'une échelle de corde, il parvint, quoique légèrement blessé, à atteindre l'une des ouvertures de la frégate.

Peu de jours après, l'expédition arrivait devant Malte, et la ville imprenable tombait au pouvoir des Français. Geoffroy Saint-Hilaire explora successivement Goze avec son frère, chargé de faire le relevé des côtes de cette île; puis Malte, où il resta plusieurs jours. A Goze il vit avec étonnement les belles cultures créées par la patience et l'industrie de plusieurs générations humaines sur des rochers autrefois nus, maintenant couverts d'une terre fertile, dont les navires maltais ont dû aller chercher une partie jusque sur la côte sicilienne. A Malte, son admiration dut se partager entre ces mêmes champs artificiels, qu'il retrouvait mieux cultivés encore, et la Cité Valette, couronnant de ses beaux édifices et de ses gigantesques fortifications les sommités de l'île, et sous laquelle une multitude de citernes et de canaux, en partie creusés dans le roc, forment comme une seconde ville souterraine.

L'expédition quitta Malte le 18 juin. Elle avait mis plus de trois semaines pour y arriver ; elle employa treize jours pour achever le voyage ; lenteur salutaire, par laquelle furent déjoués tous les plans de Nelson. Ce fut le 29 juin qu'on aperçut à l'horizon la plage d'Égypte , et le 30 qu'on put distinguer la colonne de Pompée. Le même jour le débarquement était opéré, et le lendemain Bonaparte se rendait maître d'Alexandrie.

## II.

L'Égypte se trouvait ouverte à la Commission des sciences : Geoffroy Saint-Hilaire se mit aussitôt à l'œuvre. D'après le plan qui avait été arrêté pour les travaux de la Commission, c'est à Rosette qu'il devait aller s'installer avec la plupart de ses collègues ; mais il ne quitta pas Alexandrie, sans y avoir recueilli déjà quelques matériaux intéressants.

Son départ de cette ville fut triste. Pour la première fois depuis le commencement de l'expédition, et presque pour la première fois de leur vie, les deux frères allaient se séparer : tandis que le naturaliste allait s'établir à Rosette, l'officier du génie allait remplir, à travers le désert, une périlleuse mission. Ils partirent vers le commencement de juillet, sans savoir s'ils se reverraient, et se laissant pour adieux ces nobles paroles : « Notre bonheur est dans notre « devoir. »[1]

---

1 Lettre de Marc-Antoine Geoffroy à son frère.

A Rosette, les membres de la Commission des sciences trouvèrent un climat aussi doux que celui d'Alexandrie était ardent. « C'est le paradis terrestre, « dit Geoffroy Saint-Hilaire ; il y règne la tempéra- « ture de notre mois de mai, et il y pleut! » Mais, sous ce beau climat, nos voyageurs furent réduits à se loger dans des maisons désertes, et lorsqu'ils se furent, non sans peine, procuré des vivres, il leur fallut les préparer eux-mêmes. « Chacun, li- « sons-nous dans la note déjà citée, eut son jour « pour être le cuisinier de la communauté. Quand « ce fut mon tour de faire le *coq*, mes amis firent « bien maigre chair. »

Geoffroy Saint-Hilaire apprenait en même temps que sa provision d'alcool, sa poudre de chasse et d'autres objets utiles à ses travaux, de même que le papier à herbier des botanistes, et tous les effets des aérostiers, venaient de se perdre entre Alexandrie et Rosette : le bâtiment qui les portait, avait échoué. De plus, les excursions dans la campagne étaient encore impossibles, et Geoffroy Saint-Hilaire, privé de tout ce qui devait rendre son travail facile et fructueux, dut borner ses recherches aux ani- maux qu'il pouvait se procurer dans la ville même ou à ses portes.

Ce n'étaient pas d'heureux commencements; mais bientôt tout changea : l'ordre s'établit, et avec lui, l'abondance. Geoffroy Saint-Hilaire eut les moyens de réparer ses pertes et d'étendre au loin ses recherches.

Les autorités militaires s'empressèrent de mettre à sa disposition une escorte, et il put faire dans le Delta des excursions lointaines, y organiser de grandes chasses, qui enrichirent surtout l'ornithologie. Un grand nombre de peaux et plusieurs squelettes furent préparés sous sa direction, en même temps que lui-même observait les mœurs des animaux, étudiait leurs caractères, et surtout se livrait à des recherches anatomiques, dont plusieurs faits nouveaux furent dès lors le fruit.

Il se livrait depuis un mois à ces travaux, lorsqu'il fut appelé au Caire par le général en chef. La fondation d'un Institut au Caire venait d'être décidée, et une commission de sept membres, premier noyau de cette illustre société, devait s'occuper immédiatement de son organisation. Geoffroy Saint-Hilaire, dont les relations avec Bonaparte s'étaient jusqu'alors bornées à quelques visites de politesse, apprit avec étonnement qu'il avait été choisi par lui pour représenter les sciences naturelles dans la Commission des sept. Les autres membres étaient : Monge, Berthollet, Costaz, Desgenettes, et les généraux Andréossy et Caffarelli. Quant à Bonaparte, après avoir exercé un instant les pouvoirs constituants, il avait voulu rentrer dans la loi commune ; et c'est d'une double élection qu'il tint les titres de membre et de vice-président de l'Institut d'Égypte.

Le Caire, qui était déjà le centre politique et militaire de l'Égypte, devint aussi, par la création de l'Institut, le centre de tous les travaux scientifiques. Geoffroy Saint-Hilaire, qui y était venu vers le milieu d'août, y vit successivement arriver tous ses collègues. Alors commença pour lui, malgré des privations de cœur bien vivement senties, l'une des années les plus heureuses de sa jeunesse. Sous un climat enchanteur, au milieu de cette nature africaine si riche et si variée, sur ce sol si plein de souvenirs de tous les âges, au pied des plus merveilleux monuments qui soient sortis de la main des hommes, il trouvait à chaque pas de nouveaux sujets d'admiration, de nouveaux objets d'étude. C'était la vie du voyageur, cette vie d'aventures, de surprise, de recherche, de découverte, avec tout le charme qu'elle exerce sur les âmes jeunes et ardentes, mais sans la douleur de l'isolement, sans ce cruel exil loin de tous les siens, qui forme, le plus souvent, l'amère compensation de ces inexprimables plaisirs. Après une excursion dans le désert, un voyage sur le Nil, une visite aux Pyramides, Geoffroy Saint-Hilaire se retrouvait tout à coup au milieu de la civilisation de son pays, parmi des collègues dont la plupart étaient devenus des amis; il pouvait communiquer à un Institut français les fruits d'une exploration terminée la veille sur les ruines d'Héliopolis ou de Memphis; et si, le

soir, il voulait prendre du repos, il retrouvait
l'élite des officiers, des savants, des littérateurs,
des artistes, réunis chez le général en chef, dans
un cercle que Paris lui-même eût envié au Caire.

Et là, chaque jour, il se sentait plus heureux;
car il se sentait plus entouré d'estime et d'affection.
Son ardent amour de la science, son enthousiasme
pour tout ce qui est beau, pour tout ce qui est
grand, son caractère franc, gai, ouvert, généreux,
lui donnaient des droits à la sympathie des nobles
cœurs et des intelligences d'élite. Aussi se fut-il fait
bientôt dans l'armée, aussi bien que parmi ses collègues, d'illustres et durables amitiés.

Le grand homme qui présidait aux destinées de
l'armée et devait bientôt présider à celles de l'État,
lui témoigna lui-même la plus affectueuse bienveillance. Trois mois après l'arrivée des Français
en Égypte, Geoffroy Saint-Hilaire était du petit
nombre des privilégiés dont Bonaparte aimait à se
voir entouré, qu'il accueillait dans son intimité, qu'il
choisissait pour compagnons dans ses excursions.[1]

1 Deux de ces excursions offrirent surtout un grand intérêt,
et Geoffroy Saint-Hilaire a voulu en conserver le souvenir.
(Voyez l'Introduction des *Notions de philosophie naturelle.*)
L'une, sur laquelle nous reviendrons plus bas, eut pour but
les Pyramides de Gizèh; l'autre, les carrières des environs du
Caire. C'est dans cette dernière excursion que Bonaparte, sur
une pente abrupte que l'on gravissait par un soleil ardent, se
retourna tout à coup vers ses compagnons, et s'écria : *« Com-*

Et cette bienveillance fut aussi durable que facilement obtenue. Ce que le chef de l'expédition d'Égypte avait été pour Geoffroy Saint-Hilaire, le premier Consul, l'Empereur le furent toujours; la Malmaison, les Tuileries lui restèrent ouvertes, presque comme l'avait été le palais d'Esbekieh; et si, trop ami de la retraite, il sembla parfois oublier son ancien général, il n'en fut pas oublié. C'est par un acte personnel du premier Consul qu'à la création de la Légion d'honneur, il fut porté l'un des premiers sur la liste; c'est de sa main qu'il reçut cette croix, alors si enviée. Comme à ses collègues Fourier et Costaz, une préfecture lui fut offerte; mais il aimait trop la science et son indépendance pour accepter ces chaînes dorées : il refusa, et le premier

«*militones*, jamais ce jour et ceux qui me suivent, ne s'efface-
«ront de ma mémoire!»

Geoffroy Saint-Hilaire nous a aussi conservé (*Ibid.*, et *Études progressives*, p. 182) le mémorable entretien de Bonaparte avec Monge, dans lequel le plus grand homme de guerre des temps modernes prononça ces mémorables paroles : «Je me «trouve conquérant en Égypte comme le fut Alexandre; il «eût été plus de mon goût de marcher sur les traces de New-«ton. Cette pensée me préoccupait à l'âge de quinze ans.» Il s'exprimait ainsi au moment même où il allait quitter le Caire pour revenir en France, et Geoffroy Saint-Hilaire recueillit ces paroles comme un adieu aux savants de l'expédition; car il avait pénétré le mystère de ce départ encore ignoré de tous. Il dut à sa sagacité, en cette occasion, l'avantage de pouvoir charger le général pour Daubenton, d'une lettre qui lui fut remise en main propre.

Consul l'en estima davantage. Et quand celui qui avait été, quinze ans, le glorieux souverain de la France et presque de l'Europe, eût reçu la consécration du malheur sur le rocher de Sainte-Hélène, il s'entretenait encore avec Bertrand de leur ancien compagnon d'Égypte, et il en inscrivait honorablement le nom dans ses immortels Mémoires.

Mais détournons notre pensée du triste dénouement de ce grand drame qui agita le monde entier, et qui l'étonne encore ; revenons à l'époque dont nous écrivons l'histoire, et où l'œil le plus clairvoyant n'eût pu deviner encore à l'horizon que les premières splendeurs de l'empire.

## III.

Nous voudrions pouvoir conduire nos lecteurs, à la suite de Geoffroy Saint-Hilaire, dans toutes les parties de l'Égypte ; mais nous avons dû nous souvenir que nous écrivons une biographie, et que l'expédition d'Égypte, pour être l'un des plus brillants épisodes de la jeunesse de Geoffroy Saint-Hilaire, n'est cependant qu'un des titres secondaires du créateur de l'anatomie philosophique en France. Au lieu d'un tableau, nous ne tracerons donc qu'un résumé des trois voyages qu'il fit successivement dans le Delta, dans la Haute-Égypte jusque par delà les Cataractes, et à la mer Rouge.

L'hiver de 1798 à 1799 fut consacré au premier

de ces voyages. Geoffroy Saint-Hilaire partit à la fin de décembre avec son ami Savigny, deux astronomes chargés de dresser la carte de l'Égypte, et quelques autres membres de la Commission des sciences. Leur début ne fut pas heureux : le commandant du bâtiment mis à leur disposition pour descendre le Nil, ne voulut rien faire pour favoriser leurs travaux, et tous les projets de recherches scientifiques qu'ils s'étaient plu à concevoir, durent tomber devant l'autocratie militaire. À Damiette, enfin, ils redevinrent maîtres d'eux-mêmes, et Geoffroy Saint-Hilaire reprit avec ardeur ses recherches, mettant à profit tous les avantages de cette incomparable position de Damiette, où le sol de l'Égypte, la mer, le Nil et le lac Manzaleh offrent à la fois leurs richesses au naturaliste. Le lac surtout devint un champ inépuisable d'observations nouvelles ou intéressantes. Dans ses eaux, fort inégalement salées selon le point où on les prend, Geoffroy Saint-Hilaire trouvait tour à tour des poissons de mer, analogues parfois à ceux qui peuplent nos côtes, et des espèces d'eau douce qu'il s'était procurées déjà ou qu'il devait retrouver plus tard dans le Nil. Sa plus belle capture ichthyologique fut le poisson qu'il nomma depuis Hétérobranche, et chez lequel il fit la découverte de deux organes ramifiés, comparables par leurs innombrables divisions à l'arbre que figurent les bronches chez l'homme. Riche en

poissons, le lac Manzaleh ne l'est pas moins en oiseaux. Sur ses bords, et dans les petites îles qui y
sont semées, vit une multitude d'espèces aquatiques
et de rivage. Geoffroy Saint-Hilaire put à la fois
enrichir ses collections d'objets intéressants et ses
notes d'observations curieuses. Il fit avec soin l'anatomie du Flammant, et se plut à étudier les mœurs
de cet oiseau, extrêmement commun en ces lieux,
malgré la guerre que les chasseurs lui font, de temps
immémorial, pour se procurer ces langues adipeuses,
autrefois si recherchées par la sensualité romaine, et
aujourd'hui plus utilement employées dans le pays.

De Damiette et du lac Manzaleh, Geoffroy Saint-
Hilaire étendit ses recherches dans toute la partie
orientale du Delta, jusque sur les confins de la Syrie.
Il alla s'établir pour quelque temps à Salahié, par-
courut de là, dans diverses directions, un pays à
peine connu, explora la branche pélusiaque du Nil,
et fit une excursion dans le désert. Dans les sables
même de cette région désolée, il recueillit encore
quelques animaux, dont le plus intéressant, par
une circonstance singulière, se trouva être un poisson. Une troupe de Mormyres, d'une espèce encore
inconnue, s'était avancée au loin, portée par une
crue extraordinaire du Nil; et, lors de la retraite
des eaux, un grand nombre d'individus, laissés par
le fleuve, avaient été desséchés et comme momifiés
par le soleil ardent de l'Égypte.

Presque dans la même semaine, une découverte d'un autre genre, non moins inattendue, fut faite par Geoffroy Saint-Hilaire. Entre San et Salahié, il aperçut, à l'horizon, des monticules dont l'aspect le frappa vivement. L'astronome Méchain, alors son compagnon, pensa, comme lui, qu'ils avaient sous les yeux les ruines d'une ville. Ils ne se trompaient pas. Ils purent en déterminer le contour qui était heptagonal, et l'étendue presque égale, dit le *Courrier d'Égypte*, à celle du Caire ; ils reconnurent qu'un canal dérivé du Nil la traversait autrefois ; ils trouvèrent, au milieu d'un immense amas de poteries, de briques et de pierres informes, quelques restes de murailles, des morceaux de marbre blanc diversement travaillé, un assez grand nombre de fragments de mosaïque, et plusieurs grands vases en porphyre, malheureusement tous brisés et mutilés : tristes débris d'une ville, autrefois grande et riche, aujourd'hui détruite, et abandonnée au point de servir de refuge à une troupe de chacals.

Le charme que Geoffroy Saint-Hilaire avait trouvé dans ces études archéologiques, nouvelles pour lui, rendit plus vif le désir qu'il avait déjà de visiter l'Égypte supérieure. Il se sentait aussi impatient d'en admirer les immortels monuments, que d'en recueillir les productions. Le moment du départ vint enfin. Deux Commissions furent formées ; Savigny fut le zoologiste de la première ; Geoffroy Saint-Hilaire fit partie de la seconde avec Fourier, le botaniste Delile, le peintre Redouté, le poëte Parseval et d'autres membres de l'Institut du Caire. Vers le milieu d'août, à quelques jours de distance, les deux Commissions mirent à la voile pour Syène. On avait décidé de remonter d'abord rapidement le Nil jusqu'aux Cataractes, de les franchir, et de redescendre ensuite le fleuve à petites journées. Ce devait être un voyage à l'aller, une exploration au retour.

Le grand ouvrage sur l'Égypte a appris au monde entier comment ce plan fut exécuté par les deux Commissions. Par elles les monuments de Philé, d'Éléphantine, d'Edfou, d'Esné, de Thèbes, sont devenus célèbres à l'égal du Parthénon et du Colisée; et l'histoire naturelle de la Haute-Égypte est mieux connue que celle de plusieurs contrées de l'Europe. Ce que firent en quelques mois nos savants, semble avoir dû exiger des années; mais l'harmonie la plus parfaite régnait entre les membres des deux Commissions, et tous étaient pleins de cette ardeur, de cet enthousiasme français auquel rien ne résiste.

C'est ici surtout que nous ne saurions suivre Geoffroy Saint-Hilaire dans ses travaux. Archéologue, comme tous ses collègues (et qui ne le serait en Égypte?), il mesure, il décrit les monuments; géologue, il fait connaître la constitution de la chaîne

qui sépare le Saïd de la mer Rouge, et montre
comment, selon l'expression d'Hérodote, l'Égypte
est un bienfait du Nil[1]; zoologiste, il fait l'anatomie
de plusieurs poissons rares, et détermine des espèces
nouvelles, propres au Nil supérieur; observateur
des mœurs, il découvre plusieurs faits intéressants
pour l'ichthyologie, retrouve dans un Pluvier le
*Trochilus* des anciens, et, plaçant désormais cette
prétendue fable au nombre des faits, voit cet oiseau
pénétrer sans crainte dans la gueule du Crocodile[2];
antiquaire et naturaliste en même temps, il s'en-
ferme près de trois semaines dans les grottes sé-
pulcrales de Thèbes, étudie à la fois ces grottes
elles-mêmes, les animaux sacrés que la superstition

1 Voyez la grande *Description de l'Égypte* et l'*Histoire de
l'Expédition d'Égypte*, t. IV, p. 458.

2 Il est faux que Geoffroy Saint-Hilaire ait cherché à appri-
voiser les redoutables reptiles dont, à cette époque, il étudia
les mœurs. C'est Daudin qui a mis cette erreur dans la science,
et voici sans doute ce qui l'a trompé. Les officiers de la croisière anglaise conçurent un jour l'idée de se distraire et
de se venger des ennuis de leur longue station sur la côte
d'Égypte, par des caricatures sur les principaux personnages
de l'armée française et de la Commission des sciences. Ces
caricatures étaient envoyées et publiées en Angleterre. Quand ce
fut le tour de Geoffroy Saint-Hilaire, son Mémoire sur l'anatomie du Crocodile, qui venait de tomber dans les mains des
Anglais, et qu'il dut refaire plus tard, devint le texte de la
plaisanterie dirigée contre lui : on le représenta domptant un
crocodile.

égyptienne y entassait deux mille ans avant notre ère, et les espèces qui sont venues chercher dans ces souterrains abandonnés une immense et sûre retraite; collecteur, enfin, il ajoute partout à ses richesses, et rentre au Caire chargé des dépouilles de tous les âges.

Un autre eût senti le besoin du repos : Geoffroy Saint-Hilaire ne sentit que le besoin de compléter ses recherches. A son arrivée en Égypte et dans son voyage à Salahié, il avait parcouru tout le Delta; il avait fait, du Caire, plusieurs excursions aux Pyramides de Gizeh [1], aux ruines de Memphis, et surtout à Saccarah dont les hypogées lui avaient fourni les premières momies humaines entières qu'on eût encore trouvées; il venait, enfin, de visiter l'Égypte moyenne et tout le Saïd. Suez et la mer Rouge restaient désormais seuls en dehors de ses recherches : il ne les y laissa pas longtemps. Un mois après son retour, il était à Suez, et commençait cette collection de poissons de la mer Rouge, dont l'étude, faite comparativement avec celle des

[1] L'une des excursions qu'il fit aux Pyramides avec le général en chef, les généraux Caffarelli et Berthier, Monge, Berthollet, Fourier, Costaz et Parseval de Grandmaison, a été racontée par Geoffroy Saint-Hilaire dans l'Introduction d'un de ses ouvrages (*Notions de philosophie naturelle*, p. 24), et avec beaucoup plus de détail, d'après des notes fournies par lui, dans l'*Histoire de l'expédition d'Égypte*, t. III, p. 552 et suiv.

espèces méditerranéennes, devait éclairer également la zoologie et la géographie zoologique.

Tels étaient les paisibles travaux auxquels il se livrait en janvier 1800, lorsque parvint à Suez une sinistre nouvelle : El Arich, clef de l'Égypte du côté de la Syrie, venait d'être prise par les Turcs; une partie de la garnison française avait été massacrée; Suez était menacé du même sort. Geoffroy Saint-Hilaire[1], comme il l'avait fait un an auparavant lors de la première insurrection du Caire, prit aussitôt les armes, mais pour les déposer quelques jours

1 Nous avons sous les yeux une lettre qu'il écrivait de Suez, à ce moment même, à son frère. Elle est intéressante à plusieurs titres, et nous en citerons quelques passages : « ... La «marine s'est mise en mesure de faire, en cas de besoin, le «voyage de l'Ile-de-France. La goélette construite a été aussitôt «armée et munitionnée; on l'a fait sortir du goulet, et toutes «les barques de Souès sont dans le camp retranché, destinées «à emporter les troupes en cas qu'elles soient forcées dans les «lignes. La caravane de savants, aussitôt que l'ennemi sera «aperçu, doit s'en aller à bord de la goélette pour en former «la garnison, les matelots devant tous se rendre dans les cha-«loupes pour favoriser la retraite de la troupe. Ainsi, dans le «cas où cet événement se passerait comme on le suppose, nous «irions voguer au hasard, jusqu'à ce que nous ayons trouvé «un port assuré.... Nous devons toutefois rester en rade pour «attendre les nouvelles du Caire; nous pourrons attendre un «et même deux mois dans cette situation; nous pourrons, en «outre, aller augmenter la garnison de Cosséir, notre goélette, «les trois chaloupes canonnières, et les 257 hommes de Souès. «Ce qui est le plus probable, c'est que nous rencontrerons les

après, le cœur plein de regrets et de douleur patriotique : l'évacuation de l'Égypte venait d'être consentie et signée par Desaix et Kleber, à la suite du désastre d'El Arich.

## IV.

Il semblait que la campagne fût terminée; chacun fit les préparatifs de son retour en France. Geoffroy Saint-Hilaire se rendit au Caire, puis à Alexandrie, pour mettre ses collections en ordre, et en opérer l'embarquement.

Mais le traité d'El Arich devait être pour la France une humiliation inutile. On sait quelles difficultés s'élevèrent de la part des Anglais, et comment un message *insolent*, selon l'expression historique de Kleber, le détermina à déchirer la capitulation. Bientôt après, il couvrait par la gloire d'Héliopolis la honte d'El Arich, et l'Égypte était reconquise.

Malgré la reprise des hostilités, les membres de la Commission des sciences dont les travaux touchaient à leur terme, devaient retourner prochai-

« Anglais, qui feront de nous des colons de leur nouvel établis-
« sement de Babelmandel.... Je ne suis étonné de rien de ce
« que je vois; j'ai dû m'attendre à tout, après la téméraire
« démarche que je fis quand je quittai ma tranquille habita-
« tion; bien plus, c'est que je pense que les deux ans que j'ai
« passés en Égypte, ne sont que la préface du beau roman
« dans lequel je serai acteur, si la mort ne vient tromper de
« si grandes espérances..... »

nement en France. Kleber avait ordonné qu'un bâtiment restât à leur disposition, et notre loyal ennemi, l'amiral Sidney Smith, promettait, sous quelques semaines, la levée de l'embargo, ordonné par le gouvernement anglais. Vaine espérance! vingt mois entiers s'écoulèrent encore entre le traité d'El Arich et le départ de la Commission; vingt mois d'incertitude et de déceptions sans cesse renaissantes. Plusieurs fois on crut toucher au moment désiré du retour dans la patrie, et toujours, on se vit retenu par les circonstances, par les ordres capricieux du général en chef Menou, ou par les astucieuses paroles de ce déplorable successeur de Bonaparte et de Kleber.

Ces retards continuels, ces tristes péripéties affligeaient Geoffroy Saint-Hilaire, mais ne le décourageaient pas. Malgré la peste qui sévit plusieurs mois autour de lui; malgré la cruelle ophthalmie endémique dont il fut atteint au point d'être frappé de cécité pendant vingt-neuf jours; malgré tous les événements d'une guerre où le patriotisme avait autant à souffrir que l'humanité; plus tard, malgré la famine et toutes les horreurs du siége d'Alexandrie, les vingt derniers mois du séjour de Geoffroy Saint-Hilaire en Égypte ne sont pas moins pleins de travaux et de découvertes que les deux premières années elles-mêmes.

L'étude des Poissons de la Méditerranée l'occupa

d'abord à Alexandrie. Il les décrivait zoologiquement; et déjà même il avait fait l'anatomie d'un grand nombre d'espèces, lorsque fut donné à la Commission des sciences l'ordre de retourner au Caire.

Cet ordre enlevait aux savants toute espérance d'un prompt retour. Tandis que ses collègues obéissaient à regret, Geoffroy Saint-Hilaire se rendait au Caire plein de joie : après deux ans de séparation, il allait revoir son frère, et dans quelles circonstances! Après avoir commandé successivement sur les confins du désert, à Salahié, à Belbeys, à El Arich, après s'être signalé par un acte héroïque dans l'insurrection de la Charkieh[1], Marc-Antoine Geoffroy venait d'être nommé directeur du génie

---

[1] Nous extrayons le passage suivant de l'*Histoire de l'expédition d'Égypte* (t. V, p. 115). «Bonaparte avait désigné pour «commandant de la province, le chef de bataillon du génie, Marc-«Antoine Geoffroy... Pour comble de fatalité, la peste venait «de l'atteindre au moment où l'insurrection, gagnant de bourg «en bourg, le forçait à se porter de tous côtés avec sa petite «troupe. A la vue des bubons qui pointaient sous ses aisselles, «un chirurgien lui conseilla le repos. «*J'y songerai*», répondit-«il; et cloué sur son cheval, il continua sa vie de dévouement «et d'activité... Bonaparte faisait un tel cas de lui, que plus «tard (Marc-Antoine Geoffroy était mort colonel du génie à «Austerlitz), lorsqu'il s'agit de créer dans son état-major un «aide-de-camp de chaque arme, le souvenir de ce brave et «savant militaire lui revint en mémoire. «Si Geoffroy était là!» «dit-il avec une de ses réticences significatives qui lui étaient «familières. »

au Caire. Avec quel bonheur s'embrassèrent les deux frères ! Ils étaient l'un pour l'autre, la famille, la patrie, et ils se sentaient le droit de dire : et moi aussi, j'ai rempli ma mission !

Dès ce moment, ils ne se quittèrent plus. Bien qu'un hôpital de pestiférés eût été établi dans les bâtiments qui en dépendaient, Geoffroy Saint-Hilaire alla s'établir au parc du génie, et c'est là qu'il reprit avec activité ses travaux.

Ses communications à l'Institut d'Égypte devinrent même plus fréquentes que jamais, et il y traita les questions les plus variées. Ses mémoires de 1798 et de 1799, les plus importants du moins, avaient eu pour sujets : l'histoire naturelle et l'anatomie du Polyptère, ce poisson dont la découverte, disait Cuvier, eût valu à elle seule le voyage d'Égypte; les mœurs des Tétrodons; l'aile de l'Autruche; enfin, les appendices des Raies et des Squales, organes que l'auteur avait étudiés et déterminés dès lors, s'il nous est permis de nous exprimer ainsi, au point de vue de sa future Théorie des analogues. Tous ces mémoires, même le dernier, fruit d'une heureuse, mais rapide inspiration, avaient été écrits entre deux voyages. A l'époque dont nous retraçons l'histoire, appartiennent, au contraire, des travaux étendus sur la respiration et la génération, dont quelques-uns étaient le fruit de nombreuses expériences; des considérations sur l'art de l'embaumement dans l'antiquité; des recherches profondes sur les animaux du Nil, considérés dans leurs relations avec la théogonie égyptienne ; un rapport sur les recherches à faire dans l'emplacement de l'ancienne Memphis ; enfin, un Mémoire anatomique sur le Crocodile, qui fut lu, en mars 1801, à la séance de clôture de l'Institut d'Égypte.

Cependant tous les fléaux semblaient s'abattre sur Le Caire. La situation militaire était devenue tellement critique, que le général Menou crut devoir donner aux savants et aux artistes, l'ordre de se renfermer dans la citadelle du Caire. En même temps, la peste sévissait avec une fureur toujours croissante: dans les derniers jours, l'épidémie avait enlevé, en vingt-quatre heures, dix Français et environ cent indigènes. La gravité des circonstances détermina la Commission des sciences à quitter Le Caire, et à se rendre à Alexandrie : elle y arriva le 11 avril.

La conduite de Menou à l'égard de cette Commission, dont les travaux et le dévouement avaient excité l'admiration de nos ennemis eux-mêmes, fut celle qu'eût pu tenir un de ces despotes orientaux dont les événements l'avaient fait le successeur momentané. Les savants, après mille dangers, arrivent avec leurs collections et leurs trésors scientifiques: Menou les repousse comme des bouches inutiles. Ils passent une nuit sous les murs d'Alexandrie, plus inhospitalière pour eux que si elle n'était pas devenue ville française. Le lendemain, une quarantaine de cinq jours leur est imposée : ils étaient les premiers qui en subissaient la rigueur, et personne non plus n'y fut soumis après eux. Ils pénètrent enfin dans la ville, et il faut bien que Menou se résigne à entendre leurs plaintes et leurs protestations. Après bien des pourparlers, le 13 mai, le général leur accorde la permission de partir; mais, à peine cette permission donnée, il demande aux savants l'abandon de leurs collections, de leurs dessins, de leurs manuscrits. Comme il s'y attendait, ils refusent avec énergie. Menou revient sur ses exigences : il se borne à réclamer des ingénieurs leurs plans et leurs cartes, et de tous, la promesse écrite de n'emporter aucun document sur la situation politique et militaire de l'Égypte. Cette fois toutes les difficultés semblent levées : les membres présents de la Commission, au nombre de quarante-huit, reçoivent leurs passe-ports, et le même soir, tous vont coucher à bord du brick l'*Oiseau*. C'était encore une déception : deux fois les voiles sont déployées, et deux fois l'ordre arrive de suspendre.

Près de deux mois s'écoulent ainsi : la plupart des membres, toujours dans l'attente d'un prompt départ, n'avaient pas même voulu quitter le brick où ils restaient entassés, et subissaient à l'avance

tous les inconvénients du voyage qu'ils ne faisaient
pas. Mais enfin, les illusions les plus tenaces ont
elles-mêmes leur terme. Le 11 juillet, on se réunit,
et Geoffroy Saint-Hilaire, Delile et Corancez sont
chargés de porter au général en chef les vives réclamations de la Commission entière. Menou reçoit
parfaitement les trois envoyés; il leur renouvelle
formellement sa promesse; plein en apparence de
sincérité, il leur fait ses adieux; il prie Geoffroy
Saint-Hilaire de porter de sa part une bague à
Madame Bonaparte, et la lui remet; il donne
même l'ordre qu'il avait annoncé, et le 15 on
met à la voile. Ce n'était, cette fois encore, qu'une
perfidie, et la plus cruelle de toutes. Menou,
malgré sa promesse, n'avait ni obtenu de l'amiral
anglais, ni même demandé la libre sortie de la
Commission des sciences : à peine l'*Oiseau* a-t-il
quitté le port, que deux coups de canon tirés par
une corvette ennemie, la *Cinthia*, lui signifient mili-
tairement l'ordre d'y rentrer. L'indignation s'empare
de tous les esprits. Et cependant Menou, ne s'était
pas encore révélé tout entier. Un canot français s'approche du brick; il porte un envoyé du général,
qui s'acquitte à regret d'un message odieux : le
brick que les Anglais vont couler bas, s'il tente de
passer outre, sera coulé bas par les Français, c'est
l'ordre formel du général en chef, si, dans un quart
d'heure, il n'a pas mis à la voile. Et les membres

de la Commission voient une frégate charger ses canons. Nous avons honte de le rappeler; mais il fallut que les Anglais protégeassent nos savants contre le chef de notre armée; et c'est à cette intervention que les membres de la Commission durent leur salut et l'entrée du port d'Alexandrie, qui se rouvrit enfin pour eux le 27 juillet. Là, du moins, s'ils devaient périr, ce ne serait pas de la main de leurs compatriotes!

Ils trouvèrent la ville dans une situation déplorable. Bloquée, du côté de la mer, par la croisière, elle manquait presque entièrement de ressources, du côté de la terre, depuis que le Caire était tombé, par la capitulation du 28 juin, au pouvoir des Anglais. Les caisses publiques étaient d'ailleurs vides. La disette qui s'était fait sentir dès la fin de mai, devenait extrême, et peu à peu se changeait en une véritable famine. La moitié de l'armée était dans les hôpitaux ou convalescente, et les médecins, de même que les médicaments, manquaient aux malades. Nulle espérance de salut ne pouvait être conservée, à moins d'un secours venu de France.

Ce secours, Menou l'espérait presque seul, et bientôt l'illusion ne fut plus possible, même pour lui. Vers le milieu d'août, un vaisseau de ligne vint s'embosser près du Phare, et des boulets et obus furent lancés sur la ville. Quelques jours plus tard, l'escadre anglaise commença le bombardement des forts. Après une énergique résistance, l'un d'eux, le 22 août, fut contraint de se rendre; un autre, dernière espérance de la ville, allait succomber à son tour, lorsque Menou, de l'avis de tous les généraux, demanda une suspension d'armes. Elle fut suivie de la capitulation du 31 août, dont l'évacuation de l'Égypte était la clause principale. Dénouement désormais inévitable de cette poétique expédition, dont les pacifiques conquêtes de nos savants devaient rester pour la France l'unique, mais impérissable fruit.

V.

Comment croire qu'au milieu de tous ces événements, et jusque dans cette crise suprême, Geoffroy Saint-Hilaire ait pu se livrer à des recherches scientifiques, découvrir des faits nouveaux, concevoir des idées nouvelles? Nous ne dirons cependant que la plus stricte vérité, en affirmant que jamais, à aucune époque de sa vie, il ne se livra au travail avec plus d'ardeur et de dévouement. Au sein d'Alexandrie assiégée, et, quand les aliments lui manquaient, ne regrettant que ses livres, il observait, il méditait, avec cet oubli de soi-même et de tout le monde extérieur, dont le géomètre de Syracuse a fourni dans l'antiquité un si sublime exemple. «Savoir est si doux, a dit Geoffroy

« Saint-Hilaire, en rappelant longtemps après ces
« événements [1], qu'il ne m'arrivait plus en pensée
« qu'un éclat de bombe pouvait instantanément
« précipiter dans l'abîme moi et mes documents. »

C'est que jamais non plus il n'avait possédé de
plus précieux matériaux. Il demandait depuis longtemps aux pêcheurs les deux Poissons électriques
que nourrissent les eaux de l'Égypte. Par un hasard
singulier, à peu de jours de distance, un Malaptérure fut pêché dans le Nil, une Torpille dans
la mer; et les deux *Tonnerres*, nom significatif
que les Arabes donnent à ces poissons, lui furent
apportés vivants.

Quel sujet d'études pour l'élève de Brisson et
d'Haüy, pour un naturaliste entraîné par l'invincible penchant de son esprit vers les questions les
plus générales et les plus ardues de la science !
Lui-même a ainsi exprimé [2] les impressions qu'il
ressentit :

« Ce fut assez pour me distraire de tout le brou-
« haha du siége, pour m'engager à subordonner à
« l'examen de mes questions de philosophie natu-
« relle tous les événements militaires, et le jet des
« bombes, et les incendies locaux, et les surprises
« des assiégeants, et les cris plaintifs des victimes
« succombant dans la lutte. Malgré ce qu'avait

1 *Études progressives*, p. 151.
2 *Ibid.*, p. 149 et suiv.

« d'étourdissant ce spectacle et d'inquiétant sa pé-
« nible éventualité, je restai sous l'impression, et
« je crois pouvoir ajouter, sous le charme des
« scènes d'électricité dont je devins assiduement
« l'expérimentateur, et, y intervenant avec une bien
« vive ardeur, je fus pris d'une fièvre de travail
« qui me tint durant trois semaines, jusqu'au jour
« de mon embarquement. Je ne pouvais goûter
« qu'une heure ou deux au plus de sommeil durant
« les vingt-quatre heures de la journée... Ce fut
« une crise qui eut ses phases d'exaltation, durant
« lesquelles les grandes satisfactions de l'esprit n'a-
« vaient point préservé le corps d'abattement et
« d'exténuation ; mes traits s'altérèrent, et je fus
« dans un danger imminent. Il m'avait fallu, dans ce
« court intervalle de trois semaines, repasser dans
« mon esprit soixante-quatre fois tous mes souve-
« nirs de science, à cause des soixante-quatre for-
« mules hypothétiques que je me mis en devoir
« d'examiner et de comparer ensemble. Les mani-
« festations phénoménales de mes deux Poissons
« m'avaient amené à dépasser le cercle de leurs
« considérations, à conclure d'elles aux actions ner-
« veuses, et de ces faits d'animalité, à toutes les
« productions phénoménales du monde matériel. »

Les travaux de Geoffroy Saint-Hilaire durant
le siége d'Alexandrie sont donc de deux ordres
très-différents. Les uns, très-généraux, et qui furent

seulement ébauchés à cette époque, devront nous occuper plus tard. Les autres, relatifs à la Torpille et au Malaptérure, aussi complets dès lors qu'ils pouvaient l'être au défaut de livres, se résument dans le Mémoire sur l'anatomie comparée des organes électriques, que Geoffroy Saint-Hilaire publia aussitôt après son retour en France.

Ce mémoire est devenu célèbre. Le sujet en est trop important, et il était trop nouveau alors, pour ne pas fixer l'attention du monde savant : mais il s'en fallut de beaucoup qu'on le comprît tout entier. Des observations nouvelles sur l'appareil de la Torpille, dont l'anatomie avait déjà été le sujet d'un beau mémoire de Hunter ; la découverte de l'organe électrique du Malaptérure, si différent par sa situation et sa structure de celui de la Torpille ; la comparaison de l'un et de l'autre entre eux et avec l'appareil du Gymnote : tels furent les résultats que les physiciens et les zootomistes accueillirent avec un vif et juste empressement, et qui entrèrent aussitôt dans la science. Nous oserons dire qu'aucun de ces résultats n'y eût-il été consigné, le Mémoire sur les Poissons électriques mériterait encore une place dans l'histoire de la physiologie et de l'anatomie philosophique. L'idée féconde de la non-spécialité d'action des nerfs y est clairement indiquée ; et l'Unité de composition y est pour la première fois le sujet de travaux suivis, et pour employer les expressions mêmes de l'auteur, de recherches *opiniâtres*.

## VI.

Cependant les amis de Geoffroy Saint-Hilaire s'alarmaient pour lui : sa santé ne pouvait résister plus longtemps à un tel excès de fatigue intellectuelle. Lui-même le sentait; mais, cédant à l'entraînement de la découverte, il se refusait à prendre du repos. Son frère, les plus chers de ses collègues, Larrey lui-même, malgré la double autorité de l'amitié et de la médecine, avaient échoué auprès de lui. Mais Fourier vint à son tour, et il eut à peine prononcé quelques mots, que Geoffroy Saint-Hilaire avait quitté sa chère retraite.

Il est vrai que ces mots étaient terribles. Toutes les richesses scientifiques de la Commission allaient tomber aux mains des Anglais. Le général Hutchinson en avait réclamé la remise, et Menou l'avait consentie par l'article 16 de la capitulation du 31 août. [1]

Ainsi nos savants et nos artistes n'avaient tra-

---

1 L'article 16 est ainsi conçu : «Les membres de l'Institut «peuvent emporter avec eux tous les instruments d'arts et de «sciences *qu'ils ont apportés de France;* mais les monuments «arabes, les statues et autres collections qui ont été faites pour «la république française, seront considérés comme propriété «publique, et seront à la disposition des généraux des armées «combinées. »

vaillé trois ans et demi au milieu de tous les périls ; plusieurs d'entre eux n'avaient succombé sur le sol de l'Égypte, que pour préparer à l'Angleterre de plus riches trophées !

Qui pourrait peindre l'indignation des Français à cette nouvelle ! Les protestations furent unanimes et énergiques. Entraîné par elles, honteux lui-même de l'acte qu'il avait signé, Menou fit entendre, après coup, quelques molles représentations. Mais Hutchinson, on devait le prévoir, répondit : « Le traité « est signé ; l'article 16 sera exécuté comme les au- « tres. » La question semblait donc jugée ; et déjà le littérateur Hamilton, venu en Égypte à la suite de l'armée britannique, avait mission de se faire livrer, pour les conduire à Londres, les dépouilles des savants français.[1]

Mais, dans cette extrémité même, la Commission, abandonnée de tous, ne voulut pas s'abandonner elle-même. Geoffroy Saint-Hilaire, et ses collègues Savigny et Delile, se rendirent en députation au camp anglais. Le général Hutchinson les reçut avec politesse, mais avec froideur. Ils établirent que nul n'avait le droit de leur ravir des collections,

---

[1] Nous aurions voulu pouvoir taire le nom d'Hamilton. Sa conduite en d'autres circonstances fut honorable ; et même, au moment de l'évacuation de l'Égypte, il finit par se rendre utile aux Français. Mais s'il a pu réparer ses torts, il n'a pu les faire oublier : les droits de l'histoire sont imprescriptibles.

fruits de leurs travaux particuliers. Ils ajoutèrent que ravir toutes ces richesses scientifiques à ceux qui les avaient recueillies, et qui seuls possédaient la clef de leurs dessins, de leurs plans, de leurs notes, c'était les ravir, non pas à la France seulement, mais à la science et au monde entier.

La réponse d'Hutchinson fut qu'il aviserait. Il ajouta que sa décision ne se ferait pas attendre, et qu'Hamilton serait chargé de la transmettre aux commissaires.

Le choix d'un tel messager était de mauvais augure. Hamilton, on ne l'ignorait pas, avait été l'instigateur secret du fatal article 16. La pensée d'usurper la gloire de nos savants s'était glissée dans le cœur de cet homme ambitieux d'une prompte célébrité, et dans sa passion, sous le nom pompeux de conquête scientifique, c'est un odieux plagiat qu'il allait accomplir.

Hutchinson avait promis une prompte décision : il tint parole.

Le jour même, Hamilton vint à Alexandrie. « Le « général, dit-il, est inflexible ; il exige que la capi- « tulation soit exécutée, même pour ce qui vous « concerne. » Et l'un des savants français ayant parlé de se rendre de nouveau auprès d'Hutchinson, Hamilton ajouta : « Toute démarche nouvelle serait « inutile ; elle n'aboutirait qu'à des rigueurs que, « pour ma part, je voudrais éloigner de vous. »

« Ce fut alors , dit l'historien de l'Expédition d'Égypte[1], que par un élan courageux, par une inspiration énergique, Geoffroy Saint-Hilaire sauva une partie que tout le monde considérait comme perdue. »

« Non, s'écria-t-il, nous n'obéirons pas. Votre « armée n'entre que dans deux jours dans la place. « Eh bien! d'ici là, le sacrifice sera consommé. « Nous brûlerons nous-mêmes nos richesses. Vous « disposerez ensuite de nos personnes comme bon « vous semblera. »

C'était le cri d'une patriotique indignation : il ne pouvait manquer de retentir dans des cœurs français. Savigny, surtout, s'associe avec chaleur à la résolution de son ami : tout sera détruit, rien ne sera rendu ; il le déclare aussi.

Ainsi les rôles étaient renversés, les vaincus menaçaient : Hamilton, pâle, silencieux, semblait frappé de stupeur. « Oui, nous le ferons, s'écrie « Geoffroy Saint-Hilaire. C'est à de la célébrité que « vous visez. Eh bien! comptez sur les souvenirs « de l'histoire : *vous aurez aussi brûlé une biblio-* « *thèque à Alexandrie !* »

L'effet produit par ces paroles fut magique. On eût dit qu'un bandeau se détachait tout à coup des yeux d'Hamilton. Il avait rêvé une déloyale, mais facile illustration : il ne voyait plus devant lui que

1 Tome VIII, p. 421.

la réprobation qui pèse encore, après douze siècles, sur la mémoire d'Omar. La victoire morale
de Geoffroy Saint-Hilaire fut complète.

Hamilton vaincu, Hutchinson ne pouvait tarder
à l'être. Il avait l'esprit trop droit pour n'avoir pas
senti qu'en de telles circonstances, la rigueur est
aussi de l'injustice, et sa déférence pour Hamilton
avait seule déterminé ses premiers refus. Quand
l'ennemi des Français devint lui-même leur avocat,
Hutchinson se rendit aussitôt à des conseils conformes à ses propres inspirations, et l'article 16
de la capitulation fut annulé.

Ce fut là le dernier événement de l'Expédition
d'Égypte; et le Français qui en lit l'histoire, si
brillante au début, si triste à la fin, peut du
moins, grâce à nos savants, s'arrêter sur un souvenir de gloire nationale!

# CHAPITRE IV.

## TRAVAUX DE ZOOLOGIE DESCRIPTIVE.

I. Retour en France. — Collections d'Égypte. — II. Travaux divers. — Catalogue descriptif des Mammifères du Muséum. — Interruption de cet ouvrage. — Premier dissentiment scientifique avec Cuvier. — Imperfection inévitable et insuffisance des travaux de classification. III. Monographies mammalogiques. — Caractère et tendances de ces Mémoires.

(1802 — 1806).

I.

De 1792 à 1801, des massacres de septembre au siége d'Alexandrie, la vie de Geoffroy Saint-Hilaire est remplie par une suite d'événements, d'agitations et de périls de toute nature, au milieu desquels l'homme et le citoyen se montrent sans cesse à côté du savant. Nous arrivons à des années de calme, de bonheur sans mélange, de paisibles études, au sein de ce bel établissement, qui était, pour Geoffroy Saint-Hilaire, comme une patrie dans la patrie commune, et vers lequel, de l'Égypte, sa pensée s'était si souvent reportée comme vers une terre promise.

Il partit, enfin, en septembre 1801 sur le bâtiment affecté au transport du corps du génie, avec son frère, Bertrand, Dode, et plusieurs autres officiers distingués de cette arme. Quelques accidents de mer, une longue et rigoureuse quarantaine à l'arrivée en France, le trajet de Marseille à Paris, si lent à cette époque qu'on pouvait le compter pour un voyage, même au retour de l'Égypte, prirent quatre mois entiers ; et ce fut seulement dans les derniers jours de janvier 1802, que Geoffroy Saint-Hilaire revit le Muséum, sa famille, ses amis, ceux du moins que la mort ne lui avait pas ravis. [1]

Ses collections le suivirent de près. Elles avaient beaucoup souffert des événements de la guerre, et une caisse entière d'objets zoologiques du plus grand prix avait été perdue. Et cependant, que de richesses encore ! Pour la première fois on voyait rassemblés, et les animaux de l'Égypte moderne, et les hommes de l'Égypte antique, et ses animaux-dieux, depuis le bœuf Apis jusqu'à l'humble scarabée. D'autres ont depuis marché dans la voie ouverte par Geoffroy Saint-Hilaire, et ces dieux sont depuis assez longtemps sortis de leurs tombeaux, pour avoir perdu leur prestige. Mais que l'on se reporte à cette époque, déjà si loin de nous, et l'on ne s'étonnera pas du vif intérêt, disons plus, des vives sensations que ressentirent, à leur première vue, les naturalistes et les archéologues, et que l'on trouve si bien exprimées dans plusieurs écrits du temps.

Parmi ces écrits, nous en citerons un que mettent hors de ligne son importance propre et la célébrité

_______________

1 Daubenton n'existait plus depuis deux ans.

de ses auteurs, le rapport rédigé, au nom du Muséum, par Lacépède, Cuvier et Lamarck[1]. Tant qu'il s'agit des collections zoologiques et zootomiques de Geoffroy Saint-Hilaire, de l'énumération des nombreuses espèces nouvelles découvertes par lui, de la direction si éclairée de ses recherches, les auteurs conservent la gravité du ton officiel. Ils ne s'en départent même pas, lorsqu'ils déclarent que leur collègue, parcourant l'Égypte entière sous nos drapeaux victorieux, a dépassé toutes les espérances que l'on pouvait fonder sur son zèle. Mais, lorsqu'ils arrivent à la partie archéologique des collections de Geoffroy Saint-Hilaire, le ton change aussitôt : ils ne jugent plus; ils s'abandonnent sans réserve à leurs impressions. « On ne peut maî-
« triser, s'écrient-ils, les élans de son imagination,
« lorsqu'on voit encore, conservé avec ses moindres
« os, ses moindres poils, et parfaitement reconnais-
« sable, tel animal qui avait, il y a deux ou trois
« mille ans, dans Thèbes ou dans Memphis, des
« prêtres et des autels ! » Et plus loin : « Comme il
« sera intéressant de voir un jour rangés sur trois
« lignes, et ces animaux d'aujourd'hui, et ces autres
« déjà si anciens, et ceux, enfin, d'une origine in-
« comparablement plus reculée, que récèlent des
« tombeaux mieux fermés, ces montagnes qu'éten-

---

1 Ce rapport est inséré en entier dans le premier volume des *Annales du Muséum.*

« dirent sur eux les épouvantables catastrophes de
« notre globe! »

Qui ne reconnaîtrait à la fois dans cette dernière
phrase le style de Lacépède et l'inspiration de
Cuvier? On retrouve l'un et l'autre encore dans un
passage, historiquement très-curieux, sur l'une des
questions fondamentales de l'histoire naturelle.
Depuis longtemps on désirait savoir, dit le rapporteur, *si les espèces changent de forme par la suite des
temps.* Les collections de Geoffroy Saint-Hilaire fournissent la solution de cette question; car elles nous
montrent ce *qu'étaient un grand nombre d'espèces,
il y a plusieurs milliers d'années.* Mais cette solution,
que Lacépède dit dès lors obtenue, qu'il annonce
pompeusement comme l'un des résultats les plus
importants des recherches de Geoffroy Saint-Hilaire,
il ne la donne pas; il ne la laisse pas même pres-
sentir. Pourquoi ces prémisses que ne suit aucune
conséquence! Pourquoi ces fondements sur lesquels
rien n'est construit? En lisant le passage avec un
peu d'attention, on le devine aisément. Placé entre
deux collègues, l'un, chef de l'école qui soutient
l'immutabilité des espèces; l'autre, représentant,
par excellence, de l'idée de la variabilité des êtres,
Lacépède a dû, à la demande de Cuvier, donner
une conclusion, conforme, d'ailleurs, à ses propres
idées, et, à la demande de Lamarck, la retrancher
aussitôt de leur commun rapport. Il le fit, et il fit

bien : une solution quelconque eût été alors prématurée. Il a fallu tous les travaux zoologiques et philosophiques de Geoffroy Saint-Hilaire, de 1828 à 1835, ajoutés aux observations et aux matériaux qu'il rapportait en 1802, pour que nous soyons en droit de dire : Non, les animaux de l'Égypte n'ont pas sensiblement varié depuis trois mille ans; et pourtant, les espèces sont variables.

Nous n'emprunterons plus au remarquable document que nous venons d'analyser, qu'une seule phrase, celle qui le termine et le résume :

« L'énumération que nous venons de faire, est « suffisante pour vous faire sentir l'importance du « don que vous a fait le citoyen Geoffroy, et le « mérite de l'empressement qu'il a mis à vous le « faire. Nous ne doutons point que vous ne jugiez, « ainsi que nous, qu'aucun voyageur, depuis le « célèbre Dombey, n'a donné à vos collections un « accroissement aussi considérable. »

## II.

Il avait été décidé en Égypte, que tous les travaux de la Commission des sciences seraient réunis dans un ouvrage monumental. Kleber, devenu général en chef, félicitait déjà l'Institut, en 1799, de cette *idée vraiment libérale et patriotique,* éclose à la fois dans tous les esprits à la vue des merveilles de Thèbes, d'Edfou et de Philé. Mais, plus on voulait rendre l'ouvrage commun digne de son sujet, plus il fallait de temps pour en préparer l'exécution. L'activité de Geoffroy Saint-Hilaire ne pouvait s'arranger de ces lenteurs. Aussi, en 1802, et dans les années suivantes, en même temps qu'il s'occupe du classement de ses riches collections, et donne plusieurs mémoires sur les Poissons et Reptiles d'Égypte, nous le voyons décrire, avec Lacépède et Cuvier, les animaux les plus remarquables de la Ménagerie, entreprendre un travail d'ensemble sur les Mammifères, publier plusieurs monographies zoologiques d'un grand intérêt. Nous avons donc à le suivre ici dans une série de travaux extrêmement variés.

Les Mémoires sur la Faune d'Égypte, qui se rapportent à cette époque, sont presque tous le fruit de recherches faites pendant l'expédition. Il restait seulement à les revoir, à les compléter, à les mettre au courant de la science, à l'aide des ressources qu'offraient les collections et la bibliothèque du Muséum. Le Polyptère fut le sujet du premier de ces mémoires : c'était le plus remarquable de tous les animaux découverts en Égypte par Geoffroy Saint-Hilaire; il en donna, dès 1802, la description zoologique et anatomique. Il publia ensuite les résultats de ces recherches sur les Poissons électriques, commencées et poursuivies au milieu de circonstances si terribles; ses observations sur l'organisation du Crocodile, et la découverte faite par lui chez l'Hétérobranche d'un appareil respiratoire surnuméraire d'une structure si anomale. On voit que, réservant pour le grand ouvrage sur l'Égypte la détermination et l'histoire des animaux rapportés par lui, c'est l'anatomie comparée qu'il enrichit surtout par ces premiers fragments de son travail général.

Par d'autres publications, il payait en même temps son tribut à la zoologie. Lacépède et Cuvier avaient commencé, en son absence, une histoire des animaux de la Ménagerie, conçue sur un vaste plan. A peine de retour, Geoffroy Saint-Hilaire devint le collaborateur de ses deux amis. Ses articles sur l'Ichneumon, sur les Makis, sur l'Oie armée, furent lus avec intérêt, même par le public étranger aux sciences.

Un ouvrage général sur les Mammifères, auquel il travaillait à la même époque, offre un tout autre caractère : c'est la science dans sa rigueur la plus austère. Sous le titre modeste de *Catalogue des Mammifères du Muséum national*, l'auteur donne, pour chaque ordre et pour chaque genre, une description concise et une caractéristique rigoureuse ; pour chaque espèce aussi, une description faite d'après nature, une caractéristique, et, de plus, un résumé de la synonymie. La classification que Cuvier et Geoffroy Saint-Hilaire avaient créée dans leur célèbre Mémoire de 1795, est adoptée, mais avec trois modifications importantes : la suppression de l'ordre des Tardigrades et de celui des Vermiformes[1], et la création de l'ordre des Monotrèmes.

Il est remarquable qu'après le Mémoire de 1795, où les principes fondamentaux de la classification zoologique sont posés et appliqués aux Mammifères, l'ouvrage que nous analysons, est le seul dans lequel Geoffroy Saint-Hilaire ait jamais cherché à perfectionner, dans leur ensemble, les premiers résultats promulgués par Cuvier et par lui. Nous aurons à citer un grand nombre de travaux monographiques, réalisant, à l'égard de la classification, d'importantes améliorations partielles ; mais pas un seul travail général, entrepris en vue de perfectionner la distribution méthodique du règne animal ou de l'ensemble d'une de ses classes.

C'est que déjà naissait dans l'esprit de Geoffroy Saint-Hilaire cette conviction, qu'il entre inévitablement de l'arbitraire dans la distribution et l'enchaînement des familles ; qu'une classification n'est qu'une méthode utile, sans doute, mais nécessairement imparfaite dans ses moyens et incomplète dans son but, et que la vraie science doit être

---

[1] Cette dernière suppression avait déjà été proposée par Cuvier dans son *Anatomie comparée*.

cherchée plus loin et plus haut[1]. C'est là, et elle
date de 1803, la première divergence, longtemps
inaperçue d'eux-mêmes, entre Cuvier et Geoffroy
Saint-Hilaire. Cuvier s'est toujours proposé comme
but le perfectionnement de la méthode, et il a
toujours pensé que la méthode, si l'on parvenait
à la rendre parfaite, serait la science elle-même.
Geoffroy Saint-Hilaire, au contraire, après avoir
admis dix ans ces deux propositions, vint à en
douter, puis à les nier. De là, la direction inverse
des travaux de l'un et de l'autre. Cuvier, pendant
quarante années, s'efforce d'améliorer la classification, de parvenir à cette méthode naturelle qui
est, pour lui, l'*idéal de la science.* Geoffroy Saint-
Hilaire, tout en honorant ces travaux, s'abstient
d'y prendre part, et après avoir été fondateur avec
Cuvier, il renonce, pour jamais, à partager avec
lui la gloire du réformateur.

Nul doute qu'il ne faille attribuer à l'empire
qu'exerçaient ces nouvelles vues sur son esprit, une
résolution qu'il prit tout à coup en 1803, et qui
faillit priver la science du fruit d'une année entière
d'études et de recherches. Plus Geoffroy Saint-
Hilaire avançait dans la composition de son ouvrage
sur les Mammifères; plus il mettait à l'épreuve

---

[1] Nous reviendrons sur ce sujet en résumant, comparativement avec la doctrine de Cuvier, la doctrine et les travaux
zoologiques de Geoffroy Saint-Hilaire. (Voyez le Chapitre X.)

des faits les idées qui jusqu'alors lui avaient été communes avec Cuvier, plus il doutait de leur solidité. Il en était à regretter d'avoir entrepris ce livre, lorsqu'il tomba malade. Un de ses élèves, chargé de le suppléer dans la correction des épreuves, l'ayant fait avec négligence, et quelques erreurs s'étant glissées dans le texte, cette circonstance acheva de dégoûter l'auteur de son travail, et le *Catalogue des Mammifères* fut, par lui, condamné au pilon. Heureusement, les amis de l'auteur, et Cuvier, le premier, appelèrent de cette sentence, et la firent révoquer en partie. Geoffroy Saint-Hilaire ne voulut, ni consentir à mettre l'ouvrage en vente, ni même faire imprimer quelques feuilles qui restaient à composer; mais il distribua des exemplaires[1] à ses collègues et aux naturalistes avec lesquels il était en rapport[2]. Ainsi entra dans la science, sauvé par Cuvier de l'oubli, le premier ouvrage étendu qu'eût composé Geoffroy Saint-Hilaire.

1 Ces exemplaires sont, par conséquent, tous incomplets : il y manque la description des espèces des genres *Ovis*, *Bos*, *Equus* et des Mammifères marins. L'ouvrage n'a pas non plus de titre, et par conséquent ne porte pas de date. Nous avons acquis la certitude qu'il a été composé dans les derniers mois de 1802 et les premiers de 1805.

2 C'est ainsi que se trouve cité, dans tous les ouvrages mammalogiques, un livre qui n'a jamais été mis en vente.

### III.

La destruction d'un livre par son auteur est un fait rare dans l'histoire des sciences : l'homme se décide moins difficilement encore à porter la main sur lui-même que sur ce qu'il a créé, et il semble qu'un extrême découragement puisse seul l'amener à cette sorte de suicide moral. On se tromperait cependant beaucoup, si l'on supposait que Geoffroy Saint-Hilaire eût été en proie un seul instant à ce sentiment. Jamais une difficulté ne l'abattit; elle l'exalta toujours jusqu'à doubler ses forces. Une révolution s'était faite dans ses idées, pendant qu'il composait son ouvrage : il voulut le recommencer sous une autre forme et d'un nouveau point de vue; tel fut le seul mobile de sa résolution.

Aussi voyons-nous que l'époque où il renonce à son ouvrage sur les Mammifères, est précisément celle où il commence, sur cette classe, la série de ces monographies, si souvent citées comme modèles et comme points de départ de tant de travaux importants. Nous le voyons, dans cette même année 1803, publier trois monographies; dix autres paraissent en 1804, 1805 et dans les premiers mois de 1806. Et ces recherches si actives sur les Mammifères n'empêchent pas l'auteur de donner aussi un mémoire important d'erpétologie et plusieurs notes intéressantes sur les Oiseaux.

La création d'un grand nombre de genres nouveaux, la plupart riches en espèces inédites, est le fruit de ces trois années de travaux. *L'ordre des Marsupiaux*, ainsi que l'appelle dès lors Geoffroy Saint-Hilaire, leur doit les genres Phascolome et Péramèle et la confirmation du genre Dasyure; l'ordre des Rongeurs, le genre Hydromys, le premier et si longtemps le seul que l'on ait connu dans l'Australie; l'ordre des Primates ou Quadrumanes, le genre Atèle, caractérisé par l'absence même du prétendu caractère général du groupe; enfin, l'ordre des Cheiroptères, le genre Molosse, et bien plus encore, l'idée féconde qui devait présider à la création de tous les autres.

Nous ne faisons qu'indiquer ces résultats. Nous aurons à revenir sur eux à l'occasion des mémoires par lesquels ils furent complétés plus tard. Mais nous devons signaler dès à présent la tendance d'esprit qui se révèle presque à chaque page dans ces remarquables monographies. Chacune d'elles a pour but unique, ou la création d'un genre, ou la détermination d'espèces nouvelles. L'auteur atteint ce but; mais il le dépasse. Dans les monographies de 1803 à 1806, comme dans les mémoires de 1794 à 1798, comme dans ceux qui furent composés en Égypte, on retrouve partout le raisonnement à côté de l'observation; l'idée à côté du fait; et, tour à tour, c'est le fait qui conduit à l'idée, et l'idée qui fait découvrir le fait.

Citons des exemples.

Péron et Lesueur rapportent, en 1803, des Péramèles ; Geoffroy Saint-Hilaire les étudie ; il reconnaît chez eux une combinaison encore inconnue de
caractères, et le genre est créé. Voilà la part de
l'observation. Mais ce résultat est à peine acquis
par elle à la zoologie spéciale, que l'auteur, l'uti-
lisant déjà pour la zoologie générale, rectifie les
idées admises sur les rapports naturels des Marsupiaux, et s'élevant plus haut encore, émet cette
proposition fondamentale : « La nature ne connaît
« pas, à proprement parler, de séries continues, ni
« de *chaîne dans une direction unique.* » La théorie si
récente encore de la multiplicité et du parallélisme
des séries n'est-elle pas, en germe, dans cette proposition formulée, il y a quarante-deux ans, en
termes si concis et si nets ? [1]

L'exemple inverse nous sera fourni par un autre
genre de Marsupiaux, voisin des Péramèles, les
Dasyures, genre créé par Geoffroy Saint-Hilaire dans
l'un de ses premiers mémoires, et définitivement
établi par lui en 1804. Les auteurs qui avaient
étudié ces Marsupiaux d'après nature, s'accordaient
à les considérer comme de véritables Didelphes.
Geoffroy Saint-Hilaire, qui ne les connaissait que

---

1 Dès 1796, Geoffroy Saint-Hilaire avait indiqué le parallélisme de la série des Marsupiaux et de la grande série des
Mammifères. (Voyez p. 70.)

par des descriptions et des figures imparfaites,
osa[1], dès 1796, contredire les observateurs, et,
seul, il eut raison contre tous. C'est que, s'il avait
moins de faits que ses devanciers, il avait, de plus
qu'eux, un principe. L'existence d'un type distinct
d'organisation chez les prétendus Didelphes austra-
liens, résultait, pour lui, comme conséquence, des
vues générales de Buffon sur la géographie zoologique : de ces mêmes vues, si mal comprises des
zoologistes; que Pallas lui-même, en 1777, réclamait l'honneur d'avoir le premier réfutées[2], et dont
il était réservé à Geoffroy Saint-Hilaire de faire
briller la vérité aux yeux de tous. Telle est la base
sur laquelle fut fondé le genre Dasyure : sa création fut d'abord toute théorique; mais l'auteur,
reprenant, d'un autre point de vue, les observations des auteurs, y trouva, parce qu'il les y
cherchait, tous les éléments de la détermination du
nouveau genre. Et lorsque, sept ans plus tard,
Péron et Lesueur rapportèrent plusieurs Dasyures,
lorsqu'enfin Geoffroy Saint-Hilaire put observer à

1 C'est l'expression dont il se sert lui-même; car il avait
pleine conscience de la hardiesse de sa détermination. «J'osai,
«dit-il, considérer le *spotted Opossum* comme une espèce *sui*
«*generis*, comme le type d'une nouvelle espèce.»

2 Dans les *Acta petropolitana*, tom. I, part. II, l'auteur
s'exprime ainsi : «*Primus ante 15 annos... contra Buffonii*
«*opinionem qua Myrmecophagæ atque Didelphidum genus ex-*
«*tra americanum orbem nusquam dari afferebatur, surrexi.*»

son tour, les faits qu'il revit, ceux qu'il découvrit, lui fournirent, en 1804, l'éclatante confirmation de ses premiers résultats de 1796; et ceux même qui l'avaient d'abord taxé de témérité, durent reconnaître que la marche, suivie par lui, avait été aussi heureuse que hardie.

Disons-le en terminant : quelle que soit la marche suivie par l'auteur, qu'il s'élève de la zoologie spéciale à la zoologie générale, ou descende de celle-ci à la première, toutes les monographies de 1803 à 1806 ont un caractère commun : l'exactitude des résultats. Parmi ces groupes, créés il y a près d'un demi-siècle, il n'en est pas un seul qui n'ait été confirmé par les travaux ultérieurs, et que les zoologistes n'admettent aujourd'hui unanimement, soit comme un genre, soit comme une famille ou tribu naturelle.

# CHAPITRE V.

## PREMIERS TRAVAUX SUR L'UNITÉ DE COMPOSITION.

I. Changement apparent de direction. — Caractère et tendances des travaux de cette époque. — II. Origine des idées de l'auteur sur l'Unité de composition. — III. Premier énoncé en 1796. — Nouveaux énoncés, première application aux faits, et indication du principe du Balancement des organes, dans les mémoires composés en Égypte. — IV. L'Unité de composition pressentie par plusieurs grands esprits à diverses époques. — Trois phases qu'il importe de distinguer : la conception, la première application aux faits, la démonstration. — V. Position de la question en 1806. — VI. Mémoires sur les membres et le thorax des Poissons. — VII. Mémoires sur le crâne. — Énoncé du Principe des connexions et de la loi du Balancement des organes. — Analogie des conditions ichthyologiques avec les conditions fétales des animaux supérieurs. — VIII. Accueil fait à ces travaux à l'époque de leur publication.

(1806 — 1807).

## I.

Le milieu de l'année 1806 est, dans la carrière scientifique de Geoffroy Saint-Hilaire, une date mémorable. Comme si un horizon nouveau venait tout à coup de s'ouvrir devant lui, il interrompt ses travaux de zoologie descriptive, pour aborder les questions les plus hautes et les plus ardues de l'anatomie comparée. Dans les mémoires qu'il composa à la fin de 1806 et en 1807, on ne lit encore ni le nom de *Théorie des analogues*, ni celui d'*Anatomie philosophique*; mais, de fait, la Théorie des analogues, avec tous les principes généraux qui la constituent, s'y trouve nettement présentée; les bases de l'Anatomie philosophique y sont posées ; l'œuvre propre de Geoffroy Saint-Hilaire y est largement commencée.

Entre ces travaux et ceux dont nous venons de rendre compte, il existe une si grande différence de sujet, d'importance et de portée, qu'on a peine à admettre qu'ils aient pu être conçus, presqu'à la même époque, par le même savant. On comprend, et l'on se sentirait presque tenté de partager l'erreur de quelques naturalistes allemands, qui ont attribué à deux auteurs ces œuvres si diverses, et cru à l'existence de deux Geoffroy[1] : l'un zoologiste, marchant avec distinction dans les voies ouvertes par Buffon et Linné ; l'autre, anatomiste, pénétrant hardiment dans des régions encore inconnues de la philosophie naturelle.

Et pourtant, au fond, Geoffroy Saint-Hilaire n'a fait, à la fin de 1806, que porter dans une sphère plus élevée les tendances que nous avons dû signaler dans ses travaux antérieurs. Observer et classer n'était pas, selon lui, toute la zoologie : observer et décrire ne pouvait être toute l'anatomie : raisonner et conclure devait être le complément, le couronnement de l'une et de l'autre science. Cela devait être, et cela fut ; et, dès ce moment, l'école philosophique, *l'école des idées,*

_______________

[1] Ils ont appelé l'un Étienne Geoffroy, l'autre Geoffroy Saint-Hilaire.

comme on l'a quelquefois appelée, fut fondée en France, en opposition à l'école de l'observation exclusive, à *l'école des faits*.

Nous ne voulons pas dire que celui qui accomplissait ce progrès, en eût lui-même conscience à l'origine. Quinze ans plus tard, et alors même que de premiers dissentiments avaient éclaté entre Cuvier et Geoffroy Saint-Hilaire, ni l'un ni l'autre n'en concevaient encore toute la gravité. Ils croyaient discuter des théories partielles, que déjà ils avaient implicitement posé et résolu en sens contraire la question à laquelle se subordonnent toutes les autres, celle de la méthode elle-même des sciences naturelles. Combien eût été plus rapide le mouvement de la science, s'ils eussent dès lors aperçu le terme de leurs débats! Nous, du moins, instruit par les travaux d'une époque postérieure, faisons, pour notre exposé historique, ce qu'ils n'ont pu faire pour l'ensemble de leurs recherches; et dès le début de ce Chapitre, où nous avons à retracer les premiers travaux sur l'Unité de composition, mettons en regard, comme un double fanal à l'entrée de la longue route que nous avons à parcourir, les deux réponses, directement inverses, de Cuvier et de Geoffroy Saint-Hilaire à ces questions fondamentales : L'observation est-elle la source unique de nos connaissances en histoire naturelle? Les faits doivent-ils être les seuls éléments de la science?

Oui, selon Cuvier; et depuis longtemps, écrivait-il en 1829 [1], *nous faisons profession de nous en tenir à l'exposé des faits.* La sagesse consiste pour le naturaliste à s'en tenir à cet *exposé*, au *détail des circonstances*, et, tout au plus, quelquefois à l'*indication des conséquences immédiates* des faits observés [2]. Il n'existe d'autres lois que *certaines lois nécessaires de coexistence dans les organes*, et ces lois, *nous ne les découvrons que par l'observation.* [3]

[1] *Mémoire sur un Ver parasite d'un nouveau genre*, dans les *Annales des sciences naturelles*, t. XVIII, p. 147, 1829. Nous citerons textuellement le passage auquel nous venons d'emprunter quelques mots. « Que l'on juge combien de systèmes « il serait possible de fonder sur des ressemblances aussi extra- « ordinaires. Jamais l'imagination n'a eu à s'exercer sur un sujet « plus curieux. Pour nous qui, dès longtemps, *faisons profes-* « *sion de nous en tenir à l'exposé des faits positifs,* nous nous « bornerons aujourd'hui à *faire connaître* aussi exactement « qu'il nous sera possible, l'*extérieur* et l'*intérieur* de notre « animal. » L'ensemble de ce passage ne laisse aucun doute sur le sens du mot *faits positifs,* qui a été au reste expliqué plus clairement encore par Cuvier dans d'autres articles, et particulièrement dans l'*Avertissement* cité plus bas. Il est curieux d'avoir à remarquer qu'au moment même où Cuvier opposait la prudence et la certitude de sa marche à la témérité des auteurs à imagination, lui-même donnait, au lieu d'un *fait positif,* un résultat qui est aujourd'hui fort contesté. Selon MM. de Blainville et Dujardin, le prétendu nouveau genre de *Vers parasites* n'était vraisemblablement autre chose qu'un bras de Poulpe.

[2] *Avertissement* des *Nouvelles Annales du Muséum.* C'est l'un des derniers écrits qui soient sortis de la main de Cuvier.

[3] Art. *Nature* du *Dictionnaire des sciences naturelles*, 1825.

Non, dit, au contraire, Geoffroy Saint-Hilaire ; *nos plus nobles facultés*[1]*, le jugement et la sagacité comparative*, ne doivent point être bannis de la science : *après l'établissement des faits, il faut bien qu'adviennent leurs conséquences scientifiques,* tout comme après la taille des pierres, il faut bien qu'arrive leur mise en œuvre. « Autrement, ajoute-« t-il, quel fruit retirer de ces matériaux ? Vraie « déception, s'ils sont inutiles, si on ne les assemble « et ne les utilise dans un édifice. La vie des sciences « a ses périodes comme la vie humaine ; elles se « sont d'abord traînées dans une pénible enfance ; « elles brillent maintenant des jours de la jeunesse ; « qui voudrait leur interdire ceux de la virilité ? « L'anatomie fut longtemps descriptive et particu-« lière ; rien ne l'arrêtera dans sa tendance pour « devenir générale et philosophique.[2] »

Nous nous bornons, pour le moment, à ces citations. L'instant est encore loin de nous, où nous aurons à faire l'histoire de la lutte mémorable de Cuvier et de Geoffroy Saint-Hilaire ; à montrer Gœthe, intervenant, en 1830, comme juge du camp entre les deux naturalistes français. Dans ce Chapitre où nous allons essayer de faire assister le lecteur à la naissance et aux premiers développe-ments de la théorie de Geoffroy Saint-Hilaire, nous

1 Art. sur *Buffon.* Voy. les *Fragments biographiques*, p. 12.
2 *Principes de philosophie zoologique*, p. 188.

avons voulu seulement que l'auteur lui-même en exprimât le véritable caractère et la portée, et que, par ses propres paroles, opposées à celles de Cuvier, le nœud de la question fût replacé où il doit être : à l'origine de toute étude profonde en histoire naturelle.

## II.

Dans l'histoire des sciences, comme dans celle des peuples, il est souvent possible de se rendre compte de l'enchaînement des faits, et de les expliquer, c'est-à-dire (car nos explications ne vont pas au delà) de les ramener à un fait antérieur. Dans d'autres cas, au contraire, toute explication est ou semble impossible, et l'historien doit se réduire au rôle de narrateur. Comment concevoir, par exemple, que, parmi toutes les grandes questions de l'histoire naturelle, l'Unité de composition organique, la plus vaste, sans nul doute, la plus ardue, la plus complexe de toutes, ait été soulevée l'une des premières par Geoffroy Saint-Hilaire ?

Nos lecteurs connaissent et les tendances de son esprit et son caractère. Par les unes, il devait être conduit tôt ou tard, non pas seulement à s'efforcer d'élargir les anciennes voies, mais à en sortir. En même temps il portait dans la science cette énergie, ce dévouement enthousiaste que, tant de fois déjà, nous avons vu à l'épreuve. Aussi peu accessible au découragement devant la difficulté qu'à la crainte devant le danger, il ne pouvait manquer, ni de hardiesse pour aborder les hautes questions de la science, ni de persévérance, de ténacité même pour en poursuivre la solution. Avec de telles tendances et de telles qualités, il était presque inévitable qu'il en vînt un jour à méditer sur les rapports généraux des êtres, et le cours naturel de ses idées devait, de progrès en progrès, le conduire à l'Unité de composition organique. Mais par quelle inexplicable inspiration y parvient-il, d'un plein saut, dès sa première jeunesse? Cette grande conception qui, rationnellement, devait être le point d'arrivée, et, pour ainsi dire, le couronnement de ses travaux, il en fait, en 1795, un point de départ!

Nous rappelons ce fait; nous ne l'expliquons pas; et même, nous ignorons presque entièrement les circonstances au milieu et sous l'influence desquelles il s'est produit. Nous pouvons et nous devons, mettant sous les yeux de nos lecteurs un tableau dont quelques traits épars leur ont été déjà présentés, les faire assister aux développements successifs de la théorie de l'Unité de composition par les travaux de Geoffroy Saint-Hilaire. Mais la première origine de cette théorie dans son esprit, nous échappe presque entièrement; et si nous essayons d'aller au delà du fait même, nous ne le pouvons que par voie de conjecture.

Est-il, cependant, bien téméraire de penser que la méditation des idées de Bonnet sur l'*échelle des êtres* a dû mettre Geoffroy Saint-Hilaire sur la voie de l'Unité de composition? Une intelligence aussi éminemment synthétique n'a pu manquer d'être vivement impressionnée, dès le début, par la grandeur d'un système qui embrassait la création entière pour la rattacher au Créateur. L'enchaînement universel, admis par Bonnet, est-il une sublime vérité? où ne serait-ce qu'une illusion philosophique? ce devait être là, pour Geoffroy Saint-Hilaire, la première grande question à résoudre. Et non-seulement ce devait être, mais ce fut : son Mémoire sur l'*Aye-aye*, le premier qu'il ait composé, en fait foi. Le préambule manuscrit que nous avons retrouvé, et dont nous avons fait mention plus haut [1], prouve, de plus, que Geoffroy Saint-Hilaire rejetait à regret, mais rejetait définitivement l'*échelle des êtres* comme un système spécieux, séduisant, mais condamné par les faits [2]. C'est en

[1] Voyez p. 45.

[2] «Cette chaîne universelle, ce sont ses propres expressions, «est une véritable chimère.» Et ailleurs : «En pensant avoir «arraché à la nature ses plus mystérieux secrets, il (l'homme «philosophe) se remplit d'idées capables sans doute de combler «de joies enivrantes, mais aussi pleines de prestiges fallacieux «et chimériques. L'esprit de système s'est emparé de son âme,..

1794 qu'il se prononce dans ce sens sur la synthèse de Bonnet; c'est en 1795 que lui-même indique une synthèse nouvelle. Ce simple rapprochement de dates ne nous autorise-t-il pas à penser, que la conception de celle-ci fut le fruit des mêmes méditations qui venaient de lui dévoiler l'erreur de la première? Et ne semble-t-il pas qu'après s'être élevé, à l'aide des vues de Bonnet, dans la sphère des idées générales, il ait renoncé tout à coup à leur dangereux secours, et trouvé en lui-même des forces pour se soutenir dans ces hautes régions de la science?

Si nous ne nous trompons, et pour résumer avec clarté notre pensée, la doctrine de l'*Unité de composition organique*, si souvent et si faussement confondue avec le système de l'*échelle des êtres*, aurait du moins avec lui un rapport, un lien de filiation; elle serait dérivée, non de ce système avec lequel,

«il cesse de consulter la nature; il l'observe moins qu'il n'in-«terroge son génie pour *prouver à sa manière* l'ordre, l'uni-«formité et les fins de la puissance créatrice... C'est ainsi que «l'homme qui ne s'est pas assez livré à l'étude de la nature, «épuise son esprit en fausses combinaisons pour en avoir voulu «*trop tôt* tirer des raisonnements.» Ne semble-t-il pas, par quelques-unes des expressions dont il se sert dans ce premier Mémoire, que l'auteur, tout en combattant la généralisation prématurée de Bonnet, fasse des réserves en faveur de la possibilité de *prouver plus tard, d'une autre manière*, l'uniformité de la création.

au fond, elle n'a rien de commun, mais de l'examen critique que Geoffroy Saint-Hilaire en a fait, et de ses efforts pour fonder, sur les ruines d'une hypothèse fausse, un autre principe d'unité.

### III.

Nous laissons les conjectures et rentrons dans le champ des faits positifs. C'est par des dates, par des citations, que nous allons continuer l'histoire des premiers travaux de Geoffroy Saint-Hilaire sur l'Unité de composition. Ne craignons pas d'encourir le reproche d'aridité, s'il le faut pour être clair et précis.

L'année 1795 est incontestablement celle où l'idée de l'Unité de composition fut conçue par Geoffroy Saint-Hilaire. En effet, elle ne se trouve pas encore, à la fin de 1794, dans le Mémoire sur l'Aye-aye[1]; elle est déjà dans le Mémoire sur les Makis, composé à la fin de 1795, publié au commencement de 1796. Si l'origine de cette idée reste douteuse, sa date, du moins, est donc parfaitement déterminée.

Nous avons déjà fait l'emprunt de quelques

---

1 On pourrait croire le contraire, et nous-même l'avions cru un instant, d'après les premières lignes, de ce Mémoire. L'auteur y parle, en effet, d'*un plan, le même dans son principe, selon lequel la nature aurait tout créé*. Mais ce *plan* n'est autre que l'*échelle des êtres* de Bonnet, et Geoffroy Saint-Hilaire n'en parle que pour le nier. Voyez p. 151.

lignes au remarquable exorde du Mémoire sur les
Makis. Le voici dans son entier :

« Une vérité constante pour l'homme qui a ob-
« servé un grand nombre de productions du globe,
« c'est qu'il existe entre toutes leurs parties une
« grande harmonie et des rapports nécessaires; c'est
« qu'il semble que la nature s'est renfermée dans
« de certaines limites, et *n'a formé tous les êtres*
« *vivants que sur un plan unique, essentiellement le*
« *même dans son principe, mais qu'elle a varié de*
« *mille manières dans toutes ses parties accessoires.*
« Si nous considérons particulièrement une classe
« d'animaux, c'est là surtout que son plan nous
« paraîtra évident : nous trouverons que les formes
« diverses sous lesquelles elle s'est plu à faire exister
« chaque espèce, dérivent toutes les unes des au-
« tres; *il lui suffit de changer quelques-unes des*
« *proportions des organes, pour les rendre propres*
« *à de nouvelles fonctions, ou pour en étendre ou*
« *restreindre les usages.* La poche osseuse de l'Alouate,
« qui donne à cet animal une voix si éclatante, et
« qui est sensible au devant de son cou par une
« bosse d'une grosseur si extraordinaire, n'est qu'un
« renflement de la base de l'os hyoïde; la bourse
« des Didelphes femelles, un repli de la peau qui
« a beaucoup de profondeur; la trompe de l'Élé-
« phant, un prolongement excessif de ses narines;
« la corne du Rhinocéros, un amas considérable de

« poils qui adhèrent entre eux, etc. Ainsi *les formes,*
« dans chaque classe d'animaux, quelque variées
« qu'elles soient, *résultent toutes, au fond, d'organes*
« *communs à tous*[1] : la nature se refuse à en employer
« de nouveaux. Ainsi *toutes les différences* les plus
« essentielles qui affectent chaque famille dépen-
« dant d'une même classe, *viennent seulement d'un*
« *autre arrangement, d'une complication, d'une mo-*
« *dification enfin de ces mêmes organes.* »

On voit que Geoffroy Saint-Hilaire résumait déjà,
en 1795, sa théorie naissante en termes d'une
singulière netteté : il serait facile aujourd'hui d'en
trouver de plus rigoureux; il serait impossible d'en
imaginer de plus précis. Nos lecteurs n'auront pas
manqué de le remarquer; mais, surtout, une autre
circonstance les aura frappés dans cette première
expression de l'Unité de composition organique.
L'auteur la présente, non comme une vue neuve
et hardie qu'il va s'efforcer de justifier par les faits,
mais comme une vérité incontestable, comme une
sorte d'axiome que nul naturaliste ne saurait révoquer en doute.

Cette page, écrite par Geoffroy Saint-Hilaire à
vingt-trois ans, est en quelque sorte la préface de

---

1 Dans un manuscrit qui paraît être une première rédaction
du Mémoire, au lieu de ces expressions, nous trouvons celles-
ci, qui ne sont pas moins nettes : « Les formes sont toutes, au
« fond, *des modifications* des mêmes organes. »

sa vie entière. L'Unité de composition est désormais le principe qui va l'inspirer; tantôt but de ses efforts, tantôt point de départ de recherches nouvelles, et toujours, pour lui, instrument de découverte.

L'Expédition d'Égypte elle-même, en changeant le cours de ses travaux de détail, ne changea en rien la direction de ses idées. Ni l'étude de cette poétique contrée, ni les grands et terribles événements auxquels il prit part, n'eurent le pouvoir de le distraire de la poursuite de la théorie générale qu'il avait eu le bonheur d'entrevoir. Nous pourrions compter presque autant de preuves de cette tendance constante de son esprit, qu'il composa de mémoires en Égypte.

Ainsi, nous lisons dans l'un d'eux, qui fut communiqué à l'Institut du Caire peu de temps après sa fondation, et qui a pour sujet l'aile de l'Autruche :

« Ces rudiments de fourchette n'ont pas été sup-
« primés, parce que la nature ne marche jamais
« par sauts rapides, et qu'*elle laisse toujours des*
« *vestiges d'un organe, lors même qu'il est tout à*
« *fait superflu,* si cet organe a joué un rôle impor-
« tant dans les autres espèces de la même famille.
« Ainsi se retrouvent, sous la peau des flancs, les
« vestiges de l'aile du Casoar; ainsi se voit chez
« l'Homme, à l'angle interne de l'œil, un bour-
« souflement de la peau qu'on reconnaît pour le

« rudiment de la membrane nictitante dont beaucoup
« de Quadrupèdes et d'Oiseaux sont pourvus. »

Un second Mémoire, inséré comme le premier
dans la *Décade égyptienne*, a pour sujet l'étude des
appendices des Raies et des Squales, et la démonstration de *leur identité avec les corps caverneux.*

Nous arrivons à un travail fort étendu qui, sous
le titre modeste d'*Exposition d'un plan d'expériences,*
fut lu, en 1800, à l'Institut du Caire, et occupa
plusieurs de ses séances. L'auteur cite quelques
faits remarquables d'analogie, et il ajoute :

« Je ne finirais pas, si je voulais davantage mul-
« tiplier ces exemples. Ils se rencontrent si souvent
« dans l'étude de l'anatomie comparée, qu'ils m'ont
« bien convaincu que *les germes de tous les organes*
« que l'on observe, par exemple, dans les différentes
« familles d'animaux à respiration pulmonaire, *exis-*
« *tent à la fois dans toutes les espèces,* et que *la cause*
« *de la diversité infinie des formes qui sont propres à*
« *chacune,* et de *l'existence de tant d'organes à demi-*
« *effacés ou totalement oblitérés, doit se rapporter au*
« *développement proportionnellement plus considé-*
« *rable de quelques-uns;* développement qui ne s'opère
« toujours qu'aux dépens de ceux qui se trouvent
« dans le voisinage. »

On le voit : l'idée de l'Unité de composition se
montre ici à la fois éclairée par de nouveaux faits,
et appuyée sur le principe du *Balancement des*

*organes* que l'auteur énonce dès lors dans toute sa généralité.[1]

Nous ne citerons plus qu'un exemple. Il nous sera fourni par le dernier travail que l'auteur ait composé en Égypte[2], le Mémoire sur les Poissons électriques. On y lit:

« J'avais aussi eu occasion dans mes voyages de « voir des Torpilles… Je ne doutais pas que j'eusse « sous les yeux les organes au moyen desquels la « Torpille se rend si redoutable au sein des eaux..; « mais alors j'ignorais si d'autres, avant moi, avaient « remarqué cette organisation, et, dans ce cas, quel « complément aux observations déjà faites, la science « pouvait exiger de moi. Enfermé dans Alexandrie « assiégée, privé de ma bibliothèque, je me consolais « de ne pouvoir sur-le-champ éclaircir mes doutes,

1 Ce Mémoire, sur lequel un rapport a été fait à l'Institut d'Égypte, mais qui n'a jamais été imprimé, n'est pas moins remarquable à d'autres égards. Il est entrepris, très-expressément, en vue de combattre l'hypothèse de la *préexistence des sexes*. Il renferme le programme d'expériences sur l'incubation, fort analogues aux expériences sur la production artificielle des monstruosités que l'auteur exécuta en 1820. Enfin, nous y lisons, à l'occasion d'une anomalie de l'appareil reproducteur, que *cet état monstrueux devient l'état normal du Loris*. Voilà donc encore indiquée, dès 1800, pour un cas particulier, l'idée féconde de la répétition des faits de l'anatomie comparée par ceux de la tératologie.

2 La rédaction de ce Mémoire n'a d'ailleurs été terminée qu'en France. Il fait partie des *Annales du Muséum*, tom. I.[er]

« en me flattant qu'au moins ces organes ne seraient
« pas connus dans leur relation avec la physiologie
« générale. Pour parvenir donc à acquérir cette con-
« naissance, *je cherchais opiniâtrement quelque chose*
« *dans les autres Raies*, persuadé que c'était moins à
« la présence de cet organe qu'à une disposition qui
« lui était particulière, que les Torpilles avaient,
« exclusivement aux autres Raies, cette étonnante
« faculté de foudroyer en quelque sorte les petites
« espèces de la mer. Il ne faut pas avoir comparé
« entre eux beaucoup d'animaux pour être averti
« *qu'il n'y a jamais parmi eux d'organes nouveaux*,
« surtout dans les espèces qui se ressemblent autant
« que des Raies : il était plus naturel de croire que
« les tuyaux renfermant une substance gélatineuse
« dans la Torpille, existaient masqués dans les autres
« Raies, et on va voir que j'ai en effet trouvé dans
« celles-ci une organisation analogue, avec des diffé-
« rences auxquelles doivent se rapporter les diffé-
« rentes manières d'être et d'agir de chaque espèce.[1] »

1 On lit plus bas dans le même Mémoire : « Si les organes
« (les tubes de l'appareil électrique) ne varient dans chaque
« espèce que par un arrangement différent des parties..., ne
« faudrait-il pas supposer que toutes les Raies ont plus ou
« moins les propriétés électriques de la Torpille ? » Geoffroy
Saint-Hilaire a résolu négativement cette question. Tout récemment M. Starck a émis une opinion contraire ; mais elle n'est
encore appuyée sur aucune expérience. Voyez les *Proceedings
of the royal Society of Edinburgh*, tom. II.

Ainsi, dès l'époque de son séjour en Égypte, soit que l'auteur étudie le moignon de l'Autruche et le compare à l'aile des autres Oiseaux, soit qu'il cherche à se rendre compte de l'organisation des appendices des Sélaciens, soit qu'il prépare des expériences physiologiques, soit qu'il fixe son attention sur l'appareil électrique de la Torpille, il a présente à l'esprit l'idée de l'Unité de plan; et déjà, se laissant guider par elle, il cherche opiniâtrement, selon sa propre expression, des rapports et des analogies.]

Les mêmes tendances se retrouvent plus ou moins manifestes dans tous ceux des mémoires de Geoffroy Saint-Hilaire, où, de 1802 à 1806[1], il a traité des questions physiologiques ou anatomiques en même temps que zoologiques. Tels sont, par exemple, son premier Mémoire sur l'anatomie du Crocodile, et bien mieux encore son travail sur les Polyptères, si intéressant à plusieurs égards. L'un et l'autre, par leur objet même, sont essentiellement descriptifs; il s'y agit, non de mettre en œuvre des faits déjà créés, mais d'établir des faits nouveaux, et l'auteur ne s'y propose pas d'autre but; mais on sent, en le lisant, qu'il a sans cesse devant les yeux l'édifice dans lequel ces matériaux doivent un jour prendre place. Au-dessus des détails qu'il expose, plane sans cesse l'esprit généralisateur de la science moderne.

[1] Voyez le Chapitre suivant.

## IV.

Après la citation de tous ces travaux, où, de 1795 à 1805, l'idée de l'Unité de composition est si souvent et si nettement reproduite, la date qu'au commencement de ce Chapitre, nous assignions à la création de l'anatomie philosophique, étonnera sans doute plus d'un lecteur. Quand nous reportons jusqu'en 1806 cette date mémorable, il peut sembler que nous nous mettions en contradiction avec nous-même, et que nous ne puissions échapper au reproche d'avoir tout à l'heure porté trop haut la valeur des premiers travaux de Geoffroy Saint-Hilaire, qu'en acceptant celui d'en atténuer maintenant les résultats.

Nous croyons cependant n'avoir mérité ni l'un ni l'autre de ces reproches. Des mémoires qui précèdent 1806, à ceux de 1806 et de 1807, il existe toute la distance qui sépare la pensée de l'exécution, la conception hypothétique de la démonstration rationnelle. Geoffroy Saint-Hilaire prépare dans les premiers l'avénement des idées nouvelles; par les seconds seulement, il leur donne la place qui leur appartient. Assimiler le germe d'une découverte future à la découverte elle-même, ce serait confondre l'humble source et le fleuve majestueux auquel elle va donner naissance.

Si Geoffroy Saint-Hilaire se fût arrêté en 1805,

l'honneur de la création de la Théorie des analogues ne resterait pas attaché à son nom. Les historiens de la science l'eussent un jour compté parmi les précurseurs de l'auteur de ce progrès, non pour cet auteur lui-même. « Trouverait-on, a dit Condorcet[1], « une grande théorie dont les premières idées, les « détails et les preuves appartiennent à un seul « homme? Et n'est-il pas juste d'accorder plutôt la « gloire d'une découverte à celui à qui on en doit « le développement et les preuves, à celui qui, avec « autant de génie, a été utile, qu'à l'auteur d'une « première idée vague, souvent équivoque, et dans « laquelle on n'aperçoit quelquefois le germe d'une « découverte que par ce qu'un autre l'a déjà déve- « loppé? »

Et combien cette règle d'appréciation, depuis longtemps consacrée dans la jurisprudence scienti- fique, est ici confirmée par les enseignements de l'histoire! Plus d'un exemple illustre atteste que les passages que nous avons cités, si remarquables qu'ils soient, seraient ou restés ou promptement tombés dans l'oubli, sans l'importance qu'ils ont reçue des travaux ultérieurs de l'auteur. Qui se souvenait, avant Geoffroy Saint-Hilaire, que Belon avait osé, en 1555, dresser le squelette de l'Oiseau vis-à-vis de celui de l'Homme? Qui, depuis deux siècles, avait vu, dans l'immortel livre de l'Optique,

1 *Éloge de Linné.*

l'idée de l'*uniformité* d'organisation [1], jusqu'au jour
où Laplace vint dire à Geoffroy Saint-Hilaire :
Vous pensez comme Newton ! Le grand nom de
Buffon, le nom illustre de Vicq-d'Azyr, avaient-
ils sauvé de l'oubli les beaux passages où l'un en
1753 et 1756[2], l'autre en 1774 et 1786[3], indiquent

1 « *Uniformitas illa quæ est in corporibus animalium* »,
a dit Newton; et plus bas : « *Similiter posita omnia in omnibus
fere animalibus.* »

2 Dans l'article *Ane* et dans le Discours général sur les
*Singes*. On lit dans le premier : « Il existe un dessein primitif
« et général qu'on pourrait suivre très-longtemps... En créant
« les animaux, l'Être suprême n'a voulu employer qu'une idée,
« et la varier en même temps de toutes les manières.... » Et
dans le Discours sur les Singes : « ... Ce plan, toujours le
« même, toujours suivi de l'Homme aux Singes, du Singe aux
« Quadrupèdes, des Quadrupèdes aux Cétacés, aux Oiseaux,
« aux Poissons, aux Reptiles; ce plan, dis-je, bien suivi par
« l'esprit humain, est un exemplaire fidèle de ia nature vivante,
« et la vue la plus simple et la plus générale sous laquelle
« on puisse la considérer. »

5 Dans son célèbre parallèle des deux paires d'extrémités
(*Mémoires de l'Acad. des sciences*, 1774, p. 254, et *OEuvres*,
t. IV, p. 515), Vicq-d'Azyr remarque que « la nature semble
« avoir imprimé à tous les êtres deux caractères nullement
« contradictoires, celui de la constance dans le type et de la
« variété dans les modifications. » — La même idée est reproduite dans le *Premier discours sur l'anatomie* (*Traité d'anatomie*, in-fol., p. 9, ou *OEuvres*, t. IV, p. 26). « Ne retrouve-t-on
« pas évidemment ici, dit Vicq-d'Azyr, la marche de la na-
« ture qui semble opérer toujours d'après un modèle primitif
« et général, dont elle ne s'écarte qu'à regret, et dont on ren-
« contre partout les traces ? »

très-explicitement l'Unité de composition organique? Bien plus, dans l'ouvrage même qui a créé, il
y a plus de deux mille ans, l'anatomie comparée;
dans cette Bible de la science, consultée chaque
jour avec vénération par les zootomistes, un seul
de ceux-ci, jusqu'à Geoffroy Saint-Hilaire, avait-il
aperçu le germe de la Théorie des analogues?[1]

En ajoutant aux noms d'Aristote, de Belon, de
Newton, de Buffon, de Vicq-d'Azyr, ceux de Herder[2]
qui, en 1784, proclamait l'existence d'un *type
exemplaire de la création animée;* de Gœthe qui, vers
1785, concevait à son tour un *type anatomique,* un
*modèle universel*[3]; de Pinel qui, en 1793, admettait

1 « La plume étant à l'Oiseau, dit Aristote (*Histoire des
«animaux,* trad. de Camus, tom. I.er, p. 5), ce que l'écaille
«est au Poisson, on peut comparer les plumes et les écailles,
«et de même, les os et les arêtes, les ongles et la corne, la
«main et la pince de l'Écrevisse. Voilà de quelle manière les
«parties qui composent les individus, sont les mêmes et sont
«différentes (ἕτερα καὶ τὰ αὐτά). »

2 *Idées sur la philosophie et l'histoire de l'humanité,* t. I.er,
p. 89, de la belle traduction due à notre célèbre poëte et
philosophe Edgar Quinet.

5 *Anatomischer Typus, allgemeines Bild.* — Nous disons
vers 1785; cette date ne peut être rendue plus précise, la
plupart des mémoires de Gœthe sur l'anatomie comparée, ayant
été composés, ainsi qu'il nous l'apprend, de 1785 à 1796,
mais publiés seulement de 1817 à 1825. (Voyez le Recueil
intitulé : *Zur Naturwissenschaft überhaupt, besonders zur
Morphologie,* ou l'excellente traduction des *OEuvres d'histoire
naturelle* de Gœthe, par M. Martins.)

un *type primitif*[1], on voit que l'idée de l'Unité de composition s'était, avant 1795, présentée, à huit reprises différentes, aux esprits les plus éminents de la science et de la philosophie. Et même, si l'on devait tenir compte de quelques paroles vagues de Saint-Augustin[2] et de Paracelse, on pourrait presque dire que cette grande idée ne s'est jamais effacée de la tradition du genre humain.

1 Dans nos *Essais de zoologie générale*, nous avons cité ou analysé les passages de tous les auteurs déjà mentionnés, qui ont émis, à diverses époques de la science, des vues sur l'Unité de composition ou l'unité de plan (p. 68 à 84, et pour Gœthe, p. 155 à 174). C'est, au contraire, pour la première fois que nous plaçons Pinel au nombre des illustres précurseurs de Geoffroy Saint-Hilaire. Dans une première rédaction de son Mémoire sur la tête de l'Éléphant, dont nous possédons le manuscrit autographe, Pinel dit : «Quand on a soigneusement «passé par divers intermédiaires, en s'élevant de la tête des «Quadrupèdes et en partant de celle de l'Homme, il s'agit «toujours d'y reconnaître le type primitif, de voir comment «les os qui se correspondent, offrent des variétés plus ou moins «subordonnées.»

Dans le mémoire imprimé (*Journal de physique*, t. XLIII, p. 47), cette phrase remarquable a été supprimée, ou, du moins, tellement modifiée qu'elle n'a plus rien de significatif. L'auteur a plus loin reproduit, avec plus de netteté, son idée sur le type primitif dans une note, p. 52.

2 Saint-Augustin a dit : *Natura appetit unitatem ;* mais cette parole célèbre du grand docteur d'Hippone est trop vague pour qu'on puisse l'interpréter avec probabilité dans le sens de l'Unité de composition.

Mais quelle place tient-elle dans la science jusqu'à Geoffroy Saint-Hilaire? Quelle influence exerce-t-elle sur les doctrines et sur les recherches contemporaines? Absolument aucune. Non-seulement nul ne s'en inspire, mais nul n'essaie de la démontrer. Aussi, reste-t-elle sans partisans, et ce qui est plus caractéristique, sans adversaires. On ne daigne pas compter avec elle. Le plus souvent même l'auteur qui l'avait conçue, l'oublie bientôt : elle avait surgi, tout d'un coup, dans son esprit, à l'occasion d'un fait, d'une circonstance remarquable; elle s'y éteint de même, comparable à ces lueurs d'un moment, qui semblent laisser après elles une obscurité plus profonde. Aussi, après chaque effort, nous en voyons venir un autre qui ne le continue pas, mais qui le recommence. Belon ne part pas des vues d'Aristote; Newton, de celles de Belon; les auteurs du dix-huitième siècle de celles de Newton : chacun d'eux part de lui-même et de sa propre inspiration. De là, l'incertitude de leur marche; la faiblesse de leur conviction. Voyez Pinel : à peine a-t-il consigné dans une phrase remarquable la pensée qu'il vient de concevoir; il l'en efface lui-même, et en rejette obscurément dans une note la vague indication[1]. Voyez Gœthe lui-même, celui de tous les précurseurs de Geoffroy Saint-Hilaire, qui s'est avancé le plus loin; le seul

1 Voyez la note première de la page précédente.

qui ait essayé d'arriver à un commencement d'application aux faits : après une découverte intéressante, et quand il vient d'écrire plusieurs mémoires pleins d'avenir, il se détourne tout à coup de la science; il quitte, selon son expression, son *ossuaire scientifique;* il oublie, durant trente années, ses précieux manuscrits, et ne se réveille de cette longue indifférence que lorsqu'enfin, au bruit causé dans le monde savant par l'apparition de la *Philosophie anatomique,* il sent le besoin de dire : Et moi aussi, je suis anatomiste! Gœthe eût-il ajourné, de 1785 à 1820, la publication de ses travaux, s'il en eût pleinement senti l'importance? Le plus grand poëte de l'Allemagne eût-il renoncé volontairement à l'espoir d'en devenir aussi le plus illustre zootomiste ?[1]

Nos lecteurs nous comprendront maintenant, si, distinguant avec soin la conception de l'idée, sa première application aux faits et sa démonstration, nous disons :

En 1795, Geoffroy Saint-Hilaire conçoit l'idée de l'Unité de composition organique; il l'énonce en

---

[1] «Il serait bien à souhaiter, écrivait en 1800 Gotthelf «Fischer, que cet observateur, plein de sagacité, fît connaître «au monde savant ses ingénieuses idées sur l'organisation ani-«male et les principes philosophiques sur lesquels il se fonde.» Les mêmes vœux durent être et furent souvent exprimés par les compatriotes de Gœthe ; ils parurent toujours le blesser.

1796. Buffon, Herder, Vicq-d'Azyr et d'autres encore, mais moins nettement, l'avaient conçue et énoncée avant lui.

De 1798 à 1805 il l'applique aux faits; il s'en inspire dans ses recherches, et déjà, par elle, il est conduit à plusieurs découvertes. Gœthe seul s'était avancé jusque-là, et ses mémoires étaient restés inédits.

En 1806, Geoffroy Saint-Hilaire, le premier, aborde, pour ne plus s'en écarter, la vérification scientifique, le développement, la démonstration de ce qui, jusque-là, n'avait été chez lui, comme chez ses devanciers, qu'un pressentiment, une conviction personnelle et intime. Tel est, à partir de 1806, l'invariable caractère de ses travaux, tous dirigés vers le même but, avec une persévérance sans exemple peut-être dans l'histoire des sciences depuis l'immortel Kepler.

## V.

Geoffroy Saint-Hilaire a fait connaître lui-même quelle circonstance fut le point de départ de ses recherches d'anatomie philosophique, et quel but il s'y proposa d'abord.

Le moment était venu de livrer à l'impression pour le grand ouvrage sur l'Égypte son Ichthyologie du Nil; il dut revoir et coordonner ses recherches anatomiques sur les Poissons, presque oubliées de lui pendant plusieurs années. Mais, dans ce laps de temps, les idées d'analogie avaient jeté dans son esprit de profondes racines, et tout lui apparut sous un jour nouveau. Parfois déjà, en Égypte et depuis son retour, il lui avait semblé que l'anatomie comparée manquait à la fois de rigueur dans sa marche et de grandeur dans ses résultats; que souvent les zootomistes éludaient les questions au lieu de les résoudre, et décidaient avant d'avoir discuté. Ces lacunes de la science, ces défauts de la méthode qu'il avait entrevus, il les aperçut maintenant distinctement. Une difficulté surtout fixa son attention, et elle lui parut tellement grave, tellement fondamentale, qu'il ne crut pas pouvoir poursuivre, avant de l'avoir surmontée, son travail sur l'anatomie des Poissons. On considérait le squelette de ces animaux comme se composant de pièces osseuses, les unes analogues à celles que l'on retrouve chez les autres Vertébrés, les autres sans représentants chez ceux-ci et exclusivement propres aux Poissons. Voilà ce que tous les zootomistes admettaient; mais sur quel fondement reposait leur opinion unanime? Qui jamais avait démontré l'analogie d'une partie des pièces du squelette, la non-analogie des autres? Personne: à l'exception d'Autenrieth, auteur, en 1800, d'un Mémoire dont les résultats sont en grande partie erronés, mais dont la direction est éminemment philosophique[1], on s'était borné à quelques essais partiels, dont l'objet était tout au plus de diminuer d'une ou de quelques unités le nombre des pièces spécialement ichthyologiques. Quant au fond de la question, il semblait qu'il n'y eût pas même lieu de s'en occuper, et chacun continuait à supposer, selon l'expression de Cuvier, que la *nature a créé des os exprès pour les Poissons.*

Sous l'influence de ses nouvelles idées, Geoffroy Saint-Hilaire osa penser qu'il pouvait, qu'il devait ne pas en être ainsi, et sans se laisser arrêter un seul instant, ni par la difficulté du sujet, ni par l'unanimité des convictions contre lesquelles il allait s'élever, il en appela à la seule autorité qui ne puisse être récusée, celle des faits.

La question fut ainsi posée par lui vers le milieu de 1806. Il y avait répondu, avant la fin de la même année, par quatre Mémoires : le premier, sur les nageoires pectorales des Poissons; le second, complémentaire du premier, sur leur os furculaire; le troisième, sur leur sternum : le quatrième, rédigé dans les derniers jours de 1806, est le célèbre travail sur la tête osseuse chez les Vertébrés en général, et, en particulier, chez les Oiseaux. On voit com-

---

1 Le beau Mémoire d'Autenrieth, *Bemerkungen über den Bau der Scholle insbesondere, und den Bau der Fische im Allgemeinen*, a paru dans l'*Archiv für Zoologie und Zootomie* de Wiedeman, t. I.er

bien, en quelques mois, le cercle des recherches de l'auteur s'était agrandi !

Ces quatre Mémoires et un autre sur le crâne du Crocodile, ont paru, en 1807, dans les *Annales du Muséum d'histoire naturelle.*

La haute importance de ces Mémoires nous prescrit de nous arrêter quelques instants sur chacun d'eux.

## VI.

Le titre du premier en fait connaître le sujet :

« Premier mémoire sur les Poissons, où l'*on com-*
« *pare les pièces osseuses de leurs nageoires pecto-*
« *rales avec les os de l'extrémité antérieure des autres*
« *animaux à vertèbres.* »

On voit qu'il s'agit ici de résoudre une question qui, ramenée à des termes simples, est celle-ci : Existe-t-il seulement entre les nageoires paires des Poissons et les membres des autres Vertébrés, cette analogie physiologique, cette équivalence de fonctions, si l'on peut s'exprimer ainsi, que tous les auteurs avaient signalée depuis Aristote, et qui est évidente avant toute étude ? Ou bien, en outre de l'analogie physiologique, doit-on admettre une analogie anatomique, résultant de l'existence, dans les uns et les autres, d'éléments au fond identiques ? En d'autres termes encore, les plus simples que l'on puisse employer, les nageoires *remplacent-elles les membres ?* ou *sont-elles les membres eux-mêmes*, modifiés dans leur forme, leur disposition, leur structure?

Dès 1735, Artedi avait osé dire que les Poissons ont aussi une clavicule, une omoplate et un sternum. Gouan, en 1770, avait de même appliqué à deux os de la nageoire pectorale les noms d'omoplate et de clavicule. Mais ces tentatives isolées, et que leurs auteurs mêmes avaient bientôt délaissées, n'avaient eu aucune suite. Vicq-d'Azyr, lui-même, le créateur de la Théorie des homologies, l'anatomiste que la nature de son esprit préparait le mieux à comprendre et à adopter l'idée de Gouan, l'avait condamnée comme *évidemment* inexacte.[1] Cuvier, à son tour, avait déclaré[2], que le *membre pectoral des Poissons ne peut pas être comparé d'une manière positive à celui des autres Vertébrés.* Ni l'un ni l'autre de ces illustres zootomistes n'avait d'ailleurs examiné, discuté la question : discute-t-on ce qui paraît évident?

Autant Geoffroy Saint-Hilaire montra de hardiesse en attaquant de front une question qui paraissait jugée, autant il mit de fermeté dans la marche suivie pour la résoudre. Cette marche fut, dès ce premier Mémoire, celle qu'il adopta, par la suite, dans tous les cas analogues. Par l'examen des modifications principales des os du membre

1 *Œuvres*, t. IV, p. 205.

2 *Anatomie comparée*, 1.re édit., t. I, p. 255.

thoracique chez les Vertébrés supérieurs, il chercha à se faire des conditions d'existence de ces os une idée générale, indépendante de toutes leurs variations de détail; puis il aborda leur étude chez les Poissons, prenant pour base dans ses déterminations les caractères de connexion, et s'éclairant, lorsqu'il y avait lieu, des lumières de l'ostéogénie.

La conclusion générale du Mémoire fut celle-ci :

« La charpente osseuse du membre pectoral est composée des mêmes pièces que celle de l'extrémité antérieure des autres animaux vertébrés. »

Le second Mémoire, spécialement consacré à l'os furculaire, complète le premier. L'auteur venait de considérer cette pièce osseuse sous un point de vue général : il fait connaître les modifications curieuses qu'elle présente dans la série des Poissons. C'est l'étude des différences après celle des analogies.

De l'épaule, l'auteur passe, dans son troisième Mémoire, au sternum et aux organes thoraciques. Ici, les difficultés étaient plus grandes encore, et tellement, que quatre auteurs, Duverney, Gouan, Vicq-d'Azyr, Cuvier, s'étant occupés successivement de cette question, quatre solutions, entièrement différentes, avaient été proposées. Geoffroy Saint-Hilaire, appliquant pour la seconde fois sa méthode, s'attache à la considération des connexions, cherche les analogues des diverses pièces du squelette des Poissons dans les os en formation du jeune Oiseau, et arrive à une détermination dont le seul Gouan avait entrevu une partie. Le sternum des Poissons est, suivant lui, un appareil osseux, placé au-dessous des branchies, et qui leur sert de plastron; et les rayons branchiostèges sont les côtes sternales.

## VII.

Les deux derniers Mémoires de 1806 furent consacrés à la plus difficile peut-être de toutes les questions de l'anatomie philosophique, la détermination des os du crâne. Geoffroy Saint-Hilaire l'entreprit d'abord à l'égard des Crocodiles; puis à l'égard des Oiseaux et des Vertébrés en général. Est-il besoin de dire que la solution d'un problème aussi difficile ne fut pas dès lors obtenue tout entière? Nous verrons Geoffroy Saint-Hilaire reprendre plus tard, en 1824, ses travaux sur le crâne, et modifier lui-même plusieurs de ses premiers résultats; mais remarquons-le dès à présent : les modifications portent toutes sur des détails, sur telle ou telle pièce en particulier, non sur les conséquences générales auxquelles il s'était élevé dès 1806, non sur la méthode qu'il venait de créer. Bien plus, si des modifications partielles ont été obtenues, c'est précisément à l'aide de cette méthode, toujours la même dans son principe, mais désormais appliquée à des faits mieux connus, et employée par son auteur, après dix-huit ans de travaux, d'une main plus ferme et plus sûre. Ainsi, les inexactitudes de détail signalées dans le Mémoire de 1806, loin de pouvoir être invoquées à titre d'objections contre la méthode de Geoffroy Saint-Hilaire, ont fini par fournir autant de preuves nouvelles en faveur de son exactitude et de sa rigueur, et le Mémoire sur *la tête osseuse des animaux vertébrés* est resté comme l'une des œuvres capitales de son auteur et de son époque.

Quelques passages que nous en extrayons textuellement, vont permettre à nos lecteurs d'en apprécier par eux-mêmes la valeur et la portée. Voici d'abord le remarquable début du Mémoire :

« Désirant donner à mes recherches sur l'*anatomie*
« *générale* des Poissons toute l'étendue dont elles
« sont susceptibles, j'ai continué à m'occuper de
« l'examen des parties de leur squelette, sur les-
« quelles on n'avait pas encore de notions précises.
« Quelques pièces, d'une forme et d'un usage uni-
« quement propres aux Poissons, telles que les
« opercules, ont surtout contribué à faire croire
« que si, du moins, dans la formation de ces êtres
« singuliers, la nature n'a pas abandonné le plan
« qu'elle a suivi à l'égard des autres animaux ver-
« tébrés, elle a dû, pour les mettre en état d'exister
« au sein des eaux, modifier tellement leurs prin-
« cipaux organes, qu'il n'est resté, de ce plan

« primitif, que quelques traits épars et difficiles à
« saisir. Un pareil résultat n'offrait rien de satisfai-
« sant. On sait que la nature travaille constamment
« avec les mêmes matériaux; elle n'est ingénieuse
« qu'à en varier les formes. Comme si, en effet,
« elle était soumise à de premières données, on la
« voit tendre toujours à faire reparaître les mêmes
« éléments, en même nombre, dans les mêmes cir-
« constances, et *avec les mêmes connexions.* S'il arrive
« qu'un organe prenne *un accroissement extraordi-*
« *naire,* l'influence en devient sensible sur *les parties*
« *voisines,* qui *dès lors ne parviennent plus à leur*
« *développement habituel....*; elles deviennent *comme*
« *autant de rudiments,* qui témoignent en quelque
« sorte de la permanence du plan général. »

Il était impossible d'énoncer avec plus de netteté
des idées plus nouvelles; il semble cependant que
l'auteur en ait cherché une expression plus précise
et plus claire encore. On lit plus bas :

« Comme tout le succès de ces recherches devait
« dépendre de mon point de départ, je me suis
« d'abord tracé le plan que j'aurais à suivre. La na-
« ture, ai-je dit plus haut, tend à faire reparaître
« les mêmes organes en même nombre et dans les
« mêmes relations; et elle en varie seulement la
« forme à l'infini. D'après ce principe, je n'aurai
« jamais à me décider, dans la détermination des os
« de la tête des Poissons, d'après la considération de

« leur forme, mais d'après celle de leurs connexions. »

Et plus bas, dans un passage[1] que rendent doublement remarquable l'annonce d'un système dentaire chez les fœtus de Baleines, et la hardie prévision d'une découverte analogue que l'auteur devait faire, quinze ans plus tard, chez les Oiseaux :

« Je n'aurais pas cité ces faits, si je n'avais, en « outre, manifestement observé dans les gencives « (chez un fœtus de Baleine) des germes de dents, « qui m'ont paru distribués comme les dents elles- « mêmes des Cachalots... On sait cependant que les « Baleines adultes n'ont point de dents... J'ai rap- « porté cette observation pour donner une nouvelle « preuve de la tendance de la nature à faire repa- « raître partout les mêmes organes, et pour faire « voir que si quelques-uns de ceux qui appartiennent « à des classes, *manquent quelquefois dans certaines* « *espèces, on en doit chercher la cause dans le déve-* « *loppement excessif d'organes contigus ou voisins.* « Cet aperçu ne serait-il pas applicable *aux Oiseaux* « *eux-mêmes ?* »

Qui, dans le premier de ces passages, même en faisant abstraction des développements que renferment les deux autres; qui ne reconnaîtrait trois des propositions fondamentales de la Théorie des analogues, savoir : la fixité des connexions, la compensation ou le *balancement* qui s'établit entre les

1 Celui-ci fait partie des Notes.

développements inégaux des organes voisins, et l'importance des organes rudimentaires, comme traces et comme preuves de la permanence du plan général? Que manque-t-il donc pour que la méthode de la *Philosophie anatomique* se trouve tout entière en germe dans la première page de ce Mémoire? Une idée seulement: celle de l'analogie des caractères transitoires des animaux supérieurs avec les caractères permanents des animaux inférieurs. Or cette idée la plus grande, et, bien qu'entrevue par Harvey dès le 17.[e] siècle[1], la plus hardie de toutes, nous la

1 « *Sic natura perfecta et divina,* dit-il dans ses *Exerc.* « *anat. de motu cordis,* in-18, 1654, p. 164, *nihil faciens* « *frustra, nec cuipiam animali cor addidit, ubi non erat opus,* « *neque, priusquam esset ejus usus, fecit; sed iisdem gra-* « *dibus in formatione cujuscunque animalis, transiens per* « *omnium animalium constitutiones (ut ita dicam, ovum,* « *vermem, fœtum), perfectionem in singulis acquirit.* »

Nous devons ajouter qu'en partant de ces vues, Harvey a expliqué, dès 1651, dans ses *Exercitationes de generatione animalium,* quelques anomalies organiques comme nous les expliquons aujourd'hui; voie dans laquelle il a été suivi, dans le dix-huitième siècle, par Haller, Wolf et surtout Autenrieth.

Ce dernier anatomiste a évidemment écrit sous l'influence de l'enseignement célèbre de Kielmeyer, qui a jeté un si grand éclat en Allemagne à la fin du dix-huitième siècle. Nul doute que Kielmeyer, bien qu'il n'ait presque rien imprimé, n'ait contribué pour beaucoup à rendre si rapides, en Allemagne, les progrès de l'anatomie philosophique : Meckel, Autenrieth, Ulrich, une foule d'autres, furent ses élèves. Que dire d'ailleurs de cette singulière exagération de deux auteurs français qui

trouvons quelques lignes plus bas, non moins clairement énoncée; et déjà en est faite à l'anatomie philosophique l'une des plus larges applications que l'on ait tentées. L'auteur, à la fin de l'exorde de son Mémoire, ajoute:

« Toutefois j'ai cru un moment que, nonobstant « ces réductions, le crâne des Poissons renfermait « encore plus de pièces que n'en montre celui des « autres animaux vertébrés; mais j'en ai pris une « autre opinion, dès que j'ai eu songé à considérer « les os du crâne de l'Homme dans un âge plus

ont présenté Kielmeyer comme le véritable créateur de l'anatomie philosophique ? A ces auteurs nous ne ferons ici qu'une réponse : Gœthe, traçant l'histoire des principaux travaux allemands sur l'anatomie philosophique (*Œuvres d'histoire naturelle*, trad. de M. Martins, p. 165); Meckel lui-même, élève de Kielmeyer, donnant ce qu'il appelle les sources (*Quellen*) de l'anatomie comparée (*Handbuch der menschl. Anatomie*, t. I, p. 1), *ne nomment même pas Kielmeyer*. Ce silence est assurément la meilleure réponse à ces incroyables réclamations de nos compatriotes contre la science française au profit de la science allemande.

La vérité est d'ailleurs entre les exagérations des uns et le silence des autres. Kielmeyer a très-peu fait pour l'anatomie philosophique par ses rares publications, mais beaucoup par son enseignement, vague sans doute, mais où il s'efforçait sans cesse de rattacher les faits à des lois, et de lier les notions relatives à l'individu aux notions relatives à l'ensemble des êtres.

Nous reviendrons plus loin sur le caractère et les tendances des travaux de l'école zootomique allemande, comparée aux deux écoles françaises. (Voyez le Chapitre VIII.)

« rapproché de l'époque de leur formation. Ayant
« imaginé de compter autant d'os qu'il y a de centres
« d'ossification distincts, et ayant essayé de suite
« cette manière de faire, j'ai eu lieu d'apprécier la
« justesse de cette idée : *les Poissons, dans leur*
« *premier âge, étant dans les mêmes conditions, rela-*
« *tivement à leur développement, que les fœtus des*
« *Mammifères*[1], la théorie n'offrait rien de contraire
« à cette supposition.[2] »

[1] A en croire l'un des deux auteurs que nous venons de
montrer réclamant en faveur de Kielmeyer, cette même proposition aurait été énoncée dès 1800 par Autenrieth, dans le beau
Mémoire cité plus haut (p. 150). Après avoir remarqué que les
Poissons ont, comme les jeunes des animaux supérieurs, un
grand nombre d'os isolés, Autenrieth aurait, en effet, ajouté
ces mots : « Par conséquent, les Poissons représentent réelle-
« ment le fœtus des classes supérieures. » Voilà assurément
une phrase aussi formelle que possible ! Mais *cette phrase a été
interpolée par le traducteur ;* elle n'est nullement dans le texte
d'Autenrieth, auquel appartient incontestablement le mérite
d'avoir signalé un rapprochement très-curieux, mais non celui
d'en avoir tiré une conséquence générale. Voici le passage tout
entier d'Autenrieth :
« *Wie bey den unvollkommenen Jungen der höheren Thier-*
« *klassen, zeigt auch das Skelet der Fische eine Menge ein-*
« *zelner Knochenkerne.* »
[2] L'analogie des conditions organiques des Poissons avec
celles des fœtus des animaux supérieurs, se trouve déjà indiquée, comme on l'a vu (p. 153 et 154), dans deux des Mémoires
antérieurs de Geoffroy Saint-Hilaire ; mais elle y est exprimée
d'une manière bien moins précise, et surtout elle ne l'est pas

L'origine d'une découverte, on l'a dit, est souvent dans le besoin qu'on avait de la faire. Qui ne verrait une application de cette vérité dans la succession rapide de ces cinq Mémoires, dont chacun est en progrès si marqué sur celui qui le précède? Geoffroy Saint-Hilaire veut démontrer l'analogie des nageoires pectorales des Poissons avec les membres antérieurs des autres Vertébrés : il sent le besoin d'un guide, et le *principe des connexions* est créé. Dès le début de ses recherches sur le crâne, à de plus grandes difficultés il oppose, avec le principe des connexions, celui du *balancement des organes*[1]

avec cette généralité. Jusque-là chez Geoffroy Saint-Hilaire, comme chez Harvey et quelques auteurs du dix-huitième siècle, il n'y a que des aperçus relatifs à des cas particuliers, ou des aperçus généraux, mais vagues. C'est donc à juste titre que, pour montrer la très-grande part qui appartient à Geoffroy Saint-Hilaire dans l'invention et l'établissement de l'une des plus grandes idées de l'anatomie philosophique, on s'est appuyé sur le Mémoire relatif au crâne et sur l'importante application qu'il renferme. M. Serres, par exemple, a dit (*Anatomie comparée du cerveau*, t. I.er, p. 188, 1824) : «Au moment où «l'idée que les Poissons sont, pour un grand nombre de leurs «organes, des embryons permanents des classes supérieures, «devient en quelque sorte classique parmi les zoologistes, la «justice nous fait un devoir de rappeler que M. le professeur «Geoffroy Saint-Hilaire a le premier émis cette grande vérité. «Il imagina pour son travail des parties analogues du crâne, «de compter autant d'os qu'il y a de centres d'ossification dis- «tincts, et il eut lieu d'apprécier la justesse de cette idée, etc. »

1 Il l'avait entrevu dès 1800. Voyez plus haut, p. 157.

et une vue nouvelle sur les *organes rudimentaires*.
Plus loin encore, de nouvelles et plus graves difficultés se dressent devant lui : il lui faut, ou s'arrêter
devant l'obstacle, ou le renverser par un effort nouveau. Cet effort, il le fait, et s'élève jusqu'à cette
théorie des *inégalités de développement*, destinée à
devenir un jour l'un des principes les plus féconds
de l'anatomie comparée, le point de départ d'une
science nouvelle, la tératologie, et le lien intime
de l'une et de l'autre.

## VIII.

Les progrès des sciences, et plus généralement de
l'esprit humain, sont de deux ordres : les uns se font
dans la direction déjà suivie, les autres en dehors de
cette direction; les uns continuent un mouvement
déjà commencé, les autres commencent un mouvement nouveau.

Ces deux ordres de progrès sont, par la différence
même de leur nature, appelés à des destinées bien
différentes. Les premiers sont immédiatement compris et acceptés de tous : ce sont des pas en avant
que chacun fait aussitôt à la suite de l'auteur de la
découverte; il eût pu les faire de lui-même un peu
plus tard, par la seule impulsion de la science. Les
seconds s'adressent plutôt à l'avenir qu'au présent :
leur hardiesse même les met hors de portée, et il
est inévitable que leur auteur, en s'écartant des

opinions régnantes, semble s'écarter des principes. Les vérités, trop nouvelles, qu'il annonce, seront donc d'abord méconnues, et la seule alternative qui soit pour lui, c'est l'oubli ou la lutte.

Cette consécration de la nouveauté et de la grandeur d'une idée, a-t-elle manqué aux premiers travaux de Geoffroy Saint-Hilaire? On pourrait le croire au premier abord. A peine, en 1807, a-t-il publié ses mémoires, que la haute importance semble en être unanimement reconnue. Au lieu de la lutte à laquelle il s'attendait sans doute, il ne trouve devant lui que des éloges et des encouragements.

Ne nous y trompons pas cependant. Il y avait dans ses mémoires deux genres bien différents de résultats : des idées et des faits; des vues générales et des découvertes de détail, faites sous l'inspiration de celles-ci. Dans cette distinction est tout le secret de cette conformité apparente entre l'opinion des zootomistes de 1807 et celle des naturalistes de nos jours. Si les premiers mémoires de Geoffroy Saint-Hilaire tiennent dans la science actuelle un rang si élevé, c'est surtout, comme on vient encore de le montrer,[1] « parce que tous les résultats d'une nouvelle méthode « scientifique s'y trouvent implicitement renfermés. » Au contraire, s'ils ont été placés très-haut dès leur apparition, s'ils ont, à ce moment même, ouvert à

1 M. le docteur Pucheran, dans un remarquable article qui fait partie des tom. XXI et XXII de la *Revue indépendante*, 1845.

leur auteur les portes de la première de nos sociétés savantes[1], c'est parce qu'ils étaient pleins, selon les expressions de Cuvier en 1807, « de faits très-curieux « et généralement nouveaux; » parce qu'ils ajoutaient beaucoup « aux connaissances des naturalistes et « des anatomistes sur l'organisation intérieure des « Poissons.[2] » Voilà le premier jugement porté sur les recherches de Geoffroy Saint-Hilaire : approbation éclatante des faits; silence sur les idées.

Pourquoi ce silence? On se tait quelquefois pour ne pas blâmer. Cuvier, dans le Rapport dont nous venons de citer quelques lignes et dans un autre qui le suivit de quelques mois, aurait-il usé d'une telle

1 Geoffroy Saint-Hilaire a été élu membre de l'Institut, classe des sciences, le 14 septembre 1807.

2 Cette phrase est extraite d'un Rapport de Cuvier à la classe des sciences de l'Institut (avril 1807). — Un second Rapport, relatif au Mémoire sur la tête osseuse, a été fait à la même classe, quelques mois après, par l'illustre zootomiste. L'esprit en est généralement le même. En voici le passage le plus remarquable : « De tous les sujets que traitent « les sciences physiques, l'origine des corps organisés est sans « contredit le plus obscur et le plus mystérieux... On ne peut « s'empêcher de penser que s'il y a quelque espoir d'arriver « jamais à un peu plus de lumière sur des questions si diffi- « ciles, c'est peut-être dans la constance de ces analogies que « l'on devra en chercher les premières étincelles. » Qui ne serait frappé à la fois de la justesse et de la profondeur de cette pensée ?

Les deux Rapports de Cuvier ont été insérés dans le *Magasin encyclopédique*, année 1807, t. III, p. 176, et t. V, p. 39.

réserve? Il eût manqué à son devoir envers la science s'il l'eût fait, et il ne l'a pas fait. Si la nouvelle méthode n'a été par lui, en 1807, ni admise ni rejetée, c'est que ni lui-même, à cette époque, ni aucun autre anatomiste ne s'étaient même aperçus qu'une nouvelle méthode venait de se produire dans la science. On avait vu les résultats, non l'instrument qui les avait créés; non le foyer d'où ils étaient émanés.

Et ici encore nous n'expliquons pas; nous exposons. Que l'on remonte avec nous à ces curieux documents d'une époque déjà si loin de nous, et l'on y verra Cuvier, dans ses Rapports, ou passer, sans les aborder, à côté des questions générales soulevées par Geoffroy Saint-Hilaire, ou en méconnaître le caractère et la portée. Du principe des connexions, du balancement des organes, de la considération des organes rudimentaires, il ne dit rien! Dans l'idée si neuve et si hardie de la persistance des caractères embryonnaires chez les Poissons, il ne voit rien de plus que cette recommandation faite par Tenon aux anatomistes, d'étudier les organes depuis leur formation [1]. Et s'il dit quelques mots de l'Unité de composition, c'est pour assimiler les analogies organiques de Geoffroy Saint-Hilaire, déterminées d'après les connexions des

[1] Second Rapport, p. 40.

parties, et indépendantes des fonctions, aux analogies fonctionnelles d'Aristote.[1]

Ainsi le grand naturaliste lui-même, qui venait d'écrire l'*Anatomie comparée*, le représentant, par excellence, de la science de cette époque, ne reconnut pas, en 1807, où tendaient ces travaux exécutés presque sous ses yeux, et quel avenir ils ouvraient à l'histoire naturelle. Comment Geoffroy Saint-Hilaire, incompris de Cuvier, eût-il été compris par d'autres? Il ne le fut que par le plus illustre des zootomistes de l'Allemagne, Blumenbach, applaudissant, dès 1809, à cette nouvelle *ostéologie illustrée par l'ostéogénie*[2]. Et au milieu de ce silence presque universel, il put sembler que les efforts de Geoffroy Saint-Hilaire étaient restés perdus pour la science, et que, comme le laboureur de l'Évangile, il avait semé sur le roc. Mais les germes, déposés par lui, peu à peu se développaient, et cinq années à peine

---

1 Premier Rapport, p. 177.
Aussi Cuvier ne fait-il ici nulle difficulté d'admettre l'unité de plan pour les Vertébrés, et même il va plus loin que Geoffroy Saint-Hilaire lui-même ; car il présente *les Poissons comme s'écartant* seulement *un peu plus* que les autres Vertébrés de ce plan général. Pourquoi faut-il que la conformité apparente des vues des deux auteurs n'ait tenu qu'à un malentendu ?

2 Nous ne traduisons pas ; nous transcrivons. Cette belle expression est extraite d'une lettre écrite en français, et adressée par Blumenbach à Geoffroy Saint-Hilaire dans les premiers jours de 1809.

écoulées, un grand mouvement se produisait dans la science. Les esprits les plus avancés de la France et de l'Allemagne, de l'Allemagne surtout, si bien préparée par l'enseignement célèbre de Kielmeyer[1], s'élançaient de front dans les voies nouvelles; Meckel achevait de généraliser et de démontrer dans deux mémoires, les plus beaux qui lui soient dus, la persistance des formes embryonnaires chez les animaux inférieurs[2]; et Cuvier lui-même adhérait à ces idées d'unité qu'il avait méconnues d'abord, et qu'il devait un jour combattre.[3]

1 Voyez p. 158, note.

2 *Entwurf einer Darstellung*, etc., et *Ueber den Charakter der allmähligen Vervollkommnung der Organisation;* dans les *Beyträge zur vergleichenden Anatomie*, t. II, 1811. — On remarquera que Geoffroy Saint-Hilaire, souvent cité dans le second de ces mémoires, ne l'est pas une seule fois dans le premier. Il est cependant incontestable que l'un et l'autre, comme ils sont écrits dans le même esprit, ont été composés à la même époque.

3 Voici le début du beau Mémoire de Cuvier sur la *composition de la tête osseuse dans les animaux vertébrés;* mémoire publié en 1812 dans les *Annales du Muséum*, tom. XIX, p. 123 :

«Notre confrère, M. Geoffroy, a présenté à la classe, il y a «quelques années, un travail général sur la composition de la «tête osseuse des Vertébrés, dont il n'a encore publié que «quelques parties, et qui offre des recherches ingénieuses et «des résultats très-heureux. Pour expliquer cette multiplicité «d'ossements que l'on trouve dans la tête des Reptiles, dans «celle des Poissons, et même dans celle des jeunes Oiseaux,

« *M. Geoffroy a imaginé de prendre pour objet de compa-*
« *raison la tête des fœtus de Quadrupèdes.....; et il est*
« *parvenu ainsi à ramener à une loi commune des confor-*
« *mations que la première apparence pouvait faire juger*
« *extrémement diverses.* »

Il n'est plus question ici, comme on le voit, ni, pour la méthode, de l'application de l'idée de Tenon, ni, pour le résultat général, de l'unité fonctionnelle d'Aristote : c'est bien aux vues elles-mêmes de Geoffroy Saint-Hilaire, non plus seulement aux faits découverts par lui, que Cuvier donne son adhésion.

Nous extrairons encore de ce Mémoire quelques lignes renfermant un résumé, aussi concis que lucide, des premiers résultats obtenus par Geoffroy Saint-Hilaire sur le crâne des Oiseaux, ou pour employer les expressions mêmes de Cuvier, de *ses découvertes sur les métamorphoses du temporal, du maxillaire et de quelques autres os.*

« Il a prouvé, continue Cuvier, entre autres choses aussi
« singulières que vraies, que toutes les parties du temporal,
« le rocher excepté, se détachent successivement de la tête ; que
« le cadre du tympan forme ce que l'on appelle l'*os carré* ou
« le pédicule de la mâchoire inférieure dans les Oiseaux, les
« Reptiles et les Poissons ; que le bec des Oiseaux est presque
« entièrement formé par les intermaxillaires ; que les maxil-
« laires y sont réduits à une petitesse qu'on n'aurait pas soup-
« çonnée, etc. »

# CHAPITRE VI.

## VOYAGE EN ESPAGNE ET EN PORTUGAL.

I. Mission de Geoffroy Saint-Hilaire. — Arrivée en Espagne au moment du couronnement de Ferdinand VII. — Abdication de ce prince, et massacre des Français à Madrid. — II. Première arrestation à Meajadas. — Seconde arrestation et incarcération à Mérida. — Délivrance. — Arrivée en Portugal. — III. Séjour à Lisbonne. — Visite des collections et des dépôts des couvents. — IV. Conduite de Geoffroy Saint-Hilaire envers plusieurs Portugais. — V. Il secourt les blessés à la bataille de Vimeiro. — Ses collections menacées. — Retour en France. — Souvenirs laissés en Portugal.

(1808.)

### I.

Dans une œuvre vraiment nouvelle, les premières difficultés sont presque toujours les plus grandes; car leur solution que rien n'avait préparée, prépare la solution de toutes les autres. Après ses travaux de 1806 et de 1807, il semblait que Geoffroy Saint-Hilaire n'eût plus qu'à s'avancer d'un pas chaque jour plus ferme et plus rapide dans la voie qu'il venait de s'ouvrir.

Mais, au moment même où il poursuivait avec le plus d'ardeur ces recherches si heureusement commencées, il se vit tout à coup appelé à rendre à la science des services d'un autre genre, et à reprendre cette vie de voyageur, à laquelle il croyait avoir dit adieu pour jamais.

De grands événements venaient de s'accomplir

dans la péninsule hispanique. Tandis qu'en Espagne, les dissensions de la famille royale ébranlaient le trône et préparaient la chute de la dynastie de Philippe V, Napoléon, par un traité qu'on eût pu prendre pour un décret impérial, avait proclamé la déchéance de la maison de Bragance. Une armée française, sous les ordres de Junot, avait aussitôt envahi le Portugal, et un mois après, le 30 novembre 1807, les Français occupaient Lisbonne.

L'Empereur ne séparait pas les intérêts des sciences de ceux de sa politique. Maître du Portugal, il voulut qu'un naturaliste s'y rendît aussitôt, pour en visiter et en explorer les richesses scientifiques. Les souvenirs de l'Expédition d'Égypte désignaient naturellement Geoffroy Saint-Hilaire pour cette mission : elle lui fut offerte, et il n'hésita pas à l'accepter. On lui adjoignit comme aide et comme secrétaire l'un des préparateurs du Muséum, Delalande, tout jeune encore, mais déjà plein de cette ardeur et de ce dévouement qui devaient, quinze ans plus tard, en faire l'un des plus intrépides explorateurs de l'Afrique et l'un des martyrs de la science.

L'envoyé du gouvernement français devait seulement, d'après les termes mêmes de la première décision de l'Empereur, visiter les collections d'histoire naturelle, et déterminer quels objets pourraient être utilement transportés à Paris. Mais, dès que

Geoffroy Saint-Hilaire eut accepté cette mission, elle prit une importance qu'on n'avait pas songé d'abord à lui donner. On l'étendit à tout ce qui pouvait intéresser, non-seulement les sciences en général, mais aussi les lettres et les arts. Geoffroy Saint-Hilaire reçut donc par ses instructions, soit écrites, soit confidentielles, des pouvoirs presque illimités.

Il n'était pas homme à en abuser. Il le montra dès le début. Quand il pouvait, par le droit du vainqueur, enrichir nos musées aux dépens du Portugal, il se posa pour règle de conduite cette maxime : Les sciences ne sont jamais en guerre[1]. Il voulut que sa mission, utile à la France, le fût aussi au Portugal, et fit préparer plusieurs caisses d'objets d'histoire naturelle, destinés à remplacer dans les collections portugaises les productions du Brésil, si rares alors et si précieuses, dont celles-ci étaient remplies.

Il partit pour Bayonne le 20 mars. Murat n'était point encore entré à Madrid[2]; le sang français

[1] Nous avons retrouvé cette pensée dans une lettre que Kleber écrivait en pluviôse an VIII à Geoffroy Saint-Hilaire. On ne lira pas sans intérêt ces belles paroles du général en chef de l'armée d'Égypte : « Je vois cette correspondance avec « satisfaction (la correspondance de Geoffroy Saint-Hilaire avec « Banks); *ce commerce réciproque de lumières est important* « *pour la science, et les guerres politiques ne doivent jamais* « *l'interrompre.* »

[2] Il l'occupa le 25.

n'avait point encore coulé; mais l'horizon devenait chaque jour plus menaçant, et il était évident qu'une crise violente allait éclater en Espagne. Les amis, la famille[1] de Geoffroy Saint-Hilaire, justement alarmés, avaient voulu le retenir; mais à tous les conseils, à toutes les supplications, il avait répondu : « J'ai accepté cette mission dans un moment « où elle était enviée de tous; je ne la déserterai « pas, quand personne n'en voudrait plus. »

Quelques jours après, combien il s'applaudissait de sa détermination! Tout danger semblait s'être évanoui, et chaque pas que Geoffroy Saint-Hilaire faisait sur le territoire espagnol, ajoutait à sa sécurité. Sur la frontière même, il apprenait l'abdication de Charles IV, le couronnement du prince des Asturies, l'occupation de Madrid par les Français, le rétablissement de l'ordre, et il croyait pouvoir écrire à sa famille : « L'horizon politique s'est éclairci « en Espagne: quelque chose qui arrive, je ne puis « que faire un voyage agréable et sûr. »

1 Son père et sa mère n'existaient plus depuis plusieurs années, et son bien-aimé frère, Marc-Antoine Geoffroy, avait lui-même succombé, à peine âgé de trente et un ans, à la suite de la bataille d'Austerlitz. Mais d'autres liens avaient remplacé ceux que la mort avait brisés. Il s'était marié en décembre 1804. Une heureuse alliance l'avait rendu gendre de M. Brière de Mondétour, receveur général des économats sous Louis XVI, et l'un des hommes les plus estimés de cet infortuné prince.

Comment ne pas le croire? D'Irun à Vittoria, il voyait des arcs de triomphe élevés en l'honneur de l'Empereur dont on espérait l'arrivée prochaine, et des députations se rendant de toutes parts au-devant de lui. A Aranda il rencontrait le nouveau roi, entouré d'une garde française, et salué par les acclamations enthousiastes d'une foule qui s'agenouillait devant lui. Partout, jusqu'à Madrid, la plus extrême agitation, mais cette agitation d'espérance et de joie qu'éprouve un peuple qui est ou qui se croit au lendemain d'une révolution.

Elle devait bientôt changer de caractère. Ferdinand s'était avancé à la rencontre de Napoléon jusqu'à Burgos, puis jusqu'à Vittoria où le peuple avait voulu arrêter son funeste voyage; puis, le 20 avril, jusqu'à Bayonne; et lorsqu'enfin il y eut trouvé l'Empereur, il dut comprendre qu'il venait, en cherchant un protecteur et un allié, de se livrer à un maître et à un ennemi.

On sait l'effet produit en Espagne par cet événement et par l'abdication de Ferdinand VII. En quelques jours l'Espagne tout entière fut en feu; cinq cents de nos compatriotes, pour la plupart surpris sans défense et égorgés dans les rues, et plus de cent Espagnols tués dans le combat ou fusillés après, périrent le 2 mai à Madrid. Bientôt le même cri : Mort aux Français! retentit dans toutes les provinces.

C'est en ce moment même que Geoffroy Saint-

Hilaire et Delalande, ignorant ce qui venait de se passer, se rendaient paisiblement[1] de Madrid à la frontière portugaise.

## II.

Leur sécurité ne fut pas de longue durée. L'insurrection avait éclaté le 2 à Madrid; dès le 4 ils se voyaient enveloppés par elle.

A Meajadas, entre Truxillo et Mérida, on arrête leur voiture : « Vous êtes Français, leur crie-t-on; « mort aux Français! vengeance pour notre roi trahi, « pour nos frères massacrés! » Qui n'eût cru que leur sang allait couler? Mais la mort devait rester suspendue sur leurs têtes! Manqua-t-il de bourreaux dans cette troupe furieuse? Fut-ce par pitié ou par un de ces raffinements que connaît la vengeance espagnole? On en jugera par l'adieu que leur fit le chef de ces forcenés : « Vous périrez! A Truxillo le « peuple vous attend : à Mérida, il va vous attendre; « car je vous devance. » Et il partit. Cet homme arrivait de Madrid; il avait assisté aux terribles scènes du 2 mai, et peut-être avait-il déjà les mains rouges du sang français!

Retourneront-ils vers Madrid? Poursuivront-ils leur route? Geoffroy Saint-Hilaire n'hésite pas; la prudence semble ici d'accord avec le devoir; car

---

1 « Je suis, écrivait Geoffroy Saint-Hilaire de Talavera de la « Reyna, sur une route bien tranquille, qui n'offre d'inconvé-« nients que ceux des mauvaises auberges. »

Madrid est loin, et la frontière portugaise n'est qu'à quelques lieues : il essaiera de la gagner. Le jour même un secours inespéré se présente à lui. Le maître de la posada, où l'on s'arrête au milieu du jour, est un Français, depuis longtemps établi en Espagne; il protège ses compatriotes contre la populace ameutée, et leur avouant ses relations avec une troupe de contrebandiers, il leur offre de prendre pour guides, la nuit prochaine, ses redoutables amis. Ainsi une voie de salut se rouvre devant eux!

Mais ils n'étaient pas au terme des péripéties de cette journée! Des cavaliers, un officier civil à leur tête, arrivent de Mérida. Les voyageurs sont arrêtés et conduits à la ville. Ils y entrent vers minuit. Malgré l'heure avancée, on les attendait, et la foule se pressait sous les arcades du tribunal. Des cris de fureur sont proférés, des pierres lancées sur eux, et l'escorte a peine à contenir le peuple qui veut lui arracher les deux Français. Enfin, c'est du moins un asile! la prison s'ouvre devant eux. On les jette dans la salle commune, au milieu des malfaiteurs : un assassin s'y trouvait! Et comment oublier ce dernier trait! Les condamnés, l'assassin lui-même, les repoussent, les menacent, et peu s'en faut qu'une lutte horrible n'ensanglante la prison!

Trois jours s'écoulent ainsi. Les magistrats refusent de les entendre, et chaque matin des attroupements menaçants se forment devant les portes.

Le peuple réclame à grands cris ses victimes : les
magistrats qui refusent de les lui livrer, sont des
traîtres; il les menace; il veut forcer la prison. Une
fois même on essaie d'y mettre le feu : plutôt la mort
de tous les prisonniers que le salut des Français!

Dans cette crise terrible, réduits à se nourrir des
aliments les plus grossiers, couchés sur une paille
fétide, entendant de leur prison les vociférations
de la populace, ne trouvant dans le souvenir de
leurs familles absentes qu'une douleur de plus, ne
pouvant espérer de personne en Espagne ni un
secours ni une consolation, Geoffroy Saint-Hilaire
et son jeune compagnon montrèrent ce qu'il y a de
puissance dans le vrai courage. La fermeté de leur
contenance, quand ils semblaient au dernier jour
de leur vie, frappa tous ceux qui en furent témoins.
La férocité même des malfaiteurs fut vaincue : les
deux Français se virent désormais respectés des
autres prisonniers. Ce fut le premier adoucissement
à leur sort.

Bientôt un rayon d'espoir vint luire dans leur
prison. Quand ils se croyaient abandonnés de tous,
une main amie s'étendait sur eux. Un léger service
allait être payé par un bienfait.

Quelques jours auparavant, au moment où une
dame espagnole versait sur la route et se blessait
légèrement, les deux Français, fort heureusement
pour elle, plus heureusement pour eux-mêmes,

arrivaient au lieu de l'accident. Ils s'empressèrent d'offrir leurs soins à la blessée pour
elle et pour sa famille, lui firent accepter leur
voiture, suivirent à pied jusqu'à la ville la plus
voisine, et ne reprirent leur route que quand ils
ne purent plus être utiles. Qui eût prévu que
ce petit événement de voyage allait leur donner
une protectrice puissante, et peut-être leur sauver
la vie?

C'était une dame de Mérida, femme d'un officier
supérieur, et nièce du comte de Torrefresno, gouverneur de l'Estramadure. L'arrestation des deux
Français, les tentatives violentes du peuple contre
eux, le danger qu'ils courent, sont les premières
nouvelles qu'elle apprend à son arrivée à Mérida.
Son cœur s'ouvre à la pitié; elle sauvera ceux qui
l'ont secourue. Le quatrième jour de leur captivité,
ils savent qu'ils peuvent espérer. Dans la nuit du
11 au 12, par l'autorité du gouverneur[1], les portes
de la prison s'ouvrent pour eux; leur voiture leur
est rendue; une escorte les accompagne; et le 13
ils sont à Elvas, première ville de Portugal, alors
occupée par le général Kellermann.

---

1 L'évasion des deux Français fut, par la suite, reprochée
comme une trahison au comte de Torrefresno. Il périt victime
de la bienveillance qu'il avait montrée en plusieurs occasions
pour nos compatriotes.

Être libres, au milieu de compatriotes, c'était presque être en France !

## III.

A Lisbonne surtout, Geoffroy Saint-Hilaire put un instant se faire cette douce illusion. La domination française y était acceptée avec résignation, par beaucoup même avec joie. Le duc d'Abrantès, gouverneur général du royaume, exerçait une autorité que tempéraient seuls les prudents calculs de sa politique. Sévère, parfois rigoureux envers les Français, il se montrait facile, indulgent, partial même en faveur des Portugais. Tandis qu'il cherchait ainsi à gagner leurs cœurs, il éblouissait leurs yeux par le faste de ses fêtes presque royales. En même temps il faisait cesser d'anciens abus, il embellissait la ville. Il voulait qu'au milieu de ces pacifiques travaux, le chef militaire disparût derrière l'administrateur, et que le joug étranger fût si léger aux Portugais qu'ils pussent n'en pas sentir le poids.

Ainsi le Portugal, si longtemps colonie de l'Angleterre, était ou semblait devenu une province française. Accueilli à bras ouverts par Junot, son ancien compagnon d'Égypte, Geoffroy Saint-Hilaire jouit, pour remplir sa mission, de toute la liberté d'action qu'il aurait pu avoir dans sa patrie, et d'une autorité qu'il pouvait tenir de la guerre seule.

Ordre fut donné aux conservateurs des musées et bibliothèques de l'État et des couvents[1], de communiquer à Geoffroy Saint-Hilaire toutes leurs richesses scientifiques et littéraires, et de déférer à toutes ses demandes. L'ordre était absolu et sans réserves : le duc d'Abrantès n'avait pas besoin d'autres garanties que celles qu'il trouvait dans le caractère de Geoffroy Saint-Hilaire.

Mais les Portugais ne le connaissaient pas comme le duc d'Abrantès. Ce fut d'abord une alarme générale dans les établissements qui se voyaient menacés de la visite du Commissaire impérial. Tous ces trésors, accumulés depuis plusieurs générations, allaient être, comme de riches dépouilles opimes, transportés en France!

On fut bientôt rassuré.

Geoffroy Saint-Hilaire commença par déclarer qu'il ne se présenterait que comme simple visiteur, et pour ses propres études, dans les établissements d'instruction publique. Les musées, bibliothèques et dépôts des couvents et des palais royaux, ajoutait-il, seront seuls visités; et là, il fera des échanges; il recevra des dons; il obtiendra par la conciliation, jamais par la violence.

Le couvent de Notre-Dame de Jésus eut l'un

---

1 Et même aussi, ce sont les termes de l'ordre, des *particuliers émigrés :* droit rigoureux, dont Geoffroy Saint-Hilaire n'usa que fort rarement.

des premiers sa visite. Il n'usa de son pouvoir que
pour y pénétrer. Il pouvait tout exiger, il n'exigea
rien. Mais sa modération même lui devint profitable. Ce qu'on lui eût caché, on le lui montra. Il
laissa aux moines tout ce qu'ils tenaient à conserver,
et en reçut de précieux fossiles, dédaignés par eux,
et des cristaux, existant en double dans leurs collections.

A Saint-Vincent de Fora, vaste édifice occupé
par des chanoines réguliers de Saint-Augustin, il
trouva, non plus un cabinet d'histoire naturelle,
mais une riche bibliothèque, composée de plus de
quarante mille volumes et de nombreux manuscrits.
Quelques-uns de ceux-ci, fort précieux à divers
titres, fixèrent surtout l'attention de Geoffroy Saint-
Hilaire. Comme il insistait sur leur importance, les
chanoines présents pensèrent qu'il allait les demander, et jugèrent prudent d'aller au devant de
ses exigences. « Vous êtes maître de les prendre,
« lui dirent-ils, mais nous vous supplions de nous
« en laisser faire des copies. » La réponse de Geoffroy
Saint-Hilaire leur causa autant de surprise que de
joie. « Je suis venu, dit-il, pour organiser les études,
« et non pour en enlever les éléments. » Et il se borna
à recevoir des chanoines d'autres manuscrits[1] et des

1 Les plus précieux des manuscrits rapportés par Geoffroy
Saint-Hilaire, proviennent d'une autre source, du grenier de
l'hôtel d'un noble émigré, où ils étaient depuis longtemps

livres désignés par eux-mêmes, comme peu utiles à leur bibliothèque.

La conduite du Commissaire impérial envers eux, leur inspira une reconnaissance qu'ils eurent la pensée de témoigner par un présent. « C'est dom-« mage, dit Geoffroy Saint-Hilaire ; j'avais envie « d'aller faire mes adieux à ces bons religieux! »

Les directeurs des Cabinets d'histoire naturelle d'Ajuda n'eurent pas moins à se louer de lui. Dans ces riches dépôts, appartenant au roi, il fit une ample moisson, et pourtant, il ne les quitta pas

relégués et comme oubliés. On jugera de l'intérêt, de l'importance historique de ces manuscrits par les premières lignes d'un rapport fait en 1845 à M. le Ministre de l'Instruction publique, par M. Théodore Pavie :

« Je me suis empressé d'examiner attentivement les manus-« crits....., et j'ai acquis la certitude qu'ils renferment une « quantité considérable de pièces du plus haut prix et de la « plus rare valeur. C'est avec un véritable éblouissement que « j'ai vu passer sous mes yeux des lettres de tous les souve-« rains qui ont gouverné le Portugal depuis 1557 jusqu'en « 1715, dom Sébastien, le cardinal-roi Henri, Philippe II « d'Espagne....; de Louis XIV et du Dauphin, de Charles II « d'Angleterre, de Victor-Amédée de Savoie, des ducs de Parme « Al. et Oct. Farnèse ; des brefs des papes Clément VII, Paul III, « Innocent XII......» En tout, dit le rapporteur, cinq mille pièces originales.

Selon le vœu de la famille de Geoffroy Saint-Hilaire, et par ordre de M. le Ministre de l'Instruction publique, cette précieuse collection fait aujourd'hui partie de la Bibliothèque royale.

sans avoir mérité l'estime et la reconnaissance des naturalistes portugais. Les collections, lorsqu'il vint en Portugal, n'étaient qu'un amas d'objets non déterminés, offerts en spectacle à la curiosité publique bien plutôt qu'aux études et aux recherches des savants. Lorsqu'il quitta Lisbonne, emportant plusieurs caisses d'échantillons minéralogiques, de plantes, d'animaux brésiliens, le Musée, débarrassé d'un grand nombre de doubles inutiles, bien plutôt qu'appauvri, avait pris un aspect tout nouveau : une partie des espèces était déjà scientifiquement déterminée; l'ordre méthodique avait été introduit; et la précieuse série de minéraux, apportée de Paris par Geoffroy Saint-Hilaire, avait remplacé les objets choisis par lui.

Ainsi se réalisa le plan qu'il s'était tracé à son départ : il enrichit à la fois la France par le Portugal et le Portugal par la France, et mérita doublement de la science.

## IV.

D'autres actes non moins honorables, et qui furent toujours au nombre de ses plus doux souvenirs, se rapportent à cette époque de la vie de Geoffroy Saint-Hilaire. Investi d'un titre qui lui donnait le rang de général, accueilli avec amitié par le gouverneur et la plupart des chefs militaires, il usa du seul pouvoir qu'il ait jamais aimé, celui de faire le bien. Que de fois il eut le bonheur de prévenir ou de réparer les maux qu'entraînent à leur suite la guerre et l'invasion étrangère!

Est-il besoin de dire qu'il se fit le protecteur des savants et des gens de lettres? C'était encore servir les sciences, et les servir selon son cœur. Tous venaient à lui et étaient bien reçus; ou, s'ils ne venaient pas, il allait à eux.

Il en fut ainsi du botaniste Brotero, professeur distingué de l'Université de Coïmbre. Privé de ses appointements[1], et voyant ses ressources épuisées, il vivait obscurément dans l'un des faubourgs de Lisbonne. Geoffroy Saint-Hilaire court chez lui, se fait rendre compte de sa position, et devient son avocat auprès du duc d'Abrantès: il échoue. Brotero néanmoins reçoit le lendemain une partie de ce qu'il réclamait. «Gardez le secret, lui dit-on: le «général ne veut pas même que vous le remerciiez; «car tout le monde réclamerait comme vous. » Malgré cet avis, la reconnaissance entraîne Brotero: il écrit au duc. Junot est furieux; car ces remercîments non mérités lui paraissent une ironie. Mais bientôt l'aveu d'une pieuse supercherie le désarme, et, de nouveau pressé par Geoffroy Saint-Hilaire, il veut mériter les remercîments qu'il a reçus, et donne la signature qu'il refusait la veille.

Un autre Portugais, Verdier, membre distingué de l'Académie des sciences de Lisbonne, et corres-

[1] Il lui était dû un arriéré de deux ans et demi.

pondant de l'Institut de France, avait été compromis dans les événements politiques du commencement de 1808 : il était en exil, et le duc d'Abrantès se montrait fort animé contre lui. Geoffroy Saint-Hilaire ose seul plaider une cause que tous regardaient comme désespérée. Il la perd ; il s'y attendait. Le lendemain, il revient à la charge avec une insistance qui provoque la colère du duc ; il s'y attendait encore, ne s'effraie pas, et poursuit. Enfin sa généreuse opiniâtreté triomphe, et le proscrit est rendu à sa famille.

Cependant la guerre se rallumait en Portugal. Une insurrection avait éclaté le 16 juin à Oporto, et se propageait rapidement dans le Portugal. Ce fut pour Geoffroy Saint-Hilaire l'occasion de rendre un nouveau et plus grand service aux Portugais. Lorsque, en juillet, une colonne française fut dirigée sur Évora, l'archevêque de cette ville, ancien gouverneur de l'un des Infants, dut sa tranquillité, sa vie peut-être à Geoffroy Saint-Hilaire. L'un des hommes les plus distingués de sa nation, et non moins digne de respect par ses vertus que par son âge, ce prélat avait mérité qu'on l'appelât le Fénélon du Portugal. Geoffroy Saint-Hilaire, à la première nouvelle du danger qui le menaçait, intervint auprès de son ami le général Loyson, chef de l'expédition d'Évora ; et tout danger fut écarté de cette tête vénérable.

De toutes les généreuses actions de Geoffroy Saint-Hilaire, celle-ci fut la plus facile à accomplir; car le cœur du général Loyson répondit aussitôt au sien: et pourtant, nulle ne devait obtenir une aussi belle récompense. Sauvé par Geoffroy Saint-Hilaire, l'archevêque d'Évora sauvait à son tour, quelques semaines après, un de nos postes surpris par les Portugais; et il adressait à son libérateur ces simples et touchantes paroles : Je me suis souvenu de vous !

## V.

Conciliant et modéré dans l'exercice de ses fonctions, zélé protecteur des savants, Geoffroy Saint-Hilaire n'avait fait qu'obéir aux sentiments généreux de toute sa vie. Mais, dans cette circonstance, la conduite la plus noble avait été aussi la plus habile: les événements allaient le montrer.

Une grande partie du royaume était déjà en insurrection, lorsque, le 31 juillet, Wellesley, depuis lord Wellington, débarqua en Portugal à la tête d'une armée de 26 000 hommes. Junot n'avait que 10 000 combattants; il n'hésita pas cependant à se porter au devant des Anglais, et le 21 août, il livra bataille à Vimeiro. Un armistice, puis la capitulation de Cintra et l'évacuation du Portugal furent les conséquences de cette journée où l'armée française, après des prodiges de valeur, succomba sous le nombre.

Geoffroy Saint-Hilaire avait suivi le duc d'Abrantès, et fait avec lui la campagne. Il était à Vimeiro.
Combien, dans cette funeste journée, il déplora
l'insuffisance de ses études médicales, interrompues
presque aussitôt que commencées! Mais tout ce
qu'il pouvait faire, il le fit. Ne pouvant se mettre
au nombre des maîtres de l'art, il demanda et fut
heureux d'obtenir une place parmi leurs aides.
Plus d'un blessé lui dut la vie sur le champ de
bataille.

Dès qu'il revint à Lisbonne, il prévit qu'il allait
avoir à recommencer contre les Anglais la lutte
d'Alexandrie. Il ne se trompait pas. L'ordre lui fut
donné d'abandonner immédiatement toutes ses collections. Cette fois, il comprit qu'il n'y avait pas à résister de front; il négocia. Il exposa comment il avait
acquis toutes ces richésses; jamais il n'avait usé du
droit du plus fort: y recourrait-on contre lui? Plusieurs Portugais et l'Académie elle-même de Lisbonne
intervinrent en sa faveur: les Commissaires anglais
décidèrent qu'il y aurait un partage. Un tiers de ses
caisses lui fut accordé; on voulut, toutefois, qu'il
les reçût, non pour le gouvernement français, mais
pour lui-même. Par cette concession même on avait
reconnu la légitimité de ses droits: ce fut, pour lui,
le point de départ d'une seconde négociation qui lui
valut un autre tiers, toujours pour lui et non pour
le Gouvernement. Enfin, après des difficultés sans

cesse renaissantes, car trois autorités anglaises intervinrent successivement, il fut décidé que Geoffroy
Saint-Hilaire abandonnerait quatre caisses seulement, et que lui-même les désignerait. Ce n'était
plus qu'une vaine satisfaction, réclamée par l'amour-
propre des Commissaires : après avoir tout exigé,
on consentait à tout accorder, mais non pas à convenir qu'on le faisait. Geoffroy Saint-Hilaire laissa
donc entre les mains des Commissaires quatre caisses,
les moins précieuses de toutes; l'une d'elles était
remplie d'objets, appartenant à Geoffroy Saint-
Hilaire lui-même, et qu'il lui serait facile de remplacer en France. A ce prix, il lui fut permis de faire
embarquer les autres caisses sur un transport; et
malgré l'inconcevable violence d'un officier supérieur anglais qui, après la décision prise, vint,
jusque sur le bâtiment, en briser une, et voulait
à son tour retenir toute la collection, nos musées
reçurent bientôt des mains de Delalande ces richesses
si péniblement reconquises.

Geoffroy Saint-Hilaire en avait devancé l'arrivée.
Embarqué sur la frégate anglaise la *Nymphe* avec
le duc d'Abrantès[1], il était à La Rochelle dans les
premiers jours d'octobre, et bientôt après à Paris.

---

[1] Ils partirent le 22 septembre. La violence des vents d'équi-
noxe rendit leur voyage fort pénible, et même, un moment,
on fut en danger. « Il ne me manquait, écrivait gaiment Geoffroy
« Saint-Hilaire, pour clore ma campagne de Portugal d'une

Sa famille, depuis longtemps sans nouvelles de
lui, venait d'apprendre son arrivée prochaine par
une lettre où lui-même résumait ainsi son voyage :

« Je reviens : la mort n'a pas voulu de moi. J'ai
« fait un peu de bien en Portugal, et j'ai la pensée
« que j'ai bien mérité de mon pays. »

Le souvenir de cette mission, si honorablement
remplie au milieu de circonstances si difficiles, s'est
conservé en Portugal. Les âmes capables de résister
à l'oppression, le sont peut-être seules de résister à
la tentation d'abuser de la force. Les Portugais
l'avaient senti, et leur reconnaissance envers Geoffroy Saint-Hilaire s'est exprimée à diverses époques
et sous diverses formes.

En 1814 une relation des services rendus au
Portugal par Geoffroy Saint-Hilaire, fut rédigée par
Verdier ; elle lui parvint avec une déclaration non
moins honorable du vénérable prieur de Notre-
Dame de Jésus. Le moment où la France subissait à
son tour l'invasion étrangère, fut celui qu'ils choi-
sirent pour déclarer que Geoffroy Saint-Hilaire avait
*emporté l'estime et le respect de la nation portugaise.*[1]

Un an après, la France, pour la seconde fois en-
vahie, avait la douleur de voir ses musées dépouillés
d'une partie de leurs richesses. Toutes les nations

« manière digne du commencement, qu'une bonne et forte tem-
« pête : Dieu merci, rien ne manque plus à cet égard. »

1 Ce sont les termes mêmes de la relation de Verdier.

que la France avait autrefois vaincues, faisaient à
l'envi entendre leurs réclamations : le Portugal seul
se tut. Et le duc de Richelieu ayant cru devoir
le mettre en demeure de s'expliquer, le Ministre
portugais, rendant un solennel hommage au Commissaire impérial de 1808, répondit : Nous ne
réclamons et n'avons rien à réclamer.[1]

Vers la même époque, un Français, M. d'Haute-
fort, visitait le Portugal; il y trouvait partout le
nom de Geoffroy Saint-Hilaire en honneur. Dans
chaque musée, dans chaque bibliothèque, on se
plaisait à lui raconter un trait honorable, à lui
citer une noble parole de son compatriote. Est-
il besoin de dire combien Geoffroy Saint-Hilaire
fut touché de ces témoignages si spontanément
donnés, lorsque, consignés en 1820 par M. d'Haute-
fort dans la relation de son voyage[2], ils vinrent après
douze ans faire revivre de si nobles souvenirs?

1 « Les commissaires de l'Académie, ajouta-t-il, et les con-
« servateurs d'Ajuda considérèrent que M. Geoffroy s'était refusé
« à user de l'autorité qu'il avait obtenue, pour choisir des objets
« uniques; qu'il avait seulement demandé des doubles, et que
« ce qu'il avait reçu, lui avait été remis en échange d'objets de
« minéralogie, rares et inconnus dans le Portugal, qu'il avait
« apportés de Paris, et à cause des soins qu'il s'était donnés
« pour ranger et étiqueter la collection laissée à Ajuda. »

2 Elle est intitulée : *Coup d'œil sur Lisbonne et Madrid* en
1814. Paris, 1820.

# CHAPITRE VII.

## ENSEIGNEMENT ET TRAVAUX DIVERS.

I. Création de la Faculté des sciences de Paris. — Offre faite à Lamarck, et noble refus de celui-ci. — Enseignement de l'anatomie
philosophique. — II. Collections faites en Portugal. — Collaboration
au grand ouvrage sur l'Égypte. — Monographies. — III. Chambre
des Cent jours. — Protestation.
(1809 — 1815).

### I.

Geoffroy Saint-Hilaire était à peine remonté dans
sa chaire du Muséum, qu'il se voyait appelé à en
occuper une autre dans l'Université. La Faculté des
sciences de Paris venait d'être créée, et le célèbre
décret de 1808, prescrivant un cumul que la législation ultérieure n'a fait du moins qu'autoriser,
voulait que l'un des deux zoologistes, déjà professeurs au Muséum, devînt aussi le titulaire de la
nouvelle chaire de zoologie.

On l'offrit d'abord à Geoffroy Saint-Hilaire. Sa
nomination serait, on le lui fit savoir, un témoignage de la satisfaction du Gouvernement, pour sa
généreuse conduite en Portugal. Nulles fonctions ne
pouvaient mieux lui convenir : il devait y trouver à
satisfaire également et ses goûts d'étude, et la seule
ambition qu'il eût, celle d'être utile à la science.
Pour la seconde fois, en 1809 comme en 1793, une
place qu'il eût enviée, s'offrait donc à lui; pour
la seconde fois il voulut la refuser. Ce qu'il avait

fait, en 1793, pour Lacépède, il le fit, en 1809,
pour Lamarck. Son illustre collègue au Muséum
était *son ancien* dans la science; il avait une nom-
breuse famille et plus de gloire que de fortune :
c'est à lui qu'appartenait la nouvelle chaire. Geoffroy
Saint-Hilaire le pressa de l'accepter. Il fit pour la
transmettre à Lamarck tout ce qu'un autre eût fait
pour se l'assurer à lui-même. Mais la délicatesse de
Geoffroy Saint-Hilaire devait, cette fois encore, céder
devant un noble refus. Lamarck, avec la modestie
de l'homme de génie, trouva trop vaste pour lui
le programme d'une chaire où devait être enseigné
l'ensemble de la zoologie et de l'anatomie comparée.
Il pensa que pour l'occuper dignement, de nouvelles
études lui seraient nécessaires, et il jugea qu'à
soixante-cinq ans, il était trop tard pour les entreprendre. Il crut donc de son devoir de ne pas accepter. Ce fut son premier et son dernier mot: sa
conscience, trop sévère à lui-même, l'avait dicté,
et quand ce juge suprême avait prononcé, qui eût
pu ébranler le stoïque et désintéressé Lamarck?

Geoffroy Saint-Hilaire devint donc le premier
professeur de zoologie de la Faculté, comme il l'avait
été du Muséum. Il commença, vers la fin de 1809,
cet enseignement qui devait exercer une si grande
influence sur la jeunesse savante et sur lui-même.
Chargé au Muséum d'un cours spécial, il n'avait
cessé de s'y inspirer de ses vues générales; mais il

n'avait pu ni les y développer ni les y démontrer. A la Faculté, son programme n'avait d'autres limites que celles de la science elle-même. Il put donc étendre et élever son enseignement selon les tendances propres de son esprit, et selon les progrès de ses propres travaux. Ses découvertes, à mesure qu'il les faisait, étaient portées devant son auditoire. Parfois, dans sa chaire même, il concevait des idées nouvelles, apercevait des faits encore inobservés, dont il enrichissait ensuite ses mémoires.[1]

Et lorsque descendu de sa chaire, il se voyait entouré de ses élèves d'élite, futures illustrations de l'histoire naturelle, de la chimie, de la méde-cine, de la philosophie, un entretien, véritable *leçon de faveur,* comme ils l'appelaient, succédait pour eux à la leçon publique. Des développements

[1] Il appartenait doublement à M. Dumas, comme l'un des plus illustres élèves de Geoffroy Saint-Hilaire, et comme doyen actuel de la Faculté, de signaler cette remarquable et réciproque influence qu'exerçaient chaque année le professeur sur les élèves et ceux-ci sur le professeur. Nos lecteurs nous sauront gré de substituer à nos faibles paroles un remarquable passage du Discours prononcé le 19 juin 1844 par M. Dumas :

«Peut-être la science enregistrerait-elle de grandes décou-«vertes de moins parmi celles qui font sa gloire, si la création «de la Faculté des sciences ne fût venue ouvrir à Geoffroy «un nouveau théâtre pour un enseignement plus général et «plus élevé. Dès ce moment, sa pensée, soutenue par l'attention

nouveaux venaient la compléter. Les objections librement produites étaient discutées, et de là naissait une influence réciproque du professeur sur les disciples et des disciples sur le professeur, également profitable à tous : celui-ci trouvant dans ces communications intimes les plus doux et les plus puissants encouragements que pût goûter une âme telle que la sienne : les premiers y puisant, avec l'exemple du dévouement à la science, cet esprit philosophique qui seul la vivifie ; cet esprit de généralisation, qui fut, au 18.ᵉ siècle, la source de la grandeur exceptionnelle et incomprise de Buffon, qui est, et devient de plus en plus, le caractère de tout travail vraiment digne de notre époque.

## II.

Il semblerait qu'un tel enseignement eût exigé de Geoffroy Saint-Hilaire, à l'origine, l'emploi de tous ses moments et de tous ses efforts. Il n'en fut

«respectueuse d'élèves distingués, distingués surtout par leurs
«études philosophiques, s'élança plus libre dans les champs
«de l'abstraction, et parvint à fixer ces lois de l'organisation
«animale auxquelles son nom demeurera toujours attaché,
«et qu'il avait dès longtemps aperçues. Jusqu'alors la phi-
«losophie anatomique telle qu'il l'a conçue, n'existait pas,
«c'est avec nous, c'est pour nous, je dirais même que c'est
«par nous qu'il a fondé cet enseignement, s'essayant chaque
«année à vaincre des difficultés nouvelles, se fortifiant dans ses
«convictions par de nouvelles épreuves, se confirmant dans ses
«doctrines par leur succès même auprès de la jeunesse. »

rien. C'est en 1809 et 1810 qu'il fit ses premiers cours à la Faculté; et ces mêmes années le virent commencer une nouvelle série de travaux, et la poursuivre avec une extrême activité. Elle n'eut pas pour objet, comme on s'y attend peut-être, ses nouvelles théories anatomiques. La pente naturelle de son esprit l'y portait; mais les circonstances l'entraînèrent impérieusement dans un sens contraire. Il leur obéit pour un temps, et réservant pour son enseignement l'exposition de ses idées générales de 1795, de 1801 et de 1806, il reprit ses travaux descriptifs et monographiques, depuis plusieurs années interrompus. Il fit ainsi, en 1809, après le voyage en Portugal, et par les mêmes causes, précisément ce qu'il avait fait, en 1802, après l'Expédition d'Égypte.

L'importance même des résultats scientifiques de sa mission le lui prescrivait. Par elle une multitude de productions naturelles des deux Indes[1], jusqu'alors inconnues en France, venaient de prendre rang parmi les richesses du Muséum : ne fallait-il pas leur donner aussi place dans la science? Geoffroy Saint-Hilaire, pour accomplir cette seconde partie de sa tâche, se livra aussitôt à la détermination et à la publication des espèces les plus remarquables de sa collection zoologique. Le même mois

[1] Du Malabar, de la Cochinchine, du Pérou, mais surtout du Brésil.

vit la fin de sa mission et le commencement de ses recherches. De nouvelles espèces de Singes américains, le Cariama, qu'il érigea le premier en genre, et l'oiseau, si remarquable et si longtemps d'une extrême rareté, qu'il nomma Céphaloptère, furent, dès 1809, les sujets de diverses monographies, insérées dans les *Annales du Muséum.*

S'il parut, l'année suivante, négliger un peu ses collections de Portugal, c'est parce que d'autres, plus précieuses encore, celles que lui-même avait autrefois faites en Égypte, réclamaient avant tout ses soins. Le monumental ouvrage de la Commission des sciences était enfin en voie d'exécution. Geoffroy Saint-Hilaire reprit avec ardeur la rédaction des trois parties qui lui étaient réservées : l'ichthyologie, la mammalogie, l'erpétologie. L'histoire zoologique et anatomique du Polyptère, des Tétrodons, des Salmonidés du Nil ; un travail considérable sur les Chauves-souris, où, pour la première fois, cet ordre est rigoureusement établi et méthodiquement distribué en genres naturels ; un curieux Mémoire sur l'Ichneumon d'Égypte et sur ses congénères, moins célèbres, mais non moins remarquables ; un autre enfin, dans lequel est établi le genre Trionyx, furent successivement publiés en 1809 et dans les années suivantes[1]. Une introduction générale précède ces

1 L'auteur a enrichi aussi le même ouvrage d'un travail étendu et important sur les Crocodiles du Nil ; mais celui-ci

divers Mémoires. L'auteur y invoque, à l'appui de
ses vues sur la formation de la vallée du Nil, diverses
considérations sur la constitution géologique du
pays et l'analogie de sa Faune avec la Faune barba-
resque.

En même temps qu'il prenait une part active à
la publication du grand ouvrage sur l'Égypte, il
enrichissait les *Annales du Muséum* de monographies, non moins pleines de résultats nouveaux. Les
plus importantes sont celles où il traite, en 1809,
des Trionyx; en 1810, de la famille des Chauves-
souris frugivores; de 1810 à 1813, des Chauves-souris
insectivores à feuilles nasales; en 1811, des Musaraignes et des Desmans; en 1812, de l'ordre entier
des Primates ou Quadrumanes, dont il donne un
tableau méthodique, également remarquable par le
grand nombre des espèces nouvelles qui y sont décrites, par la netteté des divisions auxquelles sont
rapportés les genres, par la précision des caractéristiques des groupes de tous les degrés, et par leur
rigueur, sans égale, nous ne craignons pas de le dire,
parmi les travaux antérieurs ou contemporains.

Est-il besoin de dire que, dans tous ces Mémoires,
Geoffroy Saint-Hilaire se retrouve avec les qualités
propres à son esprit et à sa méthode, avec ses ten-

est d'une date postérieure, de même que les *Suites* aux Mémoires de Geoffroy Saint-Hilaire, rédigées, avec le précieux
secours de ses notes, par l'auteur de ce livre.

dances vers la généralisation, avec cet art, si bien possédé par lui, de rattacher, par l'induction, à chaque fait une idée, et à chaque idée particulière une conséquence générale? Comment ces caractères, si fortement empreints déjà dans les productions de la première jeunesse de Geoffroy Saint-Hilaire, ne brilleraient-ils pas de tout leur éclat dans ces monographies de 1809 à 1813, écrites par celui qui venait de poser d'une main si ferme les fondements de l'anatomie philosophique?

De là l'importance durable de ces Mémoires, circonscrits, par la spécialité de leur sujet, entre des limites un peu étroites. Leur mérite consiste essentiellement dans l'habileté de l'analyse; mais la synthèse intervient, tantôt appelant celle-ci en des voies nouvelles, tantôt donnant aux faits obtenus par elle une extension d'abord imprévue. Les questions traitées acquièrent ainsi de la grandeur, sans que les solutions obtenues perdent de leur rigueur. Et c'est pourquoi, après que les zoologistes ont cru, il y a trente ans, avoir inscrit et fait passer dans leur science tous les résultats de ces travaux, les recherches ultérieures, loin de les avoir fait oublier, ont semblé parfois donner elles-mêmes un nouvel intérêt à ces Mémoires, fruits de la pensée de l'auteur, en même temps que de ses observations.

## III.

Quatre années s'étaient ainsi écoulées. Partagé entre les joies de la famille et la double satisfaction d'étendre la science par ses recherches, de la propager par son enseignement, Geoffroy Saint-Hilaire jouit, à cette époque, de ce calme bonheur qui semble promis à la modeste carrière du savant; de ce bonheur que lui-même n'avait guère connu jusqu'alors, et surtout ne devait guère retrouver plus tard. Ces quatre années furent, dans la vie de Geoffroy Saint-Hilaire, comme un long repos de l'âme, entre les agitations et les périls de sa jeunesse, et ces agitations d'un autre genre, ces luttes ardentes qui l'attendaient dans son œuvre de novateur.

Une grave et longue maladie qui l'atteignit en 1812, vint l'arracher au genre de vie dont il s'était fait une douce habitude. Il sentit le besoin du repos, et se retira à la campagne aux environs de Coulommiers. Ses recherches toutefois ne furent jamais interrompues, mais seulement ralenties. Ses observations, tantôt purement zoologiques, tantôt anatomiques, eurent alors pour sujets les animaux sauvages ou domestiques les plus communs, et elles montrèrent combien, même sur ceux-ci, il nous reste encore à apprendre et à découvrir. Entre autres travaux, c'est dans sa retraite que Geoffroy

Saint-Hilaire composa un Mémoire plein de faits nouveaux et curieux sur les Musaraignes, particulièrement sur leurs glandes odoriférantes.

Les désastres de 1813 et de 1814 interrompirent ses paisibles travaux, et le ramenèrent à Paris. L'invasion étrangère, l'occupation de Paris, la chute du grand homme qu'il avait connu et aimé en Égypte, tant de revers après tant de triomphes, l'accablèrent d'une profonde douleur, dont l'étude elle-même ne put le distraire.

Son cœur fut déchiré plus cruellement encore en 1815; car nos malheurs furent plus grands, et il les vit de plus près. Au moment de la formation de la Chambre des représentants, les électeurs d'Étampes lui offrirent leur mandat : il l'accepta, et le remplit jusqu'au bout. Ses votes furent toujours ceux que l'on devait attendre d'un homme aussi ferme et aussi dévoué à son pays.[1]

1 Nous citerons ici quelques lignes écrites sur Geoffroy Saint-Hilaire par un de ses anciens collègues, M. Bory de Saint-Vincent :

« Il fut fort assidu à nos séances de la Chambre des Cent jours. « Il s'y asseyait vers le milieu et au bas du centre gauche; « mais alors les opinions n'étaient pas encore très en rapport « avec les places. On n'eut pas le temps de se constituer en « partis très-tranchés. Il vota toujours avec ma nuance, qui « était celle où Manuel commença sa réputation. Je me plaçais « souvent à côté de cet homme respectable, et le croirait-on ? « au milieu de ce tumulte et de ces grands intérêts, nous cau- « sions souvent histoire naturelle. Je me rappelle que c'est là « que mon illustre collègue m'entretint pour la première fois

Au lendemain de Waterloo et de la seconde occupation de Paris, il fut l'un des énergiques députés qui, trouvant les portes de la Chambre occupées par un poste prussien, et voyant ainsi l'assemblée brusquement dissoute par la force, osèrent se réunir chez Lanjuinais, et protester contre la violence faite à la représentation nationale.

Geoffroy Saint-Hilaire n'a plus reparu à la Chambre. Quand le titre de député était un danger, il l'avait accepté; quand ce ne fut qu'un honneur, il n'en voulut plus[1]. Il est des circonstances où tous

« de ses idées sur l'Unité de composition, et me fit ouvrir les
« yeux sur bien des choses. »

1 Il refusa, malgré l'invitation d'une partie des électeurs, de se porter de nouveau candidat à la Chambre qui suivit celle des Cent jours. « Je ne pouvais, a-t-il dit lui-même, « me plaire et me tenir aux fonctions de député que pendant « la lutte, et tant qu'il était question d'organiser la France « pour la liberté, et de défendre l'indépendance nationale.... « Je retournai à la culture des sciences, autre manière pour « moi, et selon moi, de se rendre utile à la société, même « dans un intérêt de législation; car des études réfléchies et « philosophiques n'entraînent point la pensée dans plus d'é- « tendue, qu'elles n'ajoutent au domaine de l'esprit humain, « et que ce peu de savoir de plus ne devienne un germe et « ne soit la source d'un perfectionnement moral. »

Ces phrases sont extraites d'une lettre adressée par lui aux électeurs d'Étampes, quelques mois après la révolution de juillet. A cette époque, la gravité des événements avait un moment décidé Geoffroy Saint-Hilaire à accepter de nouveau la candidature de l'arrondissement d'Étampes.

les devoirs doivent se confondre dans un seul, celui du citoyen. Tel fut le sentiment qui, dans les Cent jours, amena un instant Geoffroy Saint-Hilaire sur la scène politique. Mais, la crise passée, il se retira dans son cabinet de savant : c'est là qu'il pouvait le mieux servir son pays ; il n'en sortit plus.

# CHAPITRE VIII.

### TRAVAUX ET DOCTRINE DE GEOFFROY SAINT-HILAIRE
### EN ANATOMIE PHILOSOPHIQUE.

I. Caractère et difficulté des travaux synthétiques. — II. Caractère et but de la *Philosophie anatomique*. — Nécessité d'une réforme dans la méthode. — Point de départ de la Théorie des analogues. — III. Enchaînement des idées fondamentales de cette théorie. — Principe des connexions. — Organes rudimentaires. — Balancement des organes. — IV. Différence essentielle et indépendance réciproque de la Théorie des analogues et de la loi de l'Unité de composition. — V. Prédilection apparente de Geoffroy Saint-Hilaire pour les questions les plus difficiles. — VI. Détermination de l'opercule des Poissons. — VII. Découverte d'un système dentaire chez les Oiseaux. — VIII. Travaux sur les animaux articulés. — IX. Premiers travaux sur les Monstruosités. — X. Direction imprimée à la science par la *Philosophie anatomique*. — L'école de Cuvier, l'école de Schelling, et l'école de Geoffroy Saint-Hilaire.

( 1816 — 1824 ).

**I.**

Deux fois, à douze ans d'intervalle, Geoffroy Saint-Hilaire avait eu à choisir entre ses travaux et des fonctions administratives ou politiques : deux fois son choix avait été le même. Aux électeurs lui offrant, sous la restauration, le mandat législatif, comme à Napoléon, premier consul, lui offrant une préfecture[1], sa réponse avait toujours été celle-ci : « A chacun sa position ; à moi la culture des sciences.[2] »

1 Voyez page 85.

2 Paroles extraites de la lettre déjà citée ; voy. p. 200.

Deux fois aussi, son invariable fidélité à ses devoirs de savant, trouva une récompense digne d'elle. Après le premier refus, il conçut et composa ses célèbres Mémoires de 1806, véritable exorde de la *Philosophie anatomique;* après le second, la *Philosophie anatomique* elle-même. Avait-il eu tort de penser que les hommes, fût-ce Napoléon lui-même dans toute sa puissance, ne sauraient l'élever aussi haut qu'il pouvait s'élever lui-même par la science? Napoléon l'eût créé préfet; il se créa chef d'école.

Le serait-il devenu, s'il se fût partagé entre la science et l'administration ou la politique? Nous n'hésiterons pas à répondre : Non. Il est des recherches, par exemple celles de pure observation et plus généralement d'analyse, que l'on peut prendre, quitter, reprendre tour à tour : des travaux d'un autre genre, jetés au milieu de ceux-ci, en retardent le succès sans le rendre impossible. Il pourra même arriver que les uns deviennent, à l'égard des autres, et réciproquement, une sorte de délassement pour l'esprit, auquel la variété des occupations est, comme on le sait, presque aussi salutaire que le repos lui-même. C'est le secret de cette prodigieuse multiplicité de travaux, par laquelle des hommes, illustres à divers titres, ont étonné et étonnent chaque jour le public.

Mais, ce qui est vrai de ces recherches dans

lesquelles un ensemble plus ou moins complet étant donné, on procède par voie de décomposition; ce qui est vrai de recherches, consistant essentiellement dans une suite, dans une succession d'études partielles, ne saurait l'être des recherches synthétiques. Par cela même qu'elles suivent une direction inverse, elles supposent nécessairement des conditions inverses aussi. Plus d'étude partielle et successive; mais bien l'étude, disons mieux, la méditation simultanée des divers éléments du problème. Comment, en effet, remonter des parties à l'ensemble, comment rattacher entre eux, par les liens de la théorie, ou ramener à leur loi commune un plus ou moins grand nombre de notions particulières, si la pensée ne les aperçoit et ne les saisit à la fois; si toutes ne sont, pour ainsi dire, présentes en même temps devant elle? Et comment est-il donné à l'homme de réaliser cette merveille de la plus noble de ses facultés, l'abstraction? C'est Newton lui-même qui nous l'a dit : *en y songeant toujours;* par la *pensée patiente,* plus puissante que le génie; par l'effort continu, l'emploi combiné de toutes les facultés; par le dévouement absolu, exclusif du savant, oubliant tout pour l'œuvre qu'il poursuit, et s'identifiant, pour ainsi dire, avec elle.

A ce prix, peut-être, mais à ce prix seulement, un jour viendra où, longtemps cherchée, longtemps entrevue, la vérité brillera tout à coup pour lui ; où, dans son esprit, de premières et douteuses *lueurs se changeront,* dit encore Newton, *en une pleine et vive lumière ;* où, au-dessus de ces innombrables détails, dédale sans fin, dans les replis duquel errent, sans règle et sans but, tant d'observateurs vulgaires, il apercevra le lien mystérieux qui unit les faits, leur loi commune, leur raison d'être ; où, au milieu de la diversité et de la complication infinies des effets, il découvrira la simplicité et l'uniformité des causes ; où sa main pourra inscrire, une fois de plus, dans l'histoire des sciences, cette sublime formule de Leibnitz, dernier mot de chaque branche des connaissances humaines et de la philosophie elle-même : la variété dans l'unité.

## II.

En s'engageant dans ces voies nouvelles où il devait entraîner après lui plusieurs de ses contemporains et la plupart de ses successeurs, Geoffroy Saint-Hilaire savait-il jusqu'où il allait s'avancer? Avait-il mesuré par la pensée toute la grandeur de l'œuvre qu'il osait entreprendre, toute l'étendue du dévouement qui lui serait nécessaire pour l'accomplir? S'agissait-il pour lui d'un progrès ou d'une révolution dans la science?

D'un progrès peut-être en 1806 et 1807; mais, sans nul doute, en 1817 et 1818, d'une révolution. Le nom seul qu'il inscrit en tête de ses travaux, le prouverait assez. Cette science, à la fois d'observation et de raisonnement, qu'il appelait d'abord une *nouvelle anatomie générale*[1], mots déjà bien significatifs, est maintenant la *Philosophie anatomique*.

Certes, dans un tel titre, il y avait, en 1818, bien de la hardiesse. C'est pour cela même qu'il convient à l'ouvrage qui le porte. La *Philosophie anatomique*, c'est la recherche des analogies, ajoutée, nous ne disons pas substituée, à la recherche des différences ; c'est, par là-même, la restitution à la science d'une moitié jusqu'alors négligée de son immense domaine. Or, dans ce cas, compléter la science, c'était à la fois lui assigner un but, l'armer d'une méthode, l'animer d'un esprit entièrement nouveau.

La recherche des différences est infiniment plus facile que celle des analogies ; elle devait donc précéder celle-ci. C'est, comparativement, une étude élémentaire, et cela à plusieurs titres : elle se borne à une méthode unique ; elle se contente de résultats d'un seul ordre ; elle place son but presque au point de départ de la science. Cette méthode, c'est

_______

[1] Mémoires de 1806.

Le nom d'*anatomie générale*, si Bichat ne l'eût appliqué déjà à l'*anatomie de texture*, convenait mieux que tout autre à la nouvelle anatomie de Geoffroy Saint-Hilaire.

essentiellement, et presque exclusivement, l'observation; ces résultats, des faits, seuls éléments que puisse fournir directement l'observation; ce but, l'enregistrement exact et régulier des faits et de toutes leurs circonstances, leur classement dans un ordre qui réponde, aussi fidèlement que possible, à leur degré de différenciation. A ce point de vue, le progrès consiste donc, d'une part, dans la multiplicité indéfiniment croissante des observations, et, de l'autre, corrélativement, dans le perfectionnement graduel de la classification, qui, les résumant toutes, et en étant l'unique lien, devient idéalement, comme le dit Cuvier, l'*expression exacte et complète de la nature entière.*[1]

Ces résultats, Geoffroy Saint-Hilaire les adopte tous, mais il ne s'y arrête pas. Au point de vue de la recherche des analogies, *observer, décrire, classer,* n'est pas la science tout entière, mais le commencement de la science. Comme méthode, l'école nouvelle veut l'alliance, l'emploi successif de l'observation et du raisonnement. Comme résultats, elle admet deux ordres de notions : après les faits, leurs conséquences. Comme but, elle se propose la découverte elle-même des lois générales de l'organisation.

Tous ces progrès se lient et s'enchaînent : l'un quelconque, sans les autres, serait logiquement

1 *Règne animal,* tom. I.er, première édition, p. 12; et deuxième édition, p. 10.

impossible; et fût-il possible, il serait inutile. Essayons de le montrer.

La recherche des analogies, tel est, personne ne le contestera, le trait caractéristique de la *Philosophie anatomique* et plus généralement des travaux de Geoffroy Saint-Hilaire.[1] Est-ce à dire qu'avant lui on eût entièrement négligé les analogies des êtres? Non, sans doute. Il en est de si évidentes qu'on ne saurait les méconnaître. Qui a jamais contesté l'analogie des doigts de l'Homme avec ceux du Singe, avec ceux même des Carnassiers, des Rongeurs, et plus bas encore dans l'échelle zoologique, des Sauriens et des Batraciens? Qui a méconnu les rapports de la plupart de nos viscères avec ceux des diverses classes de Vertébrés? Qui doute de l'existence du canal intestinal dans la presque-totalité des animaux? Personne. Ces analogies, et une multitude d'autres, ont été admises dans la science depuis son origine; et, au fond, c'est sur elles que repose toute la classification; car un travail de différenciation suppose nécessairement, au point de départ, l'hypothèse d'une certaine communauté entre les êtres que l'on veut distinguer les uns des autres.

Toutes ces analogies *évidentes* étaient donc, au

---

[1] Voyez les remarques déjà présentées sur les travaux, soit zootomiques (ch. V), soit zoologiques (ch. II, IV, et VII).

moins d'une manière implicite, universellement admises; mais on n'allait pas au delà. Or, le caractère, l'essence même de toute science, c'est précisément de démontrer, à l'aide de ce qui est évident, ce qui ne l'est pas. Le fruit de la démonstration, a dit Bossuet[1], c'est la science. Au delà des analogies *évidentes*, et par elles, il y avait donc lieu d'en rechercher d'autres plus ou moins cachées, et d'essayer de les mettre en lumière.

Telle est l'œuvre dont Geoffroy Saint-Hilaire conçut la pensée, et qu'il entreprit de réaliser.

Mais à quelle condition était le succès? Il le comprit bientôt : à la condition d'agrandir, de renouveler la méthode. Pouvait-on, par l'observation seule, passer des analogies *évidentes*, c'est-à-dire, visibles à nos yeux, perceptibles à nos sens, à ces analogies secrètes, accessibles à notre esprit seul? Nullement. De là, la substitution nécessaire à cette méthode *exclusive, insuffisante et antiphilosophique*[2] qui régnait dans la science, d'une méthode plus large, essentiellement caractérisée par l'emploi combiné de l'observation et de la pensée : méthode éminemment rationnelle, et la seule qui mérite ce titre, puisque seule, elle fait

1 *De la connaissance de Dieu et de soi-même*, chap. 1, §. XIII.

2 C'est ainsi que Geoffroy Saint-Hilaire l'a lui-même caractérisée.

intervenir à la fois, dans la recherche de la vérité,
toutes les facultés par lesquelles il nous est donné
de la connaître.

Faisons maintenant un pas de plus à la suite de
Geoffroy Saint-Hilaire. Quelles règles avaient été
posées avant lui pour la détermination des organes
analogues? Aucunes. Et comment en aurait-il existé?
A quoi bon des règles pour découvrir des analogies
évidentes par elles-mêmes? Chacun admettait celles
dont il avait conscience, sans autre guide que ce
sentiment propre et individuel que l'on nomme
le *tact* du naturaliste. A chacun, par conséquent,
sa mesure, sa règle, sa détermination arbitraire.
Geoffroy Saint-Hilaire reconnut, au contraire, à
peine entré dans la voie des analogies, la nécessité
d'une marche rigoureuse; et pour la première fois,
furent posées, en anatomie comparée, des questions
qui sembleraient logiquement avoir dû précéder
toutes les autres. La solution à laquelle parvint
Geoffroy Saint-Hilaire, fut, tous les zootomistes le
savent, la *Théorie des analogues*.

Telle est l'origine de cette théorie. Elle fut in-
ventée non pas, au moins directement, afin de
donner à la science la grandeur philosophique qui
lui avait manqué jusqu'alors, mais, essentiellement, afin de la rendre rigoureuse; non pas, quoi
qu'on en ait dit, pour donner libre essor aux spé-
culations abstraites; mais, au contraire, pour les

soumettre à des règles par lesquelles l'esprit devait être contenu, et par cela même soutenu.

La marche suivie par Geoffroy Saint-Hilaire est donc celle-ci :

De la nécessité de rechercher les analogies, résulte celle de l'intervention du raisonnement; il l'introduit dans la science à la suite de l'observation. Aussitôt se fait sentir à lui le besoin de règles et de principes, inutiles quand la science n'avait ni la recherche des analogies pour but, ni le raisonnement pour instrument de découverte : il crée la *Théorie des analogues*, qui n'est autre chose que l'ensemble de ces règles et de ces principes.[1]

Parfaitement logique dans son origine, cette théorie l'est-elle également en elle-même et dans ses résultats? Nos lecteurs vont en juger.

### III.

La chaîne des raisonnements qui l'ont fondée est celle-ci : Pourquoi certaines analogies sont-elles évidentes? parce que la similitude porte à la fois sur *toutes ou presque toutes les conditions d'existence* des organes que l'on compare. Si, entre d'autres organes, il existe des analogies *non évidentes*,

1 Geoffroy Saint-Hilaire avait d'abord appliqué spéciale- ment à l'une de ces règles le nom de *Théorie des analogues;* l'usage auquel nous nous conformons ici, l'a depuis longtemps étendu à toutes.

c'est, nécessairement, parce que ceux-ci se ressem-
blant par certaines conditions d'existence, diffèrent
en même temps par d'autres moins importantes,
moins fondamentales que les premières. Nous disons
*moins* importantes, car, si elles l'étaient *plus*, il est
clair qu'il n'y aurait pas analogie réelle; et si elles
l'étaient *autant*, il resterait un doute insoluble.

De là, la nécessité logique de rechercher quelles
conditions d'existence devront être regardées comme
les plus importantes, les plus fondamentales, et
servir de base aux déterminations.

Est-ce la *fonction?* Non; car tous les anatomistes
savent, d'une part, que les mêmes organes peuvent
remplir des fonctions très-différentes, et, de
l'autre, que des organes très-différents remplissent
la même fonction. C'est ainsi que les appendices
latéraux des Articulés se montrent, tour à tour,
organes locomoteurs, masticateurs, respiratoires,
et aussi organes rudimentaires et sans fonction. Par
contre, la respiration, selon les espèces, s'exerce
par des poumons, par des branchies, par des
trachées, par la peau elle-même, modifiée de mille
manières.

Est-ce la *forme?* Est-ce la *structure?* Mais l'une
et l'autre varient avec la fonction; et même, c'est
parce qu'elles varient, et comme elles varient, que
varie la fonction?

Est-ce la *grandeur?* Est-ce la *couleur?* Leurs

modifications, même en ne comparant que des espèces voisines, sont innombrables.

Reste la *position relative*, la *dépendance mutuelle*, en un mot, la *connexion* des organes entre eux. Geoffroy Saint-Hilaire démontre sa fixité, et dans la *Philosophie anatomique*, comme dans ses Mémoires de 1806, il arrive à cette conclusion : *Un organe est plutôt anéanti que transposé*. Le Principe des connexions sera donc, comme il le dit lui-même, sa *boussole*[1]; et c'est, guidé par lui, qu'il pourra, à travers toutes les métamorphoses que subit chaque organe dans la série animale, le suivre, le reconnaître sans hésitation, et le montrer, au fond, identique à lui-même sous les apparences les plus diverses.

Le *Principe des connexions* établi, un autre progrès en découlait nécessairement : la considération des *organes rudimentaires*. Quelle place leur étude tenait-elle jusqu'alors dans la science? L'anatomie comparée, jusqu'alors essentiellement physiologique, pouvait-elle attacher quelque intérêt à des organes qui ne remplissent aucune fonction dans l'économie? On les négligeait donc : c'est tout au plus si l'on daignait les mentionner, et même les conserver dans les musées[2]. Geoffroy Saint-Hilaire les restitua à la science. D'une part, il sentait le

1 *Philosophie anatomique*, tom. I.er, p. xxxviij.

2 Avant les travaux de Geoffroy Saint-Hilaire, les os rudi-

besoin de solutions rigoureuses; or, en peut-il être,
si l'on néglige une partie des éléments du problème?
De l'autre, faisant abstraction, dans la détermination
des organes, et de leur grandeur et de leurs fonctions, et s'attachant à leurs connexions, comment
n'eût-il pas fait entrer en ligne de compte des parties qui, pour être *très-petites* et *sans fonctions*,
n'en ont pas moins leurs rapports déterminés et
constants de position? Geoffroy Saint-Hilaire devait
donc les étudier, et il les étudia avec le même soin
que toutes les autres. De là, la découverte d'un
second principe, presque aussi important que le
Principe lui-même des connexions. Au défaut d'un
organe, on retrouve souvent les éléments réduits
à l'état rudimentaire, et diversement groupés selon
leurs *affinités électives*. En d'autres termes, les matériaux des organes survivent en quelque sorte aux
organes eux-mêmes, et, où ceux-ci cessent d'exister,
l'analogie ne cesse pas encore.

Un troisième principe, celui du *Balancement des
organes*, vient après celui-ci dans la *Philosophie
anatomique*, et complète la Théorie des analogues.
« Un organe normal ou pathologique, dit Geoffroy

mentaires (par exemple, les clavicules d'un grand nombre de
Mammifères) étaient le plus souvent *jetés comme inutiles*,
même dans le laboratoire d'anatomie comparée du Muséum.
Un grand nombre de squelettes de la collection ont été ainsi
rendus incomplets, et le sont encore.

« Saint-Hilaire, n'acquiert jamais une prospérité
« extraordinaire, qu'un autre de son système ou
« de ses relations n'en souffre dans une même
« raison. » Ainsi, une augmentation, un excès sur
un point, suppose une diminution sur un autre,
et, comme le dit Gœthe, le *budget de la nature*
étant *fixe, une somme* trop considérable, *affectée
à une dépense,* exige ailleurs une économie.

Le lien qui unit cette loi avec les deux autres
principes de Geoffroy Saint-Hilaire, est facile à
apercevoir. Qu'est-ce qu'un organe rudimentaire ?
Précisément un de ces organes qui ont été sacrifiés
à d'autres; sur lesquels, pour suivre la comparaison de Gœthe, la nature a fait une économie au
profit d'autres parties. Avec un organe rudimentaire, on trouve, en général, un organe considérablement développé; à côté d'une atrophie, une
hypertrophie. Laquelle est cause ? laquelle est effet ?
Nous l'ignorons le plus souvent; mais si la question de causalité reste insoluble, le fait de la
coexistence est certain et constant, et il ne pouvait
échapper à Geoffroy Saint-Hilaire, d'autant plus
préoccupé de l'étude des organes rudimentaires
qu'on les avait davantage négligés jusqu'à lui. Ainsi
fut conçu un principe qui, vérifié d'abord dans
des cas extrêmes d'atrophie, puis étendu à tous les
autres par l'observation, est devenu finalement
une loi générale, embrassant, dans sa vaste éten-

due, les variations presque infinies des organes,
ici très-volumineux et remplissant d'importantes
fonctions; là plus petits et réduits à des usages
accessoires; plus loin encore, presque effacés ou se
dissolvant en leurs éléments constitutifs.

Le Principe du *balancement* est donc né de la
considération des organes rudimentaires, et il a,
conséquemment, sa source dans le Principe même
des connexions, qui seul pouvait appeler de sé-
rieuses études sur ces organes si longtemps négligés.
Et en même temps que ces rapports de filiation
lient le Principe des connexions à la Loi du balancement des organes, des rapports d'un autre genre
les unissent entre eux : l'un est le complément
nécessaire de l'autre; le premier s'attachant à ce
qu'il y a de plus fixe et de plus constant dans les
organes, et montrant l'unité conservée au milieu
de toutes les diversités apparentes; celle-ci s'appliquant à ces diversités elles-mêmes, et nous révélant,
sinon leurs causes, du moins leurs relations de
coexistence.

Ainsi, dans la méthode de la *Philosophie anatomique*, tout se tient, tout s'enchaîne, et même par
des liens multiples : liens de correspondance et
d'harmonie, résultant du concours de toutes les
vues de l'auteur vers un but commun; liens de
filiation qui rattachent l'un quelconque des principes de la détermination des organes aux deux

autres, et tous ensemble à la nécessité, prélimi-
nairement reconnue, de la recherche des analogies et de l'intervention du raisonnement.

Et maintenant si l'on demande ce qui distingue
la *Philosophie anatomique* et les travaux qui l'ont
suivie, de ceux qui l'avaient précédée; si l'on demande par quel caractère elle s'élève au-dessus des
Mémoires, déjà si remarquables et si avancés, de
1806 et de 1807, nous pourrons le dire en deux
mots : précisément par cet enchaînement éminemment logique[1]; par l'union intime de tous les
éléments, mutuellement nécessaires, de l'œuvre de
Geoffroy Saint-Hilaire; par leur fusion en un tout,
dont chaque partie complète, explique et fortifie
les autres, comme elle est par elles complétée,
expliquée et fortifiée.

## IV.

La nouvelle méthode de Geoffroy Saint-Hilaire
a en même temps son point de départ et son but
dans l'idée générale de l'Unité de composition organique. C'est par cette idée, préexistant dans son
esprit, que l'auteur a été conduit à soupçonner et
à rechercher, au delà des analogies évidentes, ces
analogies plus ou moins obscures qu'une méthode

1 L'auteur en avait d'ailleurs senti la nécessité dès 1806,
et déjà même il l'avait indiquée dans plusieurs passages de ses
Mémoires.

rigoureuse pouvait seule mettre en lumière; et cette méthode une fois trouvée, il s'en est aussitôt servi pour établir sur ses bases définitives la théorie de l'Unité de composition; pour changer *en une vérité démontrée*, comme il le dit lui-même, *ce qui n'était tout au plus jusqu'alors qu'une vérité de sentiment.*

Il était presque inévitable que l'on confondît, à l'origine, deux conceptions qui se tiennent de si près; qui dérivent l'une de l'autre; qui émanent du même auteur, et datent de la même époque; qui se sont produites dans les mêmes mémoires et dans le même livre, et s'y sont produites comme deux moitiés intimement unies d'une œuvre commune. C'était plus qu'il n'en fallait pour que quelques auteurs ne vissent en elles que des aspects divers d'une seule et même théorie, et que la *Philosophie anatomique* leur parût se résumer tout entière dans l'Unité de composition.

Cette erreur, si naturel qu'il pût être d'y tomber, n'en n'est pas moins très-grave. Si, en fait, et historiquement, la nouvelle Méthode et la Théorie de Geoffroy Saint-Hilaire s'unissent intimement, elles sont, au point de vue logique, non-seulement parfaitement distinctes, mais complétement indépendantes l'une de l'autre. La Méthode pourrait être impuissante à démontrer la Théorie, ou même fausse, sans que son impuissance ou sa fausseté

entraînât comme conséquence la fausseté de celle-ci ;
ce qui est évident de soi-même. Réciproquement,
la Théorie pourrait être inexacte sans que la Méthode cessât d'être heureusement applicable aux
faits ; seulement elle le serait dans un cercle moins
étendu. Admettons, par hypothèse, que, bien
loin que tous les animaux soient réductibles à un
type commun, il y ait dans le règne animal autant de
types irréductibles les uns aux autres, qu'il existe
d'embranchements ; ce que soutiennent quelques
zoologistes éminents ; supposons même qu'il y en
ait autant que de classes, que d'ordres, que de familles, si l'on veut : la Méthode ne subsiste pas moins
pour la recherche des analogies par lesquelles sera
établie l'unité de chaque type spécial. C'est par
elle, et par elle seule, que pourront être démontrées les lois plus ou moins restreintes, les formules partielles qui devront être substituées à la
loi générale, à la formule unitaire de la *Philosophie
anatomique*. Elle est donc, dans cette hypothèse
même, la source commune de tous les rapports
rationnellement déduits ; le lien de tous les faits
de l'anatomie comparée.

Et non-seulement la Méthode et la Théorie de
Geoffroy Saint-Hilaire peuvent être vraies indépen-
damment l'une de l'autre ; mais, vraies toutes deux,
elles ne le sont, et ne sauraient l'être de la même
manière. La vérité, la justesse de la nouvelle

Méthode, est générale et absolue : le jour même où Geoffroy Saint-Hilaire, appelant le raisonnement à la suite de l'observation, a apprécié la valeur comparative des diverses modifications des organes ; le jour où il a rétabli dans la science la considération des organes rudimentaires ; où il a créé le Principe des connexions et la Loi du balancement des organes, tous ces progrès ont été aussi complétement, aussi pleinement acquis à la science, qu'ils le sont aujourd'hui, qu'ils le seront jamais. Et c'est pourquoi tous les travaux faits depuis la *Philosophie anatomique* sur la nouvelle Méthode, ont eu toujours pour but de la faire mieux comprendre, de l'étendre à divers ordres de questions, de la fortifier par l'adjonction de quelques principes de plus à ceux qui la constituaient d'abord, et jamais de donner, à l'égard de ceux-ci, un inutile complément de démonstration.

En a-t-il été de même de l'Unité de composition organique ? Quand, après plusieurs années de travaux, Geoffroy Saint-Hilaire se croit enfin en droit de proclamer comme une loi générale de la nature ce qui n'avait été jusqu'alors, pour lui, comme pour tous, qu'*une vérité de sentiment ;* quand il croit avoir touché le but depuis longtemps cherché, le voyons-nous, à ce moment, s'arrêter devant son œuvre, la considérer comme achevée ? Loin de là, il la poursuit avec une ardeur que le succès a rendue plus vive encore; il cherche aussitôt, dans une nouvelle série de faits, une nouvelle série de preuves; celles-ci obtenues, il s'avance encore vers d'autres, et toujours ainsi durant vingt années.

Et ce qu'il a fait, nous le faisons aujourd'hui; nos successeurs le feront après nous, et ainsi, de siècle en siècle; car, tant qu'il restera de nouveaux faits à découvrir (et comment les connaître jamais tous?), il restera de nouvelles preuves à donner, comme on en donne chaque jour pour toutes les lois, à quelque science qu'elles appartiennent, qui sont déduites de l'observation. Toute loi de cet ordre, résumant, en effet, en elle un nombre illimité de faits, sa vérification, à l'égard de chacun d'eux, est nécessairement impossible : c'est un but dont on se rapproche sans cesse, sans l'atteindre jamais; il est à l'infini, comme disent les géomètres.

Comment donc a-t-on établi, comment établira-t-on l'Unité de composition organique, et toutes les autres lois des sciences d'observation? Par la seule voie qui soit ouverte à l'homme vers la connaissance de ces hautes vérités; par la convergence de toutes les notions déjà acquises vers un résultat commun, vers une loi qui les embrasse toutes, et en devient l'expression généralisée; par la corrélation exacte de ce résultat commun, de cette loi, avec toutes les circonstances, soit des faits anté-

rieurement connus, soit surtout de ceux qu'elle-
même, une fois trouvée, fait chaque jour prévoir,
rechercher et découvrir.

Lorsque Geoffroy Saint-Hilaire a créé la théorie
de l'Unité de composition organique, s'est-il fait
illusion sur le caractère et la valeur des preuves
auxquelles il avait recours? Non, sans doute. Il
savait qu'il raisonnait par induction, et qu'il ne
pourrait jamais arriver à l'une de ces démonstrations absolues dont les sciences mathématiques ont
seules le privilége.

Mais il savait aussi toute la puissance, toute
l'autorité de l'induction, lorsqu'elle repose sur un
nombre considérable de faits; il savait qu'elle peut
conduire à des vérités que la raison ne peut se
refuser à admettre, quoiqu'elles ne soient, à parler
mathématiquement, qu'infiniment probables; que
ces vérités doivent, par conséquent, être considérées
comme démontrées; et que c'est ainsi, et ainsi
seulement, qu'ont pu être établies, et l'ont été,
toutes les lois de la nature auxquelles le génie de
l'homme s'est élevé depuis trois siècles.

Et s'il fallait repousser une loi par cela seul
qu'elle repose sur une induction, par cela seul
qu'après qu'une multitude de faits lui ont été ramenés, d'autres non encore découverts ou non
encore suffisamment étudiés, restent à ramener à
la loi commune, le Principe lui-même de la gravi-

tation universelle, ce couronnement sublime de la philosophie naturelle, n'échapperait pas à cette logique faussement rigoureuse. On n'a pas prouvé, et l'on ne prouvera jamais par l'étude successive des astres répandus dans l'espace, ou même de ceux de notre système, que tous obéissent à la loi de la gravitation universelle, pas plus qu'on n'établira, par ce genre de preuves, que les animaux sont tous composés de matériaux réciproquement analogues. Et cependant qui conteste la généralité de la loi de Newton [1]? Comment douter qu'elle s'applique à ces astres de notre système qui suivent dans le ciel une route encore indéterminée, à ceux même que l'œil humain n'a point encore aperçus, et, peut être, n'apercevra jamais, comme à ceux dont l'orbite est le plus exactement soumise au calcul?

[1] Nous n'ignorons pas que, tout récemment, un célèbre astronome anglais a douté que la loi de Newton s'étendît jusque sur Uranus. Mais qui a partagé ce doute? Personne. On a pensé de toute part que les formules jusqu'alors admises pour Uranus, et non la loi, se trouvaient en défaut, et l'on a entrepris leur révision. Il en sera de cette difficulté que vient d'élever M. Airy, comme des objections de Clairaut au dix-huitième siècle; elles semblaient fort graves d'abord; à l'examen elles se sont évanouies, et le calcul ayant été rectifié, la loi s'est trouvé confirmée par une preuve de plus. L'histoire de l'astronomie offre plusieurs exemples semblables. (Nous avons cru devoir laisser cette note telle qu'elle a été écrite, huit mois avant l'admirable découverte de M. Le Verrier.)

Après avoir essayé de montrer que la démonstration de l'Unité de composition est, au fond, du
même ordre que celle de toutes les autres lois déduites de l'observation, ajouterons-nous qu'elle est
aussi avancée? Non, sans doute. Commencée à une
époque toute récente encore, embrassant dans sa
vaste étendue tous les faits de l'animalité, elle doit
présenter, elle présente encore d'immenses lacunes;
bien des années, bien des siècles peut-être, s'écoule-
ront avant que la loi de Geoffroy Saint-Hilaire puisse
être complétement assimilée aux autres principes,
plus simples ou plus anciennement reconnus, qui
règnent dans diverses sciences d'observation. Mais,
du moins, il restera à celui même qui a commencé
la démonstration l'honneur d'en avoir, dès le
début, tracé le cadre tout entier, en abordant
successivement la recherche des analogies entre les
diverses classes du même embranchement; entre
deux embranchements différents du règne animal;
entre les conditions normales du règne animal, et
les désordres, jusqu'alors sans limites et sans lois
reconnues, de la Monstruosité elle-même. L'examen
et la solution partielle de ces trois grands problèmes, c'est, en effet, toute la *Philosophie anatomique;* leur solution complète, c'est et ce sera à
jamais la science tout entière.

## V.

Un lecteur superficiel, en parcourant les travaux publiés par Geoffroy Saint-Hilaire de la fin de 1816 à 1824 ne verrait peut-être en eux qu'une suite d'ouvrages et de mémoires détachés : il pourrait penser que l'auteur, se laissant aller, sans direction déterminée, au cours de ses idées du moment, aborde successivement les questions les plus diverses et les plus étrangères les unes aux autres. Au premier volume de la *Philosophie anatomique*, publié en 1818, et qui traite des organes respiratoires et du squelette des Vertébrés, on voit, en effet, succéder, en 1820 et 1821, plusieurs Mémoires : les uns sur les animaux articulés ; un autre sur les analogues du système dentaire chez les Oiseaux. Après ces Mémoires, vient en 1822, le second volume de la *Philosophie anatomique*, consacré à des recherches sur les Monstruosités humaines, et lui-même suivi, de 1823 à 1825, de Mémoires sur l'appareil reproducteur et sur le squelette des Vertébrés.

Qu'y a-t-il de commun entre toutes ces questions ? Rien, sans doute, avant Geoffroy Saint-Hilaire ; mais, depuis lui, et par lui, nous pourrions presque dire : tout. Ces deux volumes de la *Philosophie anatomique*, dont les sujets sont si différents qu'encore aujourd'hui on les rapporte parfois à des sciences distinctes, l'anatomie comparée et l'anatomie pathologique; ces deux volumes, dont l'un, à l'origine, ne pouvait guère trouver de lecteurs que parmi les naturalistes, et l'autre parmi les médecins, sont, en réalité, la première et la troisième partie, fort avancées déjà et intimement unies, des trois, dont se compose essentiellement la démonstration de l'Unité de composition. Et la seconde se trouve précisément où elle doit être rationnellement : dans les mémoires publiés entre le premier et le second volume de la *Philosophie anatomique*. Une logique rigoureuse a donc réglé l'ordre dans lequel ont été composés cet ouvrage lui-même et les travaux qui le complètent.

Le choix des questions que l'auteur s'est proposé de résoudre, n'est pas moins rationnel que l'ordre dans lequel il les a abordées. Les plus difficiles sont toujours celles qu'il a préférées. On pouvait, il y a vingt ans, l'en blâmer : la prudence la plus vulgaire, eût-on pu dire, prescrit d'appliquer une méthode naissante encore, aux problèmes les plus simples, et de ne s'avancer que pas à pas vers les plus complexes. C'est ainsi que l'on procède en mathématiques et dans toutes les sciences qui, plus avancées que l'anatomie comparée, peuvent lui servir de modèles. Et c'est aussi de cette manière, ajouterons-nous, que l'on doit présentement procéder en anatomie philosophique. Mais, si

Geoffroy Saint-Hilaire n'eût osé, à l'origine, s'affranchir des règles ordinaires de la méthode, où en serions-nous aujourd'hui? Aux analogies qu'il avait découvertes dès 1801 et 1806, il en eût, d'année en année, ajouté un grand nombre d'autres; mais qu'eussent prouvé ces faciles succès? Supposons qu'il eût réussi, au prix des travaux de sa vie entière, à retrouver, sans nulle exception, chez tous les animaux de deux familles, de deux ordres, de deux classes voisines, les mêmes matériaux diversement modifiés; que la démonstration de l'analogie, entre les êtres de ce groupe, eût été par lui portée jusqu'à l'évidence, nous devrions, sans doute, à l'auteur une série de résultats d'un grand intérêt, un exemple à suivre à l'égard des autres groupes du règne animal; mais nous eût-il laissé une Méthode générale et l'Unité de composition? Incontestablement non. De ce que deux groupes voisins peuvent être ramenés l'un à l'autre, conclure à la possibilité de réduire aussi à un type commun deux groupes distants l'un de l'autre dans l'échelle, ce serait évidemment conclure *du moins au plus,* et l'on sait comment les logiciens qualifient une telle manière de raisonner.

Si de la comparaison des petites différences, il n'y avait rien à déduire à l'égard des grandes, la marche inverse, dans un sujet trop immense pour être traité dans son entier par un seul homme, était la seule que l'on pût suivre. Point d'autre alternative que de rejeter dans un avenir indéfini la démonstration de l'Unité de composition, ou de l'aborder par son côté le plus ardu. Un esprit timide n'eût vu que le péril; Geoffroy Saint-Hilaire ne le méconnut pas[1]; mais il vit surtout le progrès, et il s'y dévoua.

On comprend maintenant pourquoi la démonstration de l'Unité de composition organique a été fondée sur la solution même de ces questions qui eussent semblé en devoir être le complément. Les épreuves les plus difficiles étaient les meilleures; car elles étaient les plus décisives.

Voilà le secret de cette prédilection apparente de Geoffroy Saint-Hilaire pour ces questions que ses prédécesseurs avaient laissées complétement en dehors de leurs recherches, et que ses contemporains eux-mêmes n'avaient point posées. Plus on était d'accord pour les juger ou présentement inaccessibles ou absolument insolubles, plus il aura à cœur de les résoudre. Ainsi, de tous les appareils des Poissons, l'opercule était celui que l'on s'accordait à regarder comme le plus essentiellement propre au type ichthyologique; il retrouvera, non cet appareil, mais ses éléments, chez les Vertébrés

1 Le premier volume de la *Philosophie anatomique* a pour épigraphe ces mots de Cicéron: *Cujusvis est hominis errare.* Voyez aussi la Préface.

aériens[1]. Les Poissons sont muets, et le larynx, par cela même qu'on le définissait l'organe de la voix, ne pouvait exister chez eux : il réformera une définition qui n'est applicable qu'à un certain nombre de groupes du règne animal; il la généralisera, et les pièces laryngiennes pourront être cherchées avec succès chez les Poissons[2]. Les Ovipares et les Vivipares étaient regardés comme deux groupes profondément séparés par les conditions essentiellement différentes de leurs appareils reproducteurs : c'est par l'étude de ces appareils mêmes qu'il entreprendra de ramener ces deux groupes à un type commun[3]. Les Oiseaux et une partie des Reptiles s'éloignent des autres Vertébrés par la substitution aux dents d'un bec corné : il fera la découverte, proverbialement impossible, d'un système dentaire chez les Oiseaux[4]. Voilà comment il prouvera l'Unité de composition à l'égard des Vertébrés; et aussitôt, et même avant d'avoir porté jusque-là sa démonstration, il franchira les limites du premier embranchement zoologique pour arriver

1 *Philosophie anatomique*, tom. I.er

2 *Ibid.*, tom. I.er

3 *Ibid.*, tom. II, et Mémoires publiés en 1822, 1823 et 1827 dans les *Mémoires du Muséum d'histoire naturelle*, tom. IX, X et XV.

4 Mémoire lu à l'Académie des sciences en 1821, et publié, avec additions, en 1824, sous ce titre : *Système dentaire des Mammifères et des Oiseaux.*

aux Articulés[1]; puis celles de l'ordre normal lui-même, pour donner à ses comparaisons et à ses déductions toute l'extension dont elles sont rationnellement susceptibles.[2]

Comment analyser tous les travaux que nous venons de rappeler, tous ceux par lesquels l'auteur les a complétés depuis? Nous ne saurions même les énumérer tous ici[3], et nous devons nous contenter de citer quelques exemples. Nous choisirons, à ce titre, ceux où se montre surtout, dans la pensée de l'auteur, cette audace d'innovation qui était, nous croyons l'avoir établi, une nécessité de l'état de la science. Telles sont la détermination de l'opercule, la découverte du système dentaire des Oiseaux, les recherches sur les animaux articulés, et les premiers Mémoires sur les Monstres, véritable point de départ d'une science nouvelle, d'une autre anatomie comparée.

## VI.

C'est sur la détermination des nageoires, du sternum, du crâne des Poissons, que Geoffroy Saint-

1 Mémoires publiés en 1820 dans le *Journal complém. des sciences médicales*, n.⁰ˢ de février, mars et avril, et réimprimés dans les *Annales générales des sciences physiques* de Bruxelles, même mois.

2 *Philosophie anatomique*, tom. II.

3 Voyez, à la fin de ce livre, la liste des ouvrages et mémoires de Geoffroy Saint-Hilaire.

Hilaire avait assis, en 1806 et 1807, les premiers fondements de la démonstration de l'Unité de composition organique : c'est à l'étude des autres parties de leur squelette, de leurs organes respiratoires, de leur opercule surtout, qu'il demande, dix ans plus tard, une confirmation de la vérité de sa théorie. La *Philosophie anatomique* commence donc précisément où s'arrêtent les Mémoires de 1806 et de 1807 : elle en est la suite immédiate.

Comment cette suite s'est-elle fait attendre si longtemps ? La première partie de la démonstration appelait si naturellement la seconde, qu'un intervalle de dix années, mis entre l'une et l'autre, étonne l'esprit et semble inexplicable. L'œuvre de Geoffroy Saint-Hilaire perdrait-elle ici ce caractère éminemment logique qu'elle nous a offert jusqu'à présent ? Lui-même, au commencement de la *Philosophie anatomique,* a repoussé ce reproche : ce qu'il pouvait, ce qu'il devait faire, il l'a fait : poser, dès 1806, le problème dans toute son étendue; en porter dès lors la solution aussi loin que possible; s'efforcer de la compléter, *en y songeant toujours,* jusqu'à ce qu'il l'eût obtenue.

Jamais savant ne fut plus fidèle à la maxime consacrée par les simples, mais sublimes paroles de Newton. Le point le plus difficile, le nœud de la démonstration de l'Unité de composition organique à l'égard des Poissons, c'est la détermination

de l'opercule : Geoffroy Saint-Hilaire l'avait compris
dès 1806[1]; il l'avait dit en 1807[2]; et nous avons
la preuve qu'en 1808, sur les bords du Tage, qu'en
1809 et dans les années suivantes[3], il *poursuivait,
avec la plus vive ardeur, des travaux* dont les Mémoires de 1806 et 1807 *n'étaient véritablement que
le prélude*[4]. Et sur les bancs mêmes de la Chambre
des Représentants, au milieu des dangers de la patrie,
il trouvait encore des moments pour suivre, dans sa
pensée, ces vues que, sans son double enseignement,
on eût pu croire depuis longtemps abandonnées.

Et après tant d'efforts inutiles, ce fut, comme il
arrive si souvent aux inventeurs, par une illumi-

1 « Quand, il y a douze ans, dit-il dans le premier volume
« de la *Philosophie anatomique* (p. 15), je m'occupai de donner
« la détermination des os du crâne, il me parut, avant d'avoir
« apprécié les difficultés de cette entreprise, que je n'en éprou-
« verais de réelles qu'à l'égard des pièces de l'opercule......
« Aussi je me proposai d'abord la recherche des os operculaires,
« et n'examinai ce qui était au delà et en deça, que *dans la
« pensée d'arriver pas à pas* à ce qui me paraissait en ce lieu
« la *principale* et presque la seule anomalie. »

2 *Annales du Muséum d'histoire naturelle*, tom. X, p. 542.

5 Toutefois, vers 1812, l'auteur interrompit quelque temps
ses recherches sur cette difficile question, et il eût presque
voulu, lui-même nous l'apprend, l'écarter de sa pensée. « J'avais
« eu, dit-il, *la faiblesse de considérer comme insurmontables*
« les difficultés de mon sujet. »

4 Expressions empruntées à l'un de ses écrits, inséré dans
le tom. XII des *Mémoires du Muséum*.

nation subite et en apparence spontanée de son esprit, qu'une solution lui apparut. Au milieu d'une conversation avec Cuvier, vers le commencement de 1817, il lui vint que les os de l'opercule ne sont autres que les os de l'oreille portés à leur maximum de développement. Cette pensée fut aussitôt communiquée à Cuvier : « C'est impossible, » lui répondit son illustre collègue. Mais un examen attentif des éléments de la question, amena bientôt Cuvier à d'autres idées. Et lorsque quelques mois plus tard, il rédigea le Rapport annuel sur les travaux de l'Académie, il n'hésita pas à déclarer que la nouvelle détermination de Geoffroy Saint-Hilaire, *très-hardie sans doute, était peut-être, dans toute sa théorie, celle qu'il serait le plus difficile d'attaquer.*[1]

Voici, autant qu'il est possible de l'indiquer en peu de mots, comment Geoffroy Saint-Hilaire a conçu, et comment il a justifié sa détermination. Lorsqu'il avait comparé, en 1806 et 1807, les os crâniens des Poissons à ceux des Vertébrés supé-

---

[1] « Du moins, ajoute Cuvier, en n'employant que la voie « de comparaison. » Ces mots, fort obscurs, paraissent se rapporter à une objection que Cuvier a développée plus tard, et qui, sans doute, était déjà dans son esprit : Comment les os de l'oreille, que l'on voit décroître des Mammifères aux Reptiles, *renaîtraient-ils,* considérablement développés dans les Poissons, sous la forme d'*opercules?* Geoffroy Saint-Hilaire a répondu à cette objection dans le tom. XII des *Mémoires du Muséum,* et à d'autres dans le tom. XI du même recueil.

rieurs, il était resté, de part et d'autre, quatre pièces sans analogues reconnus; d'une part, les quatre os operculaires; de l'autre, les quatre os de l'oreille. Faire ce rapprochement, c'était presque poser cette question [1] : Ces quatre pièces ichthyologiques sans analogues ne seraient-elles pas précisément les représentants de ces quatre pièces, réputées propres aux Vertébrés supérieurs? Mais que de différences entre les unes et les autres! Combien de fois l'idée d'une analogie entre elles dut se présenter à Geoffroy Saint-Hilaire avant qu'il osât s'y arrêter! Tout d'un coup le jour se fait dans son esprit : Oui, les différences sont immenses, mais elles portent toutes sur la grandeur, la forme et la fonction, non sur les caractères qui seuls peuvent servir de base à une détermination rigoureuse, les caractères de connexion; et ceux-ci sont les mêmes de part et d'autre. La pièce ichthyologique que les auteurs

---

1 Spix, avant Geoffroy Saint-Hilaire, l'avait posée, et dès 1815, dans la *Cephalogenesis*, il avait hasardé une réponse affirmative. On lit, en effet, dans l'explication des planches, à la suite du chiffre qui correspond aux os operculaires : *Malleus, stapes, incus.* L'auteur n'entre d'ailleurs dans aucune explication : ce n'est donc pas une démonstration, mais une simple indication. Spix avait suivi, en 1809, avec beaucoup d'assiduité et d'intérêt, les leçons de Geoffroy Saint-Hilaire; il était parfaitement au courant de la méthode du professeur, et il n'est nullement étonnant que le maître et l'élève se soient rencontrés dans une voie commune.

nomment *préopercule*, s'articule avec la caisse, le temporal et le jugal; et sur une apophyse qu'elle porte inférieurement, s'articule le condyle de la mâchoire inférieure : c'est donc le cadre du tympan. Et ainsi des autres pièces : chacun des osselets de l'oreille est le représentant rudimentaire, et par cela même appelé à des usages accessoires, de l'un des éléments si richement développés de l'appareil operculaire[1]. De plus, et par une conséquence nécessaire aussi du Principe des connexions, ce vaste canal respiratoire qui, chez les Poissons, met en communication la cavité branchiale et la bouche, retrouve son représentant dans ce canal étroit, mais semblablement disposé, qui, chez les animaux à poumons, porte le nom de Trompe d'Eustache. N'est-il pas singulier de voir cette détermination qui, en 1817, étonna à un si haut degré les anatomistes,

---

1 Geoffroy Saint-Hilaire s'est depuis attaché dans plusieurs travaux, à confirmer et à préciser ses déterminations. Voyez particulièrement son grand travail sur la *Composition de la tête osseuse de l'homme et des animaux (Annales des sciences naturelles*, t. III, p. 175 et 245, 1824); travail dans lequel l'auteur considère le crâne comme composé d'éléments vertébraux. Les vertèbres sont, selon lui, au nombre de sept. On voit que l'auteur qui, partout ailleurs, se livre à la recherche des analogies existant entre les divers êtres, s'est occupé ici de cette classe particulière d'analogies que les Allemands ont appelées *Homologies*, c'est-à-dire, des analogies existant entre les diverses parties du même être. C'est le seul travail étendu qu'il ait fait dans cette direction.

en quelque sorte devinée par le simple bon sens public? Le nom d'*ouïes* n'est-il pas donné de temps immémorial aux cavités respiratoires des Poissons?

Geoffroy Saint-Hilaire n'est arrivé à sa détermination de l'opercule, qu'en faisant abstraction, selon le principe fondamental de sa nouvelle méthode, de la fonction des parties qu'il avait à comparer. Et cependant, la physiologie devait venir, quelques années plus tard, confirmer cette analogie, déduite des seuls caractères de la connexion. Quel est le nerf de l'appareil operculaire, le nerf qui se distribue à ses muscles et par conséquent préside aux mouvements respiratoires? Le facial, porté ici, comme l'appareil auquel il se distribue, à son maximum de développement. Si la détermination de l'opercule est exacte, ce nerf doit, pour que les connexions soient conservées, pénétrant dans le conduit auditif interne, aller chercher, chez l'Homme et les animaux supérieurs, les osselets de l'oreille et leurs muscles. C'est ce qui a lieu en effet; mais à cette similitude, théoriquement nécessaire, une autre des plus remarquables est venue s'ajouter : chez les Mammifères, chez l'Homme lui-même, le nerf facial, en même temps qu'il remplit d'autres usages, conserve en partie cette même fonction qu'il présente à son maximum de développement chez les Poissons : il reste *nerf respirateur*. Fait d'un haut intérêt, déduit par Charles Bell d'expériences sur les animaux vivants, vérifié en France, expérimentalement aussi, par M. Magendie, et bientôt confirmé par M. Serres, d'une part à l'aide d'observations pathologiques, de l'autre, comme une conséquence rationnelle de l'analogie de l'opercule avec les os de l'oreille.

« Si d'une part, dit à ce sujet l'illustre anato-
« miste[1], la découverte de M. le professeur Geoffroy
« Saint-Hilaire confirme les idées physiologiques de
« Charles Bell, de l'autre, ces vues physiologiques
« donnent à la détermination des os de l'opercule
« une certitude qui ne saurait être contestée. Ainsi
« ces deux sciences, l'anatomie comparative et la
« physiologie expérimentale, se prêtent un mutuel
« secours, s'éclairent réciproquement et se touchent
« par les points les plus éloignés, lorsque des mé-
« thodes philosophiques dirigent les observateurs
« dans leurs recherches. »

## VII.

La détermination de l'opercule avait été le fruit d'une alliance intime entre l'observation et le raisonnement : dans la recherche du système dentaire des Oiseaux, le raisonnement intervint comme précurseur et comme guide de l'observation vers une découverte qu'elle seule pouvait faire.

1 *Anatomie comparée du cerveau*, tom. I.er, p. 456.

Elle la fit en 1821, ou, pour mieux dire, elle confirma et établit, en fait, un résultat qui était, depuis quinze ans, dans la pensée de Geoffroy Saint-Hilaire. Dès l'année même où il avait eu l'heureuse idée d'étendre ses comparaisons au fœtus; dès 1806, il avait trouvé chez la Baleine franche, à l'état fœtal, des germes de dents, placés dans une gouttière dont les maxillaires inférieurs sont alors longitudinalement creusés. Faire la découverte d'un système dentaire chez le fœtus de la Baleine, et le prévoir chez le fœtus de l'Oiseau, ce fut presque pour l'auteur une seule et même chose. Mais comment vérifier cette prévision?

Geoffroy Saint-Hilaire avait rapporté d'Égypte une Autruche, morte au sortir de l'œuf: il l'observe; il en examine les mandibules inférieures; il y retrouve les mêmes gouttières que chez le fœtus de la Baleine; mais, dans ces gouttières, point de dents.

N'en avait-il jamais existé? Il fallait évidemment recourir à l'observation d'Oiseaux d'un autre âge ou d'une autre espèce. Plusieurs tentatives restèrent de même sans succès. Mais, en 1821, une Perruche à collier s'étant reproduite à Paris, deux œufs, parvenus au terme de l'incubation, furent remis à Geoffroy Saint-Hilaire, et les fœtus qu'ils contenaient, ayant pu être examinés à l'état frais, la découverte, attendue depuis tant d'années, fut enfin acquise à la science. Chacune des mandibules portait une rangée très-régulière de tubercules de forme variable, mais tous très-simples, non enchâssés dans les maxillaires. Ces tubercules recouvraient des bulbes ou noyaux pulpeux, parfaitement analogues aux noyaux sur lesquels se forment les dents, et dans lesquels des vaisseaux et nerfs, disposés en une sorte de cordon, pénétraient à travers l'os. Les tubercules ou dents étaient, chose singulière, en nombre impair à l'une et à l'autre mâchoire, dix-sept à la supérieure, treize à l'inférieure; mais, à celle-ci, il existait outre les noyaux pulpeux des treize dents, une autre série de bulbes sphériques, ayant de même leurs cordons de vaisseaux et de nerfs, et tels que sont les germes dentaires chez l'Homme au troisième mois de la vie intra-utérine.

Le fœtus de l'Oiseau, avant d'avoir un bec corné, a donc des dents, et même, comme les fœtus de Mammifères, il a, pour l'une des mâchoires au moins, un double appareil dentaire. Mais que deviennent ces tubercules, ces noyaux pulpeux, primitivement si apparents? La matière cornée du bec se forme sur ces noyaux pulpeux, comme sur les noyaux pulpeux des dents des Mammifères se dépose la matière éburnée. Ainsi, dit Cuvier, dans un lucide résumé du travail de son collègue[1], « un

1 *Analyse des travaux de l'Académie des sciences,* pendant l'année 1821, p. 57.

« bec d'Oiseau représenterait ces dents que l'on
« appelle composées, comme sont, par exemple,
« celles de l'Éléphant, et qui consistent en une série
« de lames ou de cônes dentaires, coiffant chacun
« une lame ou un cône pulpeux, et réunis tous
« ensemble en une seule masse, par l'émail et le
« cortical : la différence ne consisterait que dans la
« nature de la substance transsudée par les noyaux, et
« dans l'absence perpétuelle d'alvéoles et de racines. »

Et encore, ajouterons-nous, cette triple différence
entre le bec et les dents de certains Vertébrés,
n'existe que si l'on considère celles-ci dans l'Éléphant
ou dans telle autre espèce en particulier. Elle
s'évanouit dès que l'on arrive à comparer, comme
on doit le faire en anatomie philosophique, la série
tout entière des espèces. Les alvéoles ne manquent-
ils pas chez divers animaux? Et, par exemple, les
dents ne sont-elles pas chez les Squales, adhérentes
aux gencives seules? Le défaut de racines ne s'ob-
serve-t-il pas jusque dans la classe des Mammifères?
Et l'un de ceux-ci, l'Ornithorhynque, ne nous four-
nit-il pas un exemple de dents cornées, incontestablement plus semblables, par leur constitution
physiologique et chimique[1], au bec des Oiseaux
qu'aux dents calcaires des autres Mammifères?

1 L'examen des dents de l'Ornithorhynque au point de vue
chimique, a été fait en 1812 par notre célèbre chimiste
M. Chevreul.

Les Oiseaux ont donc *temporairement* des dents, dans le sens spécial de ce mot; ils en ont *toujours*, dans le sens le plus large et par conséquent le plus philosophique, le seul vrai, le seul admissible en anatomie comparée. Définirez-vous la dent un organe de mastication? les dents de la plupart des Ovipares, celles des Cétacés eux-mêmes, ne seraient plus des dents. Direz-vous avec Cuvier que les dents sont des corps osseux, implantés dans les mâchoires? que ferez-vous alors des dents non enchâssées, des dents des Squales et de tant d'autres, seulement adhérentes aux gencives? La dent sera-t-elle seulement caractérisée pour vous par sa constitution anatomique et chimique? Sera-ce simplement un corps dur, composé, comme les os, de phosphate calcaire? vous aurez alors considérablement étendu le cercle; mais la dent cornée de l'Ornithorhynque restera encore en dehors. Pour la comprendre, vous devrez faire abstraction de la structure comme de la disposition, de la fonction, et à plus forte raison de la forme et de la grandeur; et dès lors, votre définition, basée principalement sur les caractères de connexion, et devenue générale, est applicable au bec de l'Oiseau comme à la dent cornée de l'Ornithorhynque.

Et maintenant est-il besoin de faire remarquer que les recherches sur le système dentaire des Oiseaux, ont eu deux résultats, fort inégalement

brillants sans doute, et dont un seul a frappé tous
les esprits, mais au fond d'une importance presque
égale : la vérification, sur un point où elle semblait
hors de tout espoir, de l'Unité de composition, et
la sanction des principes posés par l'auteur pour
la détermination des organes : en d'autres termes,
la confirmation, d'une part, de la généralité de sa
Théorie, de l'autre, de la rectitude, de la puissance
de sa Méthode. C'est le sentiment de ce double
progrès qui animait Geoffroy Saint-Hilaire, lorsqu'il
se laissait entraîner à dire, lui si réservé d'ordinaire
dans l'appréciation de ses propres travaux : « Si
« nous ne nous sommes pas abusé dans l'exposition
« des considérations précédentes, c'est ici le
« triomphe de la doctrine des analogues. »

## VIII.

Nous arrivons à un travail dont la hardiesse
étonne encore aujourd'hui : comment à l'origine
n'en eût-on pas condamné la témérité? Disons-le à
l'avance : au milieu de l'orage qu'il souleva contre
son auteur, une seule chose le surprit : c'est que
la condamnation de ses idées ne fût pas d'abord
unanime; c'est qu'il se fût trouvé quelques esprits
assez avancés pour les comprendre dès l'origine.

En 1818, Geoffroy Saint-Hilaire s'était cru en
droit de dire : « Présentement que toutes exceptions
« disparaissent, on peut proclamer *loi de la nature*,

« l'Unité de composition organique *pour tous les*
« *animaux vertébrés.* » C'est ainsi que l'auteur, à la
fin du premier volume de la *Philosophie anatomique*, résume et ce livre et les Mémoires de 1806
et 1807.

En 1821, quelques mois avant la découverte du
système dentaire des Oiseaux, Geoffroy Saint-Hilaire
avait eu le bonheur d'entendre Cuvier lui-même
donner à ses vues, devant l'Académie des sciences,
une adhésion très-explicite. L'anatomie comparative, *rendue à sa dignité par l'esprit philosophique;
un grand mouvement imprimé à la science;* les rapports les plus délicats saisis; une extrême *hardiesse
dans les conceptions*, justifiée par des découvertes
*imprévues et en quelque sorte merveilleuses;* la détermination des parties extérieures et intérieures du
thorax, presque entièrement obtenue; *le crâne des
animaux vertébrés* incontestablement[1] *ramené à une
structure uniforme*, et *ses variations* à des *lois :* tel
est le brillant tableau, dans lequel Cuvier, au moment où s'ouvre l'année 1821, retrace les progrès
récemment accomplis par Geoffroy Saint-Hilaire,
par lui-même[2] et par quelques autres zootomistes.

1 « Personne n'en peut douter », dit Cuvier. Voy. son *Rapport*
sur les travaux d'Audouin, qui a été inséré en entier dans les
*Annales générales des sciences physiques* de Bruxelles, t. VII,
p. 596.

2 Outre son beau travail de 1812 sur la tête osseuse, Cuvier

Ainsi, dès 1820, la démonstration de l'Unité de composition était assez avancée à l'égard des Vertébrés, pour que les anatomistes dussent porter au delà leurs pensées, et se poser cette question :

La Loi de Geoffroy Saint-Hilaire, vraie des Vertébrés, ne l'est-elle que de cet embranchement?

Est-il possible de ramener de même à un type commun, par la Méthode de Geoffroy Saint-Hilaire, chacun des embranchements inférieurs du règne animal?

Et si cela est, est-il possible d'aller plus loin encore, de déterminer, par une plus haute abstraction, les rapports communs des divers embranchements, et d'étendre la Loi de Geoffroy Saint-Hilaire au règne animal entier?

Ainsi, à l'égard de chaque embranchement, il y avait deux problèmes à résoudre : comparer, au point de vue de la détermination des analogies, d'une part, les diverses classes de l'embranchement entre elles, de l'autre, l'embranchement lui-même avec les autres grandes divisions du règne animal.

avait fait, sur la bouche des Poissons, des recherches qu'il résume ainsi dans son *Analyse* de 1814 : «On y retrouve au «fond (dans la bouche des Poissons) toutes les pièces qui ap-«partiennent à celle des Quadrupèdes. Mais quelques-unes y «sont plus subdivisées, et une partie de leurs subdivisions «y sont quelquefois réduites à une petitesse telle qu'elles n'y «peuvent remplir leurs fonctions, et que l'on éprouve même «de la difficulté à les apercevoir.»

De ces deux problèmes, Savigny avait, dès 1814, abordé le premier à l'égard des Articulés : dans un savant Mémoire sur la bouche de ces animaux, il en avait suivi les diverses pièces au milieu de leurs innombrables métamorphoses; il les avait retrouvées et montrées partout identiques à elles-mêmes, et il était arrivé à cette conséquence générale : *quelque forme qu'affecte la bouche des Insectes, elle est toujours composée des mêmes éléments.* Savigny n'avait exécuté, on le voit, qu'un travail partiel, mais sur l'une des questions les plus difficiles de l'anatomie entomologique, et avec une fermeté, une rigueur de démonstration, que l'on ne saurait trop admirer dans une époque si voisine de l'origine de l'anatomie philosophique. Comment, les zootomistes ne se seraient-ils pas engagés dans cette voie si habilement ouverte? Aux recherches de l'ami de Geoffroy Saint-Hilaire, de son illustre compagnon en Égypte, succèdent bientôt celles, plus générales, de l'un de ses élèves les plus distingués. De longues recherches sur toutes les parties dures des animaux articulés, sont entreprises par Audouin, à l'aide de la nouvelle mé de de détermination; et dès le commencement de 1820, ce savant célèbre, si malheureusement et si prématurément enlevé aux sciences, proclame, comme le résultat le plus général de ses recherches, l'analogie de toutes les pièces du squelette, non plus seulement chez les Insectes, mais dans l'embranchement tout entier des animaux articulés.[1]

Ainsi, parallèlement aux recherches de Geoffroy Saint-Hilaire et de ses successeurs sur les Verté-

1 Voici en quels termes le rapporteur à l'Académie des sciences, M. Duméril, résumait, le 20 mars, le travail d'Audouin sur les parties dures des Articulés :

«M. Audouin établit, comme une règle, qu'il existe dans le «tronc un même nombre de pièces, et que les mêmes organes «entrent dans leur composition; que toutes les différences, «même les plus anomales, sont toujours dues au développe- «ment plus ou moins grand de certaines de ces pièces.» Voy. les *Annales des sciences physiques* de Bruxelles, t. IV, p. 87.

Dans un travail plus considérable sur le même sujet, pré- senté quelques mois après, Audouin a donné lui-même, comme conclusion générale, cette proposition : «Ce n'est que «de l'accroissement semblable ou dissemblable des segments, «de la réunion ou de la division des pièces qui les composent, «du maximum de développement des uns, de l'état rudimen- «taire des autres, que dépendent toutes les différences qui se «remarquent dans la série des animaux articulés.» (*Annales des sciences naturelles*, t. I.er, p. 116. Voyez aussi p. 112.)

En citant ce passage dans son *Histoire naturelle des Crus- tacés* (tom. I.er, p. 17), M. Milne Edwards ajoute : «Il n'est «pas de notre sujet de démontrer ici l'analogie de structure «qui existe entre le squelette extérieur des Crustacés et celui «des Insectes; mais l'étude comparative que nous allons faire «de cet appareil dans les premiers, fournit un grand nombre «de faits à l'appui de ce corollaire.» Plusieurs de ces faits sont d'un grand intérêt pour l'anatomie philosophique, et nous regrettons de ne pouvoir que renvoyer le lecteur à l'ouvrage où ils sont exposés.

brés, s'est poursuivie depuis 1814 et se poursuit chaque jour encore, à l'égard des Articulés, une série ininterrompue de travaux dont le dernier mot est encore l'Unité de composition organique.

Mais qui osera aller plus loin et aborder le second problème? Qui osera, au-dessus de la comparaison des Vertébrés entre eux et des Articulés entre eux, placer la comparaison générale des Vertébrés avec les Articulés? Ce sera le créateur lui-même de la méthode de détermination, à l'aide de laquelle seule le succès, s'il est possible, sera obtenu. [1]

Il fallait bien que celui qui avait commencé et poursuivi la démonstration à l'égard des Vertébrés, osât du moins la commencer à l'égard du règne

[1] Geoffroy Saint-Hilaire avait à peine abordé ce problème, que Latreille l'abordait aussi, et proposait une solution fort différente de celle que venait de donner son collègue, mais également conforme à la doctrine de l'Unité de composition. Voici la conclusion du Mémoire de Latreille sur le *Passage des animaux vertébrés aux invertébrés;* mémoire lu à l'Académie des sciences, le 10 janvier 1820; «Considéré simplement «à l'extérieur, un Crustacé décapode brachyure n'est qu'une «sorte de Poisson dont la région operculaire ou jugulaire s'est «agrandie en manière de thorax...; dont l'autre partie du «corps est divisée en segments, etc. » Voyez le Mémoire de Latreille, à la suite de son travail, intitulé : *De la formation des ailes des Insectes,* in-8.º Paris, 1820; ou l'extrait inséré dans les *Annales générales des sciences physiques* de Bruxelles, tom. III, p. 250.

animal tout entier. Il le fallait pour déterminer le degré de généralité de la loi de l'Unité de composition. Il le fallait encore, parce que l'anatomie des animaux articulés semblait fournir une objection d'une extrême gravité contre le Principe des connexions, et par conséquent contre la méthode nouvelle de détermination : la position du système nerveux, dorsale, chez les animaux vertébrés, est, au contraire, inférieure au canal alimentaire dans les animaux articulés. C'est là, disait-on, une infraction évidente, une exception décisive à cette loi de la fixité des connexions, ordinairement observée par la nature.[1]

Voilà le point de départ des recherches de Geoffroy Saint-Hilaire en 1819; en voici les deux résultats généraux, réduits à leur expression la plus simple :

Les anneaux des Articulés sont leurs noyaux vertébraux devenus extérieurs, comme le sont les côtes et le sternum chez les Chéloniens. La forme tubuleuse de ces vertèbres extérieures représente l'un des premiers états de la vertèbre chez l'embryon des animaux supérieurs; état que les Poissons, certaines espèces à un degré très-marqué, conservent

---

1 Meckel le reconnaît, tout en insistant sur la gravité de l'objection. «La nature, dit-il, y met même une sorte de «pédanterie (*fast pedantisch*).» Voyez son *System der vergleichenden Anatomie*, tom. I.er, p. 21, 1821.

pendant toute leur vie, comme l'a montré Geoffroy Saint-Hilaire. Les Articulés, dit l'auteur, vivent donc au dedans de leur colonne vertébrale comme les Mollusques au sein de leur coquille, qui est pour eux une sorte de squelette contracté.

Les organes intérieurs sont en réalité, chez les Articulés, disposés selon le même ordre, et ils ont les mêmes relations que leurs analogues chez les Vertébrés. La différence est dans le rapport de l'ensemble de l'être avec le sol. Chez les Vertébrés la face ventrale du corps est la face inférieure. Chez les Articulés c'est précisément l'inverse : le dos est en bas et le ventre en haut. Donc, en retournant un Vertébré, vous le placez dans la même situation qu'un Articulé, et réciproquement. Double renversement que la nature nous présente dans quelques espèces exceptionnelles ; d'une part, chez quelques Poissons qui se tiennent habituellement sur le dos[1], par conséquent dans la station normale des Articulés ; et de l'autre, chez plusieurs Crustacés et Insectes aquatiques, qui nagent, comme disent les entomologistes, sur le *dos,* par conséquent, selon Geoffroy Saint-Hilaire, sur le *ventre :* leur anomalie reproduit précisément la station normale des

---

1 Par exemple, le Gemel, *Pimelodus membranaceus* de Geoffroy Saint-Hilaire, qui a lui-même constaté ce fait, déjà connu des anciens Égyptiens.

Vertébrés, le cœur ou son représentant étant en bas, et le système nerveux en haut.

Les Articulés sont donc des *Dermo-vertébrés*, et ils ont une *attitude inverse* de celle des Vertébrés proprement dits : voilà en deux mots le résumé de la doctrine de Geoffroy Saint-Hilaire sur les animaux articulés.

Cette doctrine, qui la comprit d'abord ? Un médecin, Hallé, qui l'appuya de sa parole; un physicien, Ampère, qui, en l'adoptant, tenta même, presque aussitôt, de la compléter : on se souvient encore de la vive sensation produite par son Mémoire, publié d'abord sous le voile de l'anonyme[1]. Les naturalistes ne vinrent qu'ensuite, et cela devait être : pour adopter, pour discuter même les idées si nouvelles de Geoffroy Saint-Hilaire, ne leur fallait-il pas vaincre le plus invincible de tous les obstacles, rompre avec d'anciennes habitudes d'esprit et de langage, faire en quelque sorte table rase ? Audouin, si bien préparé par ses propres recherches sur l'anatomie entomologique, en eut le premier le courage; et, dès 1823, affranchi de l'autorité acquise des anciennes doctrines sans céder à l'entraînement des nouvelles idées, il appréciait, dans des articles remarquables par leur lucidité autant

[1] Dans le tome II des *Annales des sciences naturelles*, p. 295. — Deux articles complémentaires parurent quelques mois plus tard dans le même recueil, t. III, p. 199 et 455.

que par leur sage modération, la valeur des faits déjà produits par Geoffroy Saint-Hilaire à l'appui de ses déterminations, et la nécessité de preuves nouvelles sur plusieurs points capitaux.

Elles ne se sont pas fait attendre; et si la composition vertébrale du squelette demande encore un complément de démonstration, la station renversée des Articulés est aujourd'hui, nous ne craignons pas de le dire, rigoureusement prouvée. L'anatomie philosophique a eu ici pour auxiliaires la physiologie et l'embryogénie; et ce qu'elle avait annoncé et établi par la méthode qui lui est propre, ces deux dernières sciences l'ont mis en évidence, l'une expérimentalement, l'autre par l'observation.

On a reconnu depuis quelques années que chacun des cordons nerveux sous-intestinaux des animaux articulés est composé de doubles éléments, de deux cordons, l'un inférieur, l'autre supérieur. Quelles sont les fonctions de l'un et de l'autre? Les expériences de M. Newport sur les Insectes, celles de M. Longet sur les Crustacés nous l'ont appris : le cordon supérieur donne naissance aux nerfs du mouvement, l'inférieur aux nerfs sensitifs. C'est l'*inverse* de ce qui a lieu chez les animaux vertébrés, où, comme chacun le sait, les racines postérieures sont sensitives et les antérieures motrices; en sorte que l'expérience, comme l'ont fait remarquer déjà M. Doyère et M. Brullé, a donné précisément le résultat que l'on eût pu déduire *a priori* des vues de Geoffroy Saint-Hilaire.

Objectera-t-on que des expériences aussi délicates laissent toujours quelque incertitude sur leurs résultats[1]? Nous l'admettrons; mais voici une vérification embryogénique dont l'esprit le plus sceptique ne saurait contester la valeur. Herold suit, en 1824, le développement des Araignées;

---

[1] Depuis que ceci est écrit, M. Mandl, dans ses recherches toutes récentes sur les mouvements des nerfs, a fait, chez la Sangsue, des observations qui concordent parfaitement avec les précédentes, et il a, de plus, reconnu que le renflement que l'on remarque à la racine antérieure, est, par sa structure, un véritable ganglion. « J'avais comparé d'abord le premier « (le filet ganglionnaire), ajoute cet habile observateur dans «une note qu'il a bien voulu nous communiquer, aux racines «postérieures des Vertébrés, et le second aux racines anté-«rieures. Mais l'examen détaillé m'a bientôt convaincu que «chez la Sangsue, ce sont au contraire les *racines antérieures* «qui portent le ganglion, et que les racines postérieures vont «aux muscles. Ce fait, qui m'avait arrêté dans mes recher-«ches, puisque je cherchais le contraire, s'accorde en réalité «parfaitement avec tous les faits connus. En effet, les Sangsues «marchent, comme tant d'autres Invertébrés, *sur le dos*...; «le système nerveux est donc renversé comme les autres or-«ganes; ce qui est antérieur devient postérieur, et *vice versa.* «... Quelques expériences m'ont donné la conviction que les «fonctions de ces filets correspondent à celles des racines des «animaux supérieurs, en prenant pour base de comparaison «le renversement indiqué. »

Rathke, en 1829, celui de l'Écrevisse : un résultat singulier, facile à prévoir dans la théorie de Geoffroy Saint-Hilaire, les frappe l'un et l'autre : le jaune de l'œuf, le vitellus adhère à la région que tous les entomologistes avaient appelée *dorsale*, à celle que Geoffroy Saint-Hilaire avait dite *ventrale*. Geoffroy Saint-Hilaire avait donc eu raison contre tous : il reste constant que le dos d'un Articulé représente le ventre d'un Vertébré, et réciproquement; et que chez l'un et chez l'autre, la position relative des organes étant semblable, la situation de l'ensemble est inverse. Ainsi, dit notre célèbre et regretté Dugès[1], la différence entre le Vertébré et l'Invertébré se réduit à une différence d'attitude.

Était-ce donc, ajoute, après un résumé de tous ces faits, l'un des zootomistes distingués que nous venons de citer, « était-ce donc par un simple effet « du hasard que M. Geoffroy prédisait ainsi, nombre « d'années à l'avance, des découvertes que nous « devons ranger parmi les plus belles que l'on ait « faites, dans ces derniers temps, en histoire natu- « relle? Nous le voulons bien, pourvu qu'on nous « accorde que c'est un de ces hasards qui ont mé- « rité aux hommes dont l'humanité s'honore le « plus, le titre sublime d'hommes de génie.[2] »

1 *Physiologie comparée*, tom. I.er, p. 82. Voyez aussi le bel ouvrage de ce savant sur la *Conformité organique*.

2 Doyère, *Leçons d'histoire naturelle*, p. 211.

## IX.

Après une tentative hardie de l'esprit comme
après un effort violent du corps, il est dans notre
nature de sentir le besoin du repos. Geoffroy
Saint-Hilaire ira-t-il chercher, en de plus faciles
travaux, le seul délassement qu'il connut jamais?
Non : il venait d'oser beaucoup : il osera davantage
encore. Ses recherches sur les Articulés datent à
peine d'une demi-année, on commence à peine à
les comprendre, que l'auteur s'avance au delà : il
entreprend de ramener à l'Unité de composition
les Monstres eux-mêmes.

Il n'est point douteux que ce n'ait été là, à
l'origine, le seul objet de ses recherches sur la
Monstruosité : lui-même l'a dit plusieurs fois; par
exemple, de la manière la plus explicite, à la fin de
la *Philosophie anatomique* : « Je venais d'imaginer
« une nouvelle méthode de détermination tant des
« organes que de leurs matériaux constitutifs, et il
« me parut que j'en connaîtrais mieux toute la valeur
« comme moyen d'investigation, si je parvenais à
« en faire l'essai sur ce qu'il y avait dans la nature
« de plus désordonné. »

Mais où Geoffroy Saint-Hilaire ne cherche qu'un
complément de démonstration, il trouve une science
tout entière à créer. Dès les premiers pas, il a
reconnu que, chez les Monstres les plus anomaux,

un grand nombre d'organes qui semblaient avoir disparu, ne sont que réduits dans leur volume et modifiés dans leur disposition; il les a déterminés rigoureusement d'après leurs connexions, seules conservées au milieu de toutes leurs variations; il a recueilli ainsi des preuves nouvelles et frappantes, à la fois à l'appui de la Loi de l'Unité de composition et de la nouvelle Méthode de détermination. Le but qu'il s'était d'abord proposé, est donc atteint, et il peut revenir à ses études ordinaires. Mais il n'hésite pas : la mine qu'il vient d'ouvrir est trop riche pour qu'il l'abandonne si tôt; il poursuit son œuvre, et le second volume de la *Philosophie anatomique* est presque entièrement consacré à l'étude des phénomènes de la Monstruosité. Il a fallu, nous le verrons, bien des années pour que la tératologie fût constituée à l'état de science; bien des années encore pour que, reliée, comme l'anatomie comparée, et plus directement encore, à l'embryogénie, elle vînt se placer entre l'une et l'autre, et les éclairer toutes deux. Mais, nous le demandons, parmi tous les progrès fondamentaux, accomplis depuis un quart de siècle, soit par Geoffroy Saint-Hilaire lui-même, soit par ses contemporains et ses successeurs, combien en est-il qu'il n'ait, ou pressentis, ou déjà en partie réalisés, au début même de ses recherches?

Que le lecteur veuille bien jeter avec nous les

yeux sur la *Philosophie anatomique*, et même, sans
aller au delà, sur les trois premières des six parties[1]
dont se compose cet ouvrage, et il répondra avec
nous à cette question : *Pas un seul peut-être.*

L'organisation des Monstres est soumise à des
règles, à des lois, et ces lois ne sont autres que les
lois générales de l'organisation : quel auteur, venu
après Geoffroy Saint-Hilaire, a donné de cette
grande vérité une expression plus nette et plus
ferme que celle que nous trouvons à la tête de son
second Mémoire? « Je n'admets pas plus de physio-
« logie spéciale pour des cas d'organisation vicieuse,
« dit-il, que de physique particulière au profit de
« quelques faits isolés et laissés sans explication. *Il*
« *y a Monstruosité, mais non pas pour cela dérogation*
« *aux lois ordinaires; et il le faut bien,* s'il n'y a à
« embrasser dans ces considérations que des maté-
« riaux toujours similaires. » La Monstruosité n'est
donc pas un désordre aveugle; ce n'est pas même
un autre ordre également régulier : c'est, dans une
autre série de faits, l'ordre même que nous admirons dans l'ensemble des espèces animales.

Par cela même, et c'est la première conséquence
que déduit Geoffroy Saint-Hilaire, l'étude des Monstruosités qui, selon les anciennes idées, ne pouvait
que satisfaire une vaine curiosité, revêt un caractère
scientifique, et prend place à côté de l'étude des

1 Pag. 5 à 102; p. 103 à 124, et p. 125 à 155.

êtres normaux. « Quand les uns, s'écrie-t-il, ont « tout dit, ou à peu près, faisons parler les autres! » Et il montre aux observateurs, à côté de la *zoologie normale, une zoologie pathologique, nouveau champ* où *la moisson la plus riche* doit récompenser les efforts des travailleurs.

Dans cette *zoologie pathologique,* que nous appelons aujourd'hui Tératologie (alors elle n'avait pas même un nom), sera-t-il possible d'introduire la méthode et les classifications de la *zoologie normale?* Dès son premier Mémoire, Geoffroy Saint-Hilaire affirme qu'on le pourra et qu'on le devra; et, en dépit de mille objections qui s'élèvent autour de lui, il le prouve, comme, dans l'antiquité, le philosophe de Sinope prouvait le mouvement : en marchant. La classification des Monstres acéphales, présentée sous le titre modeste d'*Essai,* subsiste encore aujourd'hui en grande partie, et elle est le point de départ de tout ce qu'on a fait depuis dans cette direction.

L'auteur fait un autre rapprochement non moins heureux entre la *zoologie normale* et la *zoologie pathologique.* Il justifie le nom dont il s'est servi, en signalant la concordance des conditions des êtres normaux et de celles des Monstruosités. « Une ano- « malie pour une espèce, dit-il[1], retombe dans ce

---

1 Il avait conçu cette idée, du moins pour quelques cas particuliers, dès 1800. Voyez plus haut, p. 158.

« qui est la règle pour une autre. » Et l'Homme lui-
même dévie rarement de son type régulier, sans
que quelques-uns de ses organes présentent les
dispositions normales de l'un des êtres placés au-
dessous de lui dans la série.

Cette répétition fréquente des traits caractéristiques d'une espèce par les anomalies d'une autre,
n'a pas plutôt frappé Geoffroy Saint-Hilaire qu'il
en recherche et en découvre la cause générale :
comment eût-elle échappé à celui qui le premier,
et dès 1806, avait éclairé des vives lumières de
l'embryogénie l'anatomie comparée elle-même? Un
Monstre est, pour lui, un être, chez lequel ne se
sont point accomplies toutes les transformations
qui devaient l'élever successivement à son type
normal; un être qui a subi un *retardement de développement;* qui est, à quelques égards, resté embryon, comme si la nature se fût arrêtée en chemin
pour donner à notre observation trop lente le
temps et les moyens de l'atteindre. Idée fondamentale que Meckel avait déjà conçue depuis quelques
années, mais au point de vue de la doctrine de la
*préexistence des germes,* si vivement combattue à
diverses reprises par Geoffroy Saint-Hilaire.

Ainsi, non-seulement la régularité fondamentale
des Monstres est reconnue, mais leurs *désordres
méthodiques,* comme les appelle Geoffroy Saint-
Hilaire, sont ramenés à de simples inégalités dans

le développement. Et, puisque telle est aussi la théorie des différences normales des espèces, on est également fondé à considérer la tératologie, comme une embryogénie permanente, ou comme une autre anatomie comparée. Ainsi, trois sciences d'abord cultivées isolément, sont désormais indissolublement unies, ou plutôt elles se confondent en une seule et même science dont les trois branches, se servant réciproquement de complément, d'explication et de *criterium*, devront chaque jour, ensemble et l'une par l'autre, s'élever d'un vol plus sûr vers de plus hautes vérités.

Voilà le résumé, non de tous les travaux tératologiques de Geoffroy Saint-Hilaire (nous reviendrons bientôt sur eux), non pas même du second volume de la *Philosophie anatomique*, mais des trois premiers Mémoires de cet ouvrage.

A cette question : Qu'est-ce qu'un Monstre? la science répondait encore au commencement de ce siècle : Un jeu de la nature; un être créé en dehors de toute règle, en l'absence de toute fin. Et la philosophie croyait pouvoir ajouter : C'est un *échantillon de ces lois du hasard* qui, selon les athées, doivent avoir enfanté l'univers ; *Dieu les a permis pour nous apprendre ce que c'est que la création sans lui.*[1]

--------

[1] Expressions de Chateaubriand dans le *Génie du christianisme.*

La *Philosophie anatomique* est venue, au contraire, répondre : Les Monstres ne sont pas des jeux de la nature; leur organisation est soumise à des règles, à des lois rigoureusement déterminées; et ces règles, ces lois sont identiques à celles qui régissent la série animale; en un mot, les Monstres sont d'autres êtres normaux; ou plutôt : il n'y a pas de Monstres, et la Nature est une.

X.

Résumons ce long Chapitre, et achevons de caractériser la *Philosophie anatomique*.

Il est donné à beaucoup d'hommes d'enrichir la science de faits nouveaux, à quelques-uns d'y créer des théories nouvelles, à un bien petit nombre d'y introduire un esprit nouveau. De ces trois genres de progrès, plus le dernier est d'un ordre élevé, et plus il échappe à l'appréciation équitable, soit des contemporains, soit de la postérité elle-même.

Celui qui vient dire aux hommes de son temps, à ses émules, engagés tous ensemble dans les mêmes voies : Quittez cette direction, et suivez-moi! celui qui ose imprimer à la science un mouvement nouveau, par cela même qu'il va contre les doctrines régnantes, semble aller contre les principes : il subit le sort de tous les novateurs; il est taxé de témérité, et la réforme qu'il propose, est repoussée.

Mais, avec le temps, la vérité triomphe : les

hommes les plus avancés, puis les savants d'une portée ordinaire, puis les retardataires eux-mêmes, viennent au novateur, adoptent ses idées, entrent dans ses voies. Mais, au sein de son triomphe, et par son triomphe même, un autre danger le menace. Quand tous marchent avec lui, quand tous sont pleins de l'esprit dont il a animé la science, il peut arriver, après quelque temps, que cette direction, cet esprit, par cela même qu'ils sont devenus la direction, l'esprit de tous, et qu'on n'en comprend plus d'autres, semblent avoir été toujours ceux de la science. C'est une illusion, c'est un oubli dans lequel il est difficile de ne pas tomber. En cueillant les fruits d'un arbre, songeons-nous aux efforts de celui qui autrefois, quand nous n'étions pas encore, laboura péniblement le sol pour y déposer une précieuse semence?

La *Philosophie anatomique* date d'un quart de siècle seulement : quelque chose de semblable n'arrive-t-il pas déjà pour elle? Il y a, dans ce livre, un grand nombre de faits nouveaux, une théorie nouvelle, et un esprit nouveau. Ces faits, il n'est point de zootomiste qui ne les cite, et ne rapporte à Geoffroy Saint-Hilaire le mérite de leur découverte; cette théorie, tous, aussi bien ceux qui la combattent encore, que ceux qui l'adoptent et l'admirent, en savent l'origine, et le nom de son auteur y reste attaché; mais tous reconnaissent-ils également dans la *Philosophie anatomique* la source féconde de cet esprit nouveau, dont la science se montre de plus en plus animée; de cet esprit d'induction et de généralisation qui a pénétré et pénètre chaque jour jusque dans les travaux de l'école la plus opposée à celle de Geoffroy Saint-Hilaire?

Non, sans doute. A entendre plusieurs zootomistes, il semblerait que la Théorie de l'Unité de composition organique fût la *Philosophie anatomique* tout entière, et que cette Méthode nouvelle, caractérisée par l'alliance de l'observation et du raisonnement, ait toujours régné dans la science.

Si, quinze ans seulement, après les mémorables débats de Cuvier et de Geoffroy Saint-Hilaire, le sens en est déjà obscurci à ce point, que sera-ce après une longue suite d'années? Que serait-ce du moins, si, dans les écrits du temps, ne subsistaient d'impérissables témoins, que nous avons, que l'on aura toujours le droit et le devoir d'interroger? A quelque époque que ce soit, en les évoquant devant lui, l'historien de la science pourra se faire, par la pensée, spectateur de la lutte des deux écoles; il pourra entendre par lui-même Cuvier et Geoffroy Saint-Hilaire exposant et défendant, de 1828 à 1832, leurs vues si contraires; l'un voulant l'observation presque exclusive, *l'exposé des faits et du détail de leurs circonstances*[1]; l'autre, la généralisa-

[1] Voyez plus haut, Chap. V, p. 127.

tion logique, l'emploi de *nos plus belles facultés, le jugement et la sagacité comparative,* aussi bien que de toutes les autres, afin qu'*après l'établissement des faits viennent leurs conséquences scientifiques*[1]. Il pourra voir, au moment de cette discussion si justement célèbre, la plupart des naturalistes se partager entre les doctrines des deux chefs d'école, quelques-uns aussi rester incertains, et attendre pour se prononcer le jugement de l'avenir. Il pourra, remontant à l'instant même de la publication de la *Philosophie anatomique,* se rendre compte de la sensation produite par elle dans le monde savant, et la voix des contemporains lui apprendra s'il s'agissait, en 1818 et en 1822, exclusivement de la théorie de l'Unité de composition, ou bien, avant tout, d'une direction nouvelle d'idées, de la création d'une méthode dont cette théorie, quelque fondamentale qu'elle soit, n'était que la conséquence et le fruit.[2]

1 Voyez plus haut, Chap. V, p. 128.

2 Parmi les nombreux écrits dont la *Philosophie anatomique,* au moment de sa publication, a été le sujet, il en est deux que les noms de leurs auteurs nous prescrivent de citer de préférence, ceux de M. Flourens et de M. Frédéric Cuvier (tous deux insérés dans la *Revue encyclopédique,* 1819 et 1823, et de plus, le premier, publié à part, et traduit dans le *Mercure grec* par M. Piccolo).

Nous citerons un passage de l'*Analyse de la Philosophie anatomique* par M. Flourens, le premier et assurément l'un

A ce point de vue, qui est celui de l'histoire, il n'y a, il ne peut y avoir doute: le grand, le suprême caractère de la *Philosophie anatomique*, de tous les travaux de Geoffroy Saint-Hilaire, de tous ceux de ses disciples, c'est l'émancipation de la pensée, trop longtemps enchaînée à la suite des faits et de l'observation.

En vain Schelling, avant Geoffroy Saint-Hilaire, avait tenté de s'ouvrir, par le seul effort de son esprit, l'accès des hautes régions de la science. Peu de naturalistes (aucun en France) l'avaient suivi dans les voies périlleuses où il s'avançait. Cuvier et son école, c'est-à-dire la presque-univer-

---

des plus remarquables de ses ouvrages. L'auteur s'attache particulièrement à déterminer l'influence future du livre de Geoffroy Saint-Hilaire sur la physiologie et sur l'anatomie.

« Il est également dangereux pour les sciences, dit M. Flou-
« rens, et d'accumuler sans cesse des matériaux sans s'élever
« à aucune idée générale, et de vouloir pour ainsi dire deviner
« ces idées, avant qu'elles soient sorties d'elles-mêmes des
« observations déjà acquises. La disposition d'esprit qui porte
« à ces deux écueils, est, comme on voit, tout à fait opposée:
« je l'appelle dans un cas *l'esprit de précipitation*, et dans
« l'autre *l'esprit de routine.* »

L'auteur montre ensuite comment les Grecs *imaginèrent au lieu d'observer*, et comment les modernes sont surtout observateurs. « Le temps est venu, continue-t-il, de les avertir
« que *des observations toutes nues finissent toujours par être*
« *stériles....* La direction contraire (à celle de la recherche
« des analogies) pouvait perfectionner l'anatomie spéciale des

salité des zoologistes, s'étaient même fait de son exemple une arme en faveur de l'observation presque exclusive.

Ainsi, deux écoles, non-seulement diverses, mais directement opposées, marchaient, en sens inverse, dans des voies où elles ne pouvaient, ni se rencontrer, ni se comprendre. Nous honorons, nous admirons les travaux de toutes deux; mais, ni à l'une, ni à l'autre n'appartenait, ne pouvait appartenir la vérité tout entière.

Schelling et cette école célèbre des *Philosophes de la nature* dont il fut le fondateur et le chef, avaient pris pour guide l'imagination qui enfante

«divers animaux; mais, par ses progrès mêmes, elle *détournait* «*de plus en plus d'une anatomie réellement comparative.* «*On courait après les détails, et l'on s'éloignait à chaque* «*pas des rapports généraux, les seuls néanmoins qui con-* «*stituent les sciences,* parce qu'ils ne sont que l'expérience «généralisée. Cette contradiction affligeait les bons esprits, et «il régnait parmi eux une hésitation générale que des obser- «vateurs superficiels prenaient déjà pour de l'impuissance.... «C'est au milieu de cette hésitation même qu'a paru tout à «coup la *Philosophie anatomique,* ouvrage étonnant et des- «tiné à faire partager désormais à l'anatomie comparée le titre, «si honorable pour nous, de science française, que la chimie «reçut du génie de Lavoisier, que Bernard de Jussieu mérita «peut-être à la botanique, et que Cuvier a dès longtemps «acquis à la zoologie. *La publication de cet ouvrage fixera* «*donc la date d'une direction nouvelle pour les études* «*anatomiques.* &

des systèmes, et non le raisonnement, solidement appuyé sur les faits, qui seul crée les théories. Schelling avait osé dire : Philosopher sur la nature, c'est créer la nature. Et, pour lui, pour ses disciples, les faits étaient les conséquences de formules abstraites, et non les formules des généralisations logiques des faits.[1]

Schelling donnait donc tout à la pensée, comme Cuvier et son école donnaient tout à l'observation.[2] L'un faisait la science grande comme la création elle-même; mais il la composait d'hypothèses qui, dans la haute sphère où les tenait son abstraction, planaient, pour ainsi dire, au-dessus des faits sans les atteindre. Les autres, préoccupés seulement du besoin de rigueur dans leur méthode et de certitude dans leurs résultats, n'osaient s'élever au-dessus des faits, de peur de s'égarer en les perdant de vue, comme autrefois, les navigateurs, faute de boussole, se voyaient obligés de suivre timidement la côte.

Ainsi, d'une part, des hypothèses générales ne reposant pas sur les faits; de l'autre, des faits dont

1 « Ces philosophes ont voulu, a dit Cuvier dans un Rapport « à l'Académie des sciences, non-seulement lier ensemble tous « les êtres animés par des analogies successives, mais déduire *a* « *priori* la composition générale et particulière des lois univer- « selles de l'ontologie et de la métaphysique la plus abstruse. »

2 Voyez plus haut, p. 127.

les conséquences n'étaient pas déduites : un édifice
suspendu sur le vide, et de solides fondements
sans édifice.

L'école de Geoffroy Saint-Hilaire pense, comme
celle de Cuvier, que le premier besoin de la science
est la certitude, d'où la nécessité de l'observation.
Mais, en même temps elle croit, comme celle de
Schelling, que l'observation ne saurait donner
qu'une idée étroite et imparfaite de l'ensemble du
règne animal; que, si elle suffit pour en retracer
les traits épars, le raisonnement, la pensée seuls
peuvent apercevoir cet admirable réseau de rapports et d'harmonies, qui unit entre elles toutes
les parties de l'œuvre du Créateur.

Voilà ce qu'il y a de commun, et voilà aussi ce
qu'il y a de profondément différent entre Geoffroy
Saint-Hilaire et Cuvier, entre lui et Schelling.
Comme Cuvier, Geoffroy Saint-Hilaire procède des
faits et de l'observation, mais il ne s'y arrête pas :
il cherche à en suivre les conséquences aussi loin
qu'il le peut rationnellement. Comme Schelling et
ses disciples, il cherche à s'élever à une conception
générale de l'organisation animale; mais il veut la
faire dériver des faits, et non la déduire d'un type
idéal, admis *a priori*.[1]

[1] Tel est le véritable caractère de la doctrine de Geoffroy
Saint-Hilaire. Le *Discours préliminaire* et l'*Introduction* du
tome I.er de la *Philosophie anatomique*, sont déjà écrits dans

De là la nécessité *logique* de l'emploi successif de l'observation et du raisonnement : l'une, élément de certitude ; l'autre, de puissance et de grandeur : l'une, source unique de la connaissance des faits naturels ; l'autre, de la découverte des rapports, des généralités, et finalement des lois de la nature. La science, comme elle a deux ordres de vérités à connaître, aura désormais deux méthodes. Après avoir recueilli tous les enseignements qu'il peut devoir au témoignage des sens, le naturaliste osera s'élever, par la pensée, vers de plus générales et

cet esprit. *Se déterminer seulement d'après l'analogie, ou se rendre trop difficile sur les faits,* ce sont, l'auteur insiste fortement sur cette vérité, ce sont *deux extrêmes,* deux écueils entre lesquels est la véritable route de la science. L'anatomie philosophique *cherchera à ne point s'en écarter ;* elle *marchera par degré,* s'efforçant de n'exagérer (chose difficile au début) ni la hardiesse, ni la prudence, et créant ainsi peu à peu *sur l'ensemble de l'organisation* une doctrine non *imaginée a priori,* mais découlant des faits observés.

Dans le *Discours préliminaire* du tome II, Geoffroy Saint-Hilaire est plus explicite encore : «Dans l'ordre progressif de «nos idées, c'est le tour présentement des recherches philoso-«phiques, qui ne sont que l'*observation concentrée* des mêmes «faits, que cette observation étendue à leurs relations, et ra-«menée à la généralité par la découverte de leurs rapports.»

En s'engageant dans des voies aussi différentes de celles de Schelling, Geoffroy Saint-Hilaire a toujours professé la plus vive admiration pour les efforts des savants allemands. «L'Alle-«magne..., cette admirable nation...,» a-t-il dit, à l'occasion des *Philosophes de la nature,* dans l'un de ses derniers écrits.

de plus hautes vérités; et dans cette lutte si inégale de l'esprit humain contre les difficultés infinies de l'étude des êtres vivants, il ne se présentera plus désarmé de ses plus nobles et plus belles facultés, et semblable au soldat qui, de peur de se blesser lui-même, aurait jeté ses armes sur le champ de bataille.

# CHAPITRE IX.

### TRAVAUX ET DOCTRINE DE GEOFFROY SAINT-HILAIRE EN TÉRATOLOGIE.

I. Résumé. — II. État de la Tératologie avant Meckel et Geoffroy Saint-Hilaire. — III. Introduction de la Méthode naturelle en tératologie. — IV. Causes des anomalies. — Réfutation expérimentale de l'hypothèse de la Monstruosité originelle. — V. Théorie des Arrêts ou du Retardement de développement. — VI. Loi de l'Union similaire. — VII. Loi de L'Affinité ou de l'Attraction de soi pour soi. (1825 — 1827).

## I.

Geoffroy Saint-Hilaire ne s'était pas fait illusion. Si, dans la *Philosophie anatomique,* il avait laissé bien loin derrière lui ses Mémoires de 1806 et de 1807; s'il avait enfin touché ce but qu'il osait, dès 1795, placer si loin et si haut, que d'obstacles, que de lacunes, franchis par lui dans sa course hardie, demeuraient encore sur la route! «Je l'ai tracée, «disait-il lui-même en 1822, mais il reste à l'*ouvrir* «*sur de plus larges dimensions.*»

Voilà le sentiment dont il était plein en terminant sa *Philosophie anatomique.* Aussi, après avoir donné à la composition de ce livre, durant six années entières, chacun de ses jours et la moitié de ses nuits, le seul repos qu'il connaisse, c'est la variété des travaux. Et encore, sous des formes et par des voies diverses, c'est toujours le même esprit tour à tour porté dans l'examen de questions diffé-

rentes, mais intimement unies dans la pensée de
leur auteur. De 1820 à 1822 il s'était surtout occupé
de tératologie; en 1823 et 1824, il se donne tout
entier à l'anatomie comparée[1], et surtout il poursuit la démonstration, déjà commencée dans la
*Philosophie anatomique*, de l'analogie élémentaire des
appareils reproducteurs de l'un et de l'autre sexe.
A la fin de 1824 il revient à la tératologie, et publie
successivement, de 1825 à 1827, sur cette science,
jusqu'alors si négligée, seize Mémoires, auxquels il
fait succéder, en 1828, l'un de ses principaux ouvrages zoologiques.

C'est des seize Mémoires tératologiques que nous
nous proposons de donner, dans ce Chapitre, une
rapide analyse.

Comment tant de travaux, complétés eux-mêmes
dans la suite par plusieurs autres Mémoires[2], furent-
ils nécessaires après la *Philosophie anatomique*? L'auteur avait, dans son ouvrage, jeté les fondements
d'une classification, regardée jusqu'alors comme
impossible; il avait établi la nécessité d'une alliance
intime entre la tératologie et l'anatomie comparée,
et l'importance des applications qui peuvent être
faites de l'une à l'autre; il avait trouvé, dans la
Théorie du *retardement*, des *arrêts* ou mieux des
*inégalités de développement*, la source d'une expli-

1 Voyez plus haut, p. 225.
2 En 1829, 1850, 1852 et 1858.

cation rationnelle de la plupart des anomalies organiques; il avait fait voir que les Monstruosités elles-mêmes sont soumises à d'invariables règles; et, montrant l'identité de ces règles avec celles auxquelles sont soumis les êtres normaux, il avait pu s'élever jusqu'à cette grande vérité de philosophie naturelle : Les Monstres eux-mêmes n'échappent pas aux lois générales de l'organisation; ils en subissent l'empire, et en prouvent l'universalité.

Telle est en résumé, nous l'avons plus haut montré, la doctrine tératologique, contenue dans le second volume de la *Philosophie anatomique*. L'auteur, en revenant sur un sujet qu'il avait considéré de si haut, espérait-il s'élever plus haut encore? Non sans doute. Il était évident que les dernières limites avaient été atteintes; mais il ne l'était pas moins que la question, loin d'être épuisée, restait neuve encore sur une multitude de points. Le champ de la science venait d'être rapidement parcouru et, pour ainsi dire, traversé tout entier : il fallait maintenant en défricher les diverses parties.

C'est dans ce but que nous voyons Geoffroy Saint-Hilaire reprendre, en 1825, ses études de 1820 et de 1821. Mais qu'on ne s'y trompe point : lorsqu'il semble revenir sur ses pas, et ne songer qu'au perfectionnement de ses anciens travaux, il va leur donner une extension nouvelle, enrichir tour à tour la tératologie d'une multitude de faits, par l'obser-

vation, de principes nouveaux et féconds, par
d'heureuses déductions, et répandre ainsi sur elle
une lumière dont s'éclaireront toutes les branches
des sciences de l'organisation.

## II.

Dans ses travaux d'anatomie comparée, nous
avons vu Geoffroy Saint-Hilaire partir souvent de
faits connus pour arriver à des conséquences nouvelles : en tératologie, c'est toujours sur les résultats
de ses propres observations ou de ses expériences,
qu'il fonde ses généralisations. A quoi tient cette différence ? à l'extrême pauvreté d'une science à laquelle
manquèrent si longtemps, non-seulement des principes, une théorie, une méthode, mais aussi des faits.

Ceux qui ont parcouru les *Éphémérides des Curieux
de la nature* et tant d'autres volumineux recueils du
17.ᵉ et du 18.ᵉ siècle ; ceux qui se souviennent d'y
avoir rencontré, presque à chaque page, des descriptions et des figures tératologiques, pourront
n'accueillir cette assertion qu'avec étonnement, avec
incrédulité : cette science que nous disons si pauvre
de faits, en possédait, leur semblera-t-il, un nombre
infini avant Meckel et Geoffroy Saint-Hilaire, bien
plus, avant Haller lui-même. Mais de ceux qui ont
*parcouru,* nous en appellerons à ceux qui ont *lu,* à
ceux qui ont vu de près ces prétendues richesses,
qui ont cherché à les utiliser pour la science :

18

ceux-ci, assurément, penseront comme nous; ils n'auront point confondu de vagues indications avec des descriptions, des récits avec des faits, des *histoires* avec des observations; et ils savent quelles sont, dans cet immense amas de matériaux que nous ont légués les deux siècles précédents, la déplorable rareté des dernières, la non moins déplorable multitude des autres. Pour un Gœller, unissant, dès 1683, à l'exposition très-précise de faits remarquables, le mérite d'une importante application à l'organogénie; pour un Werner Curtius, observant et décrivant, en 1762, avec une exactitude que ne désavouerait pas la science de nos jours; combien de Kœnig, de Mérindol, de Chilian, écrivant sur les cas les plus dignes d'intérêt, de confuses relations qui les font à peine connaître; relations où l'on se tait sur les points capitaux pour se perdre en des détails oiseux ou controuvés, et dont on peut presque affirmer qu'elles nous instruisent aussi peu par ce qu'elles disent que par ce qu'elles ne disent pas !

Est-ce la faute de ces auteurs? Est-ce celle de leur temps et des idées, alors si universellement admises, sous l'empire desquelles ils écrivaient? Quand les Monstres étaient généralement considérés comme des êtres affranchis de toute règle et de toute loi, quel résultat attendre de leur étude, sinon la satisfaction d'une vaine et passagère curiosité? Et dès lors ne devait-on pas s'attacher avec prédilection aux plus étranges, aux plus bizarres de ces *jeux de la nature?* De là tous ces travaux, disons mieux toutes ces ébauches du 17.e et d'une partie du 18.e siècle, dont les auteurs semblent placer le but de la science dans la recherche, non du vrai, mais du merveilleux.

Vers le milieu du 18.e siècle, Lémery, Winslow, Haller surtout appelèrent les tératologues en d'autres voies; mais bien peu s'y engagèrent à leur suite. Les principaux Mémoires de Lémery sont de 1738 et de 1740, et ceux de Winslow de 1733 à 1743; les premiers travaux de Haller sur les Monstres datent de 1735; la célèbre thèse de Werner Curtius ne parut qu'en 1762, et alors même elle fut et resta longtemps une exception presque unique.

C'est qu'il ne suffisait pas de dire: Cessons de discourir en termes vagues sur les Monstres, et de nous étonner devant leurs apparentes merveilles; étudions-les avec soin; décrivons-les avec exactitude. Il fallait aussi, il fallait avant tout, que l'on fît comprendre l'utilité de cette étude et de ces descriptions, pour lesquelles on réclamait plus de soins, par conséquent plus de temps et d'efforts. Le seul but sérieux que l'on pût, il y a un siècle, assigner aux recherches sur les anomalies, c'était la confirmation ou l'infirmation des théories physiologiques, alors admises par les uns, et rejetées par les autres. Mais comment les faits tératologiques,

si peu nombreux encore et si mal compris, eussent-
ils eu la valeur de véritables preuves scientifiques?
Que ceux, dont ils venaient fortifier l'opinion, les
admissent ou s'en armassent contre leurs adversaires,
on devait s'y attendre, et cela fut. Mais ceux qu'ils
condamnaient, ne pouvaient manquer d'avoir une
autre logique. Comme Vallisneri à Vogli, signalant
l'absence du cœur chez un Acéphalien, ils répon-
daient : Vous annoncez un fait isolé, contraire à
l'ensemble des faits connus; je le rejette comme erroné; ou bien encore : J'admets ce fait, mais qu'en
résulte-t-il? rien; ce n'est qu'un *jeu de la nature*.

Et à leur point de vue, ils avaient raison. Existe-t-il,
d'un côté, des êtres normaux, soumis, dans leur évolution et leur conformation, à des lois déterminées;
de l'autre, des êtres anomaux, étrangers, non-seulement à ces lois, mais à toute loi : il n'y a absolument rien à conclure des uns aux autres; rien de
commun entre la science qui traite des premiers, et
la branche, indigne du nom de science, qui a pour
objet la connaissance de ceux-ci? Admettez-vous,
au contraire, que les Monstruosités ont aussi leurs
lois? Considérez-vous ces lois comme réductibles
aux lois de l'ordre normal? Par cela même, vous
faites tomber la barrière qui s'élevait devant la
tératologie : la connaissance des derniers peut et,
dès lors, elle doit devenir le complément de celle
des premiers. Dans la discussion de tous les problèmes

de la science, désormais unique, de l'organisation animale, les faits anomaux interviennent avec une autorité égale à celle des faits de l'anatomie et de la physiologie ordinaires; et la tératologie acquiert le droit de déclarer douteuse toute loi, en dehors de laquelle resteraient les Monstruosités, et fausse toute conséquence prétendue générale que l'étude de celles-ci contredirait formellement.

Cette autorité, ce droit de cité parmi les sciences, la tératologie l'a obtenu le jour où, par les travaux de l'école moderne, les anomalies ont été ramenées à de simples modifications, le plus souvent à des inégalités dans le développement d'organes au fond identiques. Mais ce droit, à quelle condition s'exercera-t-il utilement? Évidemment, à la condition que toute conséquence, toute application de la tératologie à l'anatomie et à la physiologie normale, soit déduite de faits bien connus, rigoureusement établis, et rationnellement coordonnés. Des hautes régions de la science, le progrès va donc descendre aux régions inférieures, par lesquelles il semble qu'il eût dû commencer : la nécessité d'une bonne classification, et avant tout de descriptions complètes, fidèles, précises, sera universellement sentie, et tous feront à l'avenir ce qui n'avait été fait jusqu'alors qu'exceptionnellement par quelques hommes d'élite, les uns en vue d'un avenir qu'ils avaient deviné, et qu'ils préparaient de loin; les autres, en cédant, sans même s'en rendre compte, à ce besoin d'exactitude et de sévérité, dont la culture de l'anatomie humaine fait inévitablement une habitude pour les bons esprits.

### III.

Il y a plusieurs manières de décrire. Les deux créateurs de la tératologie, Meckel et Geoffroy Saint-Hilaire, décrivent avec le même soin, mais de points de vue bien différents. Ignorât-on leurs antécédents, on devinerait aussitôt que l'un procède de la médecine, l'autre de l'histoire naturelle. Meckel décrit les Monstruosités comme, depuis Hippocrate, on décrit les maladies : il rédige, selon l'expression consacrée en pathologie, des *observations* très-précises, très-détaillées, que suivent ordinairement des remarques générales, soit relatives à une seule observation, soit communes à plusieurs. Geoffroy Saint-Hilaire se plaît, au contraire, à de fréquents et immédiats rapprochements entre le fait tératologique qu'il expose, et les faits zootomiques qui peuvent éclairer celui-ci ou en être éclairés. Et quant à ses descriptions proprement dites, moins détaillées que celles de Meckel, on y retrouve partout cet art du naturaliste qui, mettant en relief les caractères fondamentaux, leur subordonnant et, pour ainsi dire, rejetant au second plan les modifications accessoires de l'être qu'il étudie, fait saisir ses rapports naturels avant même d'en avoir abordé la discussion.

Toutefois, au fond, entre les procédés descriptifs de Meckel et de Geoffroy Saint-Hilaire, il n'y a que des nuances; mais, un peu plus loin, ces nuances vont se changer en une opposition tranchée. Après l'observation et la description vient la classification, non moins indispensable qu'elles-mêmes. Or, selon que vous décrirez en médecin ou en naturaliste, ne serez-vous pas conduit à classer aussi en médecin ou en naturaliste? Ne devrez-vous pas, d'une part, comme Sauvages ou Pinel, vous contenter d'une classification purement artificielle; de l'autre, comme Jussieu et Cuvier, appliquer les principes féconds de la méthode naturelle?

Et c'est, en effet, ce qui a eu lieu. Substituer aux vieilles et absurdes classifications des Licetus et des Malacarne, des classifications infiniment plus parfaites, mais reposant essentiellement sur les mêmes bases: voilà le seul genre de progrès dont Meckel et tous les autres tératologues eussent conçu la pensée et tenté avec succès la réalisation. Pour Geoffroy Saint-Hilaire, au contraire, renouveler les bases mêmes de la classification, grouper les êtres anomaux selon leurs affinités naturelles, leur appliquer la nomenclature linnéenne, faire, selon ses propres expressions, de la tératologie *une autre zoologie*, c'est là le véritable, le seul progrès, le but vers lequel devront tendre tous les efforts. Point d'améliorations de détail; point de rectifications partielles : une réforme radicale.

Mais cette réforme est-elle possible? Dès 1820 Geoffroy Saint-Hilaire croit pouvoir l'affirmer; mais, de toute part, s'élèvent des voix qui le nient. La même objection est dans toutes les bouches : c'est la prétendue irrégularité, la variabilité indéfinie des faits tératologiques : autant de Monstruosités, autant de combinaisons différentes de caractères, par cela même purement individuels; donc, en tératologie, point de genres, point de familles naturelles; il n'en existe pas, il ne saurait en exister.

Cette objection si souvent reproduite, nous l'avons longuement réfutée dans un autre ouvrage;[1] nous ne le ferons pas aujourd'hui. Il y a quinze ans, nous la trouvions debout et dans toute sa force : aujourd'hui, elle ne mérite plus de nous arrêter. Quel tératologue instruit voudrait essayer de rendre vie à un argument qui a pour prémisse la vieille erreur de la non-régularité des êtres anomaux? Comment contester l'existence, parmi les Monstres, soit unitaires soit doubles, de types parfaitement déterminés, se reproduisant plus ou moins fréquemment[2] avec un ensemble de conditions

1 Dans notre *Histoire générale des anomalies*, tom. I.er, p. 97 et suiv. Voyez aussi le tom. III, p. 450 et suiv.

2 Nous renverrons aussi à nos *Remarques sur la fréquente répétition des types parmi les Monstres*, dans les *Comptes rendus* de l'Académie des sciences, tom. XIV, p. 257.

identiques et quelques modifications accessoires; d'où résulte précisément la notion de *caractères communs*, d'après lesquels ils pourront être groupés, et de *caractères spéciaux*, par lesquels on les distinguera; en d'autres termes, la notion du *genre* et celle de l'*espèce*? A moins de fermer les yeux à l'évidence, comment nier, soit l'affinité, si parfaitement naturelle, des vingt Anencéphales, des soixante Synotes déjà connus, et ainsi d'une foule d'autres exemples; soit les rapports d'un ordre plus général, mais non moins manifestes, qui unissent chacun de ces genres avec les autres groupes de la même famille? Enfin. le principe fondamental de toute classification naturelle, la *subordination des caractères*, ne tient-il pas aujourd'hui une aussi grande place en tératologie qu'en zoologie? Et n'a-t-on pas constaté, par une multitude de preuves, l'exacte concordance des formes et des traits extérieurs des Monstres avec les conditions essentielles de leur structure intérieure?

Laissons donc la démonstration d'un principe qui ne peut plus être sérieusement combattu, et demandons-nous, non plus si l'application de la méthode naturelle à la tératologie peut être faite, mais comment et jusqu'à quel point elle l'a été.

La première, mais seulement partielle réalisation de ce progrès remonte à l'année 1820, c'est-à-dire, à l'origine même des recherches de Geoffroy Saint-

Hilaire sur les Monstruosités. Il ne s'agissait alors
que des Monstres dits *acéphales*, c'est-à-dire de
ceux que caractérisent, soit une conformation imparfaite de la tête, soit son état rudimentaire ou
son absence même; en d'autres termes, et selon
la nomenclature actuelle, des Exencéphaliens,
Pseudencéphaliens et Anencéphaliens d'une part,
des Paracéphaliens et Acéphaliens de l'autre. Tels
sont les seuls groupes dont il ait été traité dans la
*Philosophie anatomique*.

Dans cette seconde série de Mémoires qui fut
composée de 1825 à 1827, Geoffroy Saint-Hilaire,
en même temps qu'il revient sur les sujets déjà
traités, s'avance sur un terrain nouveau. Un Mémoire sur les Aspalasomes marque, en 1825, le
commencement des recherches de l'auteur sur les
Monstres unitaires, caractérisés par la conformation
anomale de leur tronc et de leurs membres; et
presque aussitôt, créant les genres Hypognathe et
Hétéradelphe, il applique, avec non moins de succès,
les nouveaux principes de classification à ces singulières associations de deux individus, de deux
frères, tantôt égaux et dont chacun vit pour et par
l'autre, tantôt inégaux et dont l'un, véritable embryon permanent, fixé sur un fœtus, sur un enfant,
sur un adulte même, participe parasitiquement à
la vie commune sans contribuer à l'entretenir.

Ainsi furent ouvertes les voies où nous marchons

tous aujourd'hui : MM. Serres, Dubrueil, Autommar-
chi y suivirent les premiers Geoffroy Saint-Hilaire,
et bientôt les nouveaux principes de classification
et de nomenclature eurent franchi les limites de la
France, de l'Europe même. Trente genres environ
avaient été créés par Geoffroy Saint-Hilaire : grâce à
l'impulsion que lui-même avait donnée, près de cinquante autres l'ont été depuis, en même temps que
tous ces groupes étaient régulièrement coordonnés
en vingt-trois familles naturelles et en cinq ordres.

Que reste-t-il à faire pour achever l'œuvre, entreprise il y a un quart de siècle par Geoffroy Saint-
Hilaire? Beaucoup assurément pour la connaissance
des genres déjà établis : il est utile, il est nécessaire
que chacun d'eux devienne le sujet d'un travail
monographique et approfondi. Mais, quant au cadre
même de la classification, il est permis de penser
que, dès à présent, il reste bien peu à y ajouter.
Depuis dix ans, une multitude de Monstruosités se
sont produites, et ont été observées avec tout le
soin qu'on accorde maintenant, par toute l'Europe,
aux recherches tératologiques? Combien, parmi
toutes ces Monstruosités, s'est-il trouvé de types
génériques nouveaux? Un seul[1]! Tous les autres cas

---

1 Le genre *Chélonisome,* récemment établi par les remarquables travaux de M. Joly; encore, parmi les six genres déjà
connus de Célosomiens, en est-il un qui se rapproche beaucoup du genre créé par le savant professeur de Toulouse.

répétaient, avec de simples nuances dans quelques caractères sans importance, des types déjà connus par vingt, trente, soixante exemples, et davantage encore.

Ainsi, en peu d'années, l'idée, sur laquelle Geoffroy Saint-Hilaire a fondé la possibilité d'une classification tératologique, à la fois rationnelle et naturelle, s'est trouvée vérifiée au delà même de ses prévisions. Il avait dit : Les Monstres sont réductibles à un nombre déterminé de types génériques. Nous avons maintenant le droit d'ajouter : Ce nombre que l'on avait supposé infini, est, de fait, de très-peu supérieur au nombre des types déjà connus, et, dès à présent, la découverte d'un nouveau genre est beaucoup plus rare en tératologie que dans l'une quelconque des branches de la zoologie.

Geoffroy Saint-Hilaire n'aura donc pas eu uniquement le mérite de poser les principes de la classification, et d'en commencer l'établissement : ce qu'il a fait par lui-même, est une partie considérable, non-seulement de ce qui a été fait jusqu'à présent, mais de ce qui était à faire, et il restera toujours vrai de dire que l'édifice a été à demi construit par les mains mêmes qui en avaient jeté les fondements.

## IV.

Après la classification des faits vient leur explication, la recherche de leurs rapports généraux, de leurs lois. Mais à peine Geoffroy Saint-Hilaire fait-il un pas sur ce terrain, qu'il se voit arrêté : il trouve devant lui un système, imposant, du moins, par la multitude de ses partisans, par l'autorité de quelques-uns, et tel que, lui admis, il n'y a pas même lieu de chercher une explication.

Ce système est celui de la *Préexistence des germes,* plus spécialement l'hypothèse des *Germes originairement monstrueux ;* œuvre d'un médecin, beaucoup plus connu par ses œuvres philosophiques que par ses travaux physiologiques et médicaux, Pierre-Sylvain Régis.

Est-ce sur des faits bien ou mal interprétés que Régis fonde le système de la Monstruosité originelle? Pas le moins du monde. On attribuait, avant lui, une partie des Monstruosités à l'influence des astres, à l'*opération du démon,* à l'union adultère de deux êtres d'espèces différentes. Régis, en 1690, trouve toutes ces causes absurdes, et il a raison; mais il a le tort de rejeter à l'avance avec elles toutes celles que l'on pourra découvrir. Comme si les Monstruosités, pour être inexpliquées, étaient inexplicables, il émet l'idée que les germes des Monstres ont dû être produits à l'origine avec ceux des êtres normaux, la génération ne faisant, dit-il, *que les rendre plus propres à croître d'une manière plus sensible.*

Cette idée, Régis ne la présentait que comme une

hypothèse; mais toujours est-il que cette hypothèse
eut l'insigne honneur d'être successivement adoptée
et défendue avec chaleur par Winslow, par Haller
lui-même, et jusque dans notre siècle par Meckel.
Et quand Geoffroy Saint-Hilaire commença ses recherches tératologiques, non-seulement il la trouva
debout, malgré les rudes attaques de Lémery au
18.<sup>e</sup> siècle; mais elle dominait, elle régnait dans la
science.

Geoffroy Saint-Hilaire se trouvait, mieux que
personne, préparé à la discuter. Dès 1800, pendant
son séjour en Égypte, il avait combattu une hypothèse analogue, celle de la *Préexistence des sexes,*
c'est-à-dire, au fond, le même système dans une
autre de ses applications. Et il l'avait, non-seulement combattu par l'observation et le raisonnement, mais aussi par des expériences, pour lesquelles
l'Institut du Caire s'était empressé de lui donner
son concours[1]. Telles seront aussi ses armes contre

---

1 Le gouvernement de l'Égypte devait, à la demande de l'Institut, fournir à Geoffroy Saint-Hilaire les moyens d'exécuter sur
une grande échelle les expériences dont il avait conçu la pensée. Les circonstances ne permirent pas qu'il en fût ainsi, et
l'auteur dut se borner à quelques expériences sur les Oiseaux,
interrompues elles-mêmes un peu plus tard par les événements
de la guerre.

Nous voyons qu'au début de ses recherches, Geoffroy Saint-
Hilaire inclinait à admettre l'existence, dans chaque individu,
des germes de deux appareils sexuels, l'un mâle, l'autre femelle,

les partisans du système de la Monstruosité originelle, et en général, de la Préexistence des germes.

« Les mots, dit-il, sont facilement inventés dans
« le cabinet; les faits, au contraire, ne s'acquièrent
« que par un travail opiniâtre et persévérant. » Voilà
le point de vue auquel il se place : plus de termes
ambigus, plus de ces explications métaphysiques,
sur le sens desquelles ne s'accordent ni ceux qui
les rejettent, ni ceux même qui les admettent; mais
des faits rigoureusement constatés et sévérement
interprétés.

Ces faits, il les demande d'abord à l'observation.
Il étudie les circonstances de la naissance des
Monstres, et il voit, dans un grand nombre de cas,
un accident, par exemple, une chute, un coup,
une vive impression morale, troubler une grossesse
jusque-là régulière, et celle-ci, devenue dès lors
difficile, maladive, extraordinaire, se terminer à
neuf, à huit, à sept mois, par la naissance d'un

dont un seul, selon les circonstances, se développerait normalement. Dans ce système, l'hermaphrodisme résulterait du développement anomal de tous deux à la fois. La solution à laquelle
Geoffroy Saint-Hilaire est arrivé, et qu'il a toujours professée
depuis (voy. p. 271), est très-différente, mais non moins
contraire à la *préexistence des sexes*.

Le Mémoire dans lequel Geoffroy Saint-Hilaire a consigné
ses premières idées et tracé le plan des expériences qu'il pro-
jetait, est remarquable à plusieurs égards. C'est celui dont
nous avons fait mention et donné un extrait dans le Chapitre V,
p. 157 et note de la page 158.

Monstre. Bien plus : il arrive jusqu'à discerner, du moins à l'égard des Monstruosités pseudencéphaliques et anencéphaliques, de quelle nature est, et surtout, à quelle époque remonte l'accident qui en est l'origine et la cause; et la certitude de son diagnostic est telle que, plus d'une fois, il ose affirmer sur les circonstances de la grossesse ou de la naissance, ce que la mère elle-même avait nié, et ce qu'elle se voit obligée d'avouer en disant : Mais qui donc vous a révélé notre secret?[1]

De l'observation des circonstances de la naissance, Geoffroy Saint-Hilaire passe à celle des Monstres eux-mêmes, du placenta et des membranes de l'œuf, et de la détermination de la cause efficiente, à celle de la cause prochaine. Celle-ci est, suivant lui, dans beaucoup de cas[2], une adhérence établie,

1 L'un des exemples les plus remarquables est rapporté dans notre *Histoire générale des anomalies*, t. III, p. 558.

Voici un second exemple, pris dans un autre ordre de faits tératologiques. Un membre de l'Académie de médecine annonce un jour à Geoffroy Saint-Hilaire qu'il va présenter à cette savante compagnie un Monstre acéphale. « Présenterez-vous «en même temps, lui dit aussitôt Geoffroy Saint-Hilaire, son «jumeau premier-né et le placenta commun aux deux indivi-«dus? — Quoi! vous avez donc aussi l'observation ? — Je ne «sais que ce que vous venez de me dire. »

2 Dans la *Philosophie anatomique*, Geoffroy Saint-Hilaire avait proposé cette explication pour toutes les Monstruosités; mais, en 1826, il l'a lui-même restreinte à un certain nombre d'entre elles.

chez le jeune embryon, entre un ou plusieurs de
ses organes et les membranes de l'œuf ou le placenta. Qu'une mère, dans les premiers temps de la
gestation, éprouve une violente secousse physique
ou morale; que cet événement provoque une vive
et subite contraction du système musculaire, et en
même temps de l'utérus; que les membranes fœtales
se trouvent ainsi tout à coup resserrées, et qu'il en
résulte une légère dilacération, deux phénomènes
pourront survenir, savoir : l'écoulement d'une partie
des eaux de l'amnios, constaté, en effet, dans plusieurs cas; puis l'union des lèvres de la petite plaie
des membranes avec le point correspondant du
corps de l'embryon. De là des lames d'adhérence
ou *brides*, dont la présence, tantôt temporaire,
tantôt durable, trouble plus ou moins gravement
le développement de l'embryon, soit qu'elle retienne
les organes hors des cavités où ils devaient prendre
place, soit qu'elle s'oppose aux réunions qui devaient avoir lieu, soit encore qu'elle retarde ou
même empêche la formation des parties qui devaient apparaître ultérieurement.

Tous ces faits sont évidemment en opposition
avec l'hypothèse de la Monstruosité originelle, favorables, au contraire, au plus haut degré, au système
inverse. Irons-nous d'ailleurs jusqu'à dire qu'ils en
démontrent rigoureusement la vérité, et qu'ils ne
laissent prise à aucune objection? Non, sans doute;

dans une suite de phénomènes aussi complexes, il entre nécessairement bien des éléments inconnus, bien des causes d'action dont on ne saurait se rendre compte, quand on ne peut ni les provoquer, ni les modifier, ni les faire disparaître à volonté. C'est là ce qui a conduit Geoffroy Saint-Hilaire à en appeler des résultats de l'observation dans notre espèce, à l'expérimentation chez les animaux, particulièrement chez les Oiseaux.

Il le fit dès 1820, et de nouveau en 1822, mais dans des circonstances peu favorables. En 1826, au contraire, un vaste établissement d'incubation artificielle ayant été fondé à Auteuil, il lui fut loisible de reprendre ses expériences sur une grande échelle, et de les varier de mille manières. Elles consistèrent à faire incuber des œufs, *d'abord placés à tous égards dans les circonstances ordinaires*, puis, au bout d'un certain laps de temps, le plus souvent de trois jours, diversement modifiés; par exemple, secoués plus ou moins violemment, perforés en divers points, mais surtout maintenus dans une position verticale, soit sur le gros, soit sur le petit bout, ou bien revêtus, sur une moitié de leur surface, d'un enduit de cire ou d'un vernis propre à rendre la coquille imperméable à l'air.

Les résultats de ces expériences furent entièrement conformes aux prévisions de leur auteur. Ni parmi les poulets qui vinrent à éclore, ni parmi les fœtus qui moururent avant l'éclosion, il ne se trouva un seul Monstre double; et c'est, en effet, ce qui devait avoir lieu, à moins de la présence exceptionnelle d'un œuf double parmi les œufs incubés. Au contraire, on obtint un nombre, relativement très-considérable, de déviations organiques, les unes constituant de simples Hémitéries, les autres des Anomalies très-complexes, des Monstruosités, ne différant en rien de celles que la nature présente spontanément à notre observation chez les animaux et chez l'Homme lui-même.

Ces expériences, plusieurs fois répétées, ont toujours conduit à la même conséquence; et cette conséquence est la suivante : des embryons qui, placés dans les circonstances ordinaires, se seraient développés normalement, qui même avaient commencé à se développer normalement, sont devenus, leur développement ayant été troublé, anomaux, monstrueux même. Donc les anomalies ne préexistent pas à la fécondation, mais résultent d'une perturbation, survenue dans le cours du développement d'embryons d'abord parfaitement réguliers.

La possibilité de produire artificiellement des Monstruosités est un résultat décisif. Il a été jugé tel. Les partisans du système de Régis n'ont, depuis vingt ans, rien répondu: qu'eussent-ils pu répondre? Et quand ils se taisaient, d'autres ont encore apporté de nouvelles preuves, de nouvelles expériences à l'appui du résultat obtenu par Geoffroy Saint-Hilaire[1]. On arrive ainsi par toutes les voies à la même conséquence générale, savoir: l'origine accidentelle, et non primitive, des anomalies. L'hypothèse des germes prédestinés à laMonstruosité, est donc définitivement condamnée; et si elle doit vivre toujours dans la science, c'est historiquement, et parce qu'une erreur, défendue pendant un siècle par des hommes tels que Winslow, Haller, Meckel, a rendu à la tératologie plus de services qu'elle n'en recevra jamais de telle vérité incontestable et incontestée.

V.

Si l'hypothèse de la Monstruosité originelle eût prévalu, il ne nous resterait guère qu'à incliner notre raison devant un mystère, dont l'existence se rattacherait immédiatement à la cause première, et nous serait incompréhensible comme elle. La recherche des rapports généraux, des lois tératologiques ne serait guère plus fondée, quoique par de tout autres motifs, que sous l'empire de la vieille croyance aux *jeux de la nature.*

Si, au contraire, les êtres anomaux sont créés et formés par l'acte fécondateur selon les lois communes; si leurs déviations sont les effets de troubles et d'empêchements, survenus pendant le cours du

1 Nous avons consigné dans notre *Histoire générale des anomalies* le résumé de celles que nous avons faites nous-même.

développement, la recherche des rapports généraux et des lois reprend en tératologie l'importance qu'elle a dans toutes les autres sciences.

Cette recherche a été, avec l'application de la tératologie à la solution de diverses questions anatomiques et physiologiques, le but principal vers lequel se sont toujours dirigés les efforts de Geoffroy Saint-Hilaire. Et ici, comme il existe deux séries essentiellement distinctes de Monstruosités, nous allons voir l'auteur poursuivre parallèlement deux séries de travaux d'une importance presque égale : il expliquera les Monstres unitaires, la plupart du moins, par la Théorie du *Retardement* ou de l'*Arrêt de développement*, et déduira de l'étude des Monstres doubles la Loi de l'*union similaire*, à laquelle sera donnée presque aussitôt une immense extension.

Sur un de ces points fondamentaux Geoffroy Saint-Hilaire a de nombreux précurseurs.

Dès le 18.ᵉ siècle, Haller et Wolf, eux-mêmes précédés au 17.ᵉ par l'immortel Harvey[1], avaient expliqué quelques anomalies, par exemple l'exomphale, le bec-de-lièvre, par des arrêts dans le développement de certains organes. Plus hardi, trop hardi même, Autenrieth avait indiqué la possibilité d'étendre cette cause à l'explication de la presque-totalité des anomalies. Mais tous ces auteurs, de même que Reil au commencement de notre siècle,

1 Voyez plus haut, p. 158.

s'en étaient tenus à de simples aperçus, dénués de toute preuve comme de toute application utile, tombés aussitôt dans l'oubli, et remis seulement en lumière lorsque leur valeur eut été enseignée par la réinvention moderne des mêmes idées. Meckel, au contraire, leur donna, en 1812, un caractère vraiment scientifique, et en établit tout à la fois l'incontestable vérité et l'immense importance. Un volume tout entier de l'*Anatomie pathologique*, titre impérissable de gloire pour son auteur, est consacré à la comparaison d'une multitude d'anomalies avec les divers états transitoires de l'organisation embryonnaire, et à la démonstration de l'analogie frappante qui existe entre les uns et les autres.

Après un tel devancier, que pouvait-il rester à faire pour l'établissement de la doctrine des Arrêts de développement? Glaner peut-être sur ses traces? Remplir quelques lacunes laissées par lui? Ce ne pouvait être là le seul rôle de Geoffroy Saint-Hilaire. Quand, neuf ans après Meckel, et dès le début même de ses recherches, il conçoit à son tour la doctrine de l'Arrêt de développement, il la présente pure de tout alliage avec cette vieille erreur, dont nous avons vu Meckel se constituer l'un des derniers et des plus illustres défenseurs : l'hypothèse de la Monstruosité originelle. Pour lui, quand il proclame que les Monstruosités, autrefois dites *par défaut,* sont des Monstruosités *par retardement de développement*, il entend toujours *par l'interruption*, la suspension accidentelle *d'un développement régulièrement commencé*. Point d'équivoque dans les termes dont il se sert, parce qu'il n'y a point d'hésitation dans sa pensée; parce que, ce qu'il dit, il le prouve par l'observation et par l'expérience. *L'arrêt de développement* de Meckel, le *retardement de développement* de Geoffroy Saint-Hilaire, identiques sous un point de vue, sont donc profondément différents sous un autre. Et de là, l'explication d'une contradiction dont la singularité a frappé quelques auteurs : la théorie de Geoffroy Saint-Hilaire, ébauchée dès 1820, est à peine, en 1821, nettement formulée, que Meckel en réclame la priorité; et lorsque Geoffroy Saint-Hilaire, avec la bonne foi du vrai savant, s'est empressé d'ajouter à son Mémoire[1] une note, rédigée par Meckel lui-même, celui-ci semble passer tout à coup à d'autres idées : ces mêmes vues dont il s'était déclaré l'auteur, l'ont pour adversaire; et en 1826 et 1827, une curieuse et instructive discussion met en évidence un dissentiment qui d'abord avait échappé à tous.

Ainsi, des deux principes par lesquels la science actuelle explique les anomalies, Geoffroy Saint-Hilaire partage avec Meckel l'honneur d'avoir établi

1 Voyez la *Philosophie anatomique*, tom. II, p. 155.

le premier. Il est l'unique inventeur du second : qui, en effet, avait soupçonné avant lui, non-seulement la Loi de l'*affinité de soi pour soi,* mais même cette loi, si facile à vérifier par l'observation, qui régit l'organisation des Monstres composés, la Loi d'*union similaire* ?

VI.

Il est bien vrai que plusieurs anatomistes de diverses époques, se livrant à l'étude de certains cas de Monstruosité double, avaient aperçu et signalé entre les deux sujets réunis des rapports remarquables de situation et de connexion. Quelques observateurs avaient même été vivement frappés de ces rapports, témoin ces deux vers, empruntés à une longue pièce, faite à Paris, en 1750 :

> *Opposita oppositis spectantes oribus ora,*
> *Alternasque manus alternaque crura pedesque.*

Mais, ici comme toujours, la disposition parfaitement régulière, la symétrie des deux sujets avait été considérée comme une circonstance rare, individuelle, et rendant remarquable entre tous le Monstre qui la présentait. Lémery lui-même n'a guère été au delà, malgré la direction de ses travaux et des efforts huit fois renouvelés. Fait incroyable, si l'histoire des sciences n'avait montré depuis longtemps comment chaque vérité naît à son tour dans l'ordre des temps ! Dans la célèbre discussion tératologique qui, au 18.ᵉ siècle, se poursuivit durant onze années devant l'Académie des sciences et l'Europe savante, on dirait les objections de Winslow calculées pour amener pas à pas Lémery à la découverte du principe régulateur de l'organisation des Monstres doubles, en le lui rendant nécessaire; elles le forcent, pour ainsi dire, à passer auprès de lui à chaque instant; mais il semble toujours près de l'atteindre, et jamais ne l'atteint. Lémery, esprit fin, sagace et logique, n'avait point assez de force d'invention pour franchir les deux ou trois idées intermédiaires qui le séparaient encore de la Loi de l'affinité de soi pour soi, et la découverte fut reculée de près d'un siècle.

Pour Geoffroy Saint-Hilaire, au contraire, il n'y eut, cette fois encore, qu'un pas de l'observation des faits à leur généralisation. Nous l'avons vu, dès son premier Mémoire sur les Monstres unitaires, indiquer la Théorie du retardement de développement, la présenter nettement dès le second. Il ne devait pas être moins heureux à l'égard des Monstres doubles. C'est en 1825 qu'il aborde leur étude : dès ses premières recherches il entrevoit la Loi de l'affinité de soi pour soi : il en est en pleine possession dès 1826.

Une circonstance remarquable le frappe d'abord. Ce n'est pas chez quelques Monstres doubles, c'est chez tous qu'existe cette symétrie, signalée dans quelques cas particuliers. Et cette symétrie d'un double corps, non moins régulier que le corps unitaire d'un individu normal, se rattache à un fait de premier ordre qui, dans sa vaste généralité, comprend en quelque sorte comme ses corollaires tous les autres faits de l'histoire de la Monstruosité composée. Les deux sujets qui forment par leur union un Monstre complétement ou partiellement double, *sont toujours unis par les faces homologues de leurs corps,* c'est-à-dire opposés côté à côté, se regardant mutuellement, ou bien adossés l'un à l'autre. Et non-seulement ils sont unis *par les faces homologues;* mais si vous pénétrez dans leur organisation, vous les trouvez unis de même *par les organes homologues :* chaque partie, chaque viscère chez l'un correspond à un viscère, à une partie similaire chez l'autre. Chaque vaisseau, chaque nerf, chaque muscle, placé sur le plan d'union, s'est conjoint, au milieu de la complication apparente de toute l'organisation, avec le vaisseau, le nerf, le muscle de même nom, appartenant à l'autre sujet; comme les deux moitiés, primitivement distinctes et latérales d'un organe unique et central, le font normalement entre elles sur le plan médian, au moment voulu par les lois de leur formation et de leur développement.

La Loi d'*Union similaire,* très-importante par elle-même, ne l'est pas moins par les nombreuses conséquences que l'on en peut déduire. Ainsi, non-seulement nous trouvons ici une confirmation nouvelle de cette proposition, que l'organisation des Monstres est soumise à des lois très-constantes et très-précises; mais nous voyons de plus la possibilité de ramener ces lois à celles qui régissent l'organisation des êtres normaux. Nous sommes conduits à cette considération très-curieuse et très-propre à simplifier au plus haut degré l'étude de la Monstruosité double, que deux sujets anormalement réunis sont entre eux, ce que sont l'une à l'autre la moitié droite et la moitié gauche d'un individu normal; en sorte qu'un Monstre double n'est, si l'on peut s'exprimer ainsi, qu'un être composé de *quatre moitiés* plus ou moins complètes, au lieu de deux. La possibilité, non-seulement de diviser les Monstres doubles en un certain nombre de groupes naturels, mais d'assigner à chacun de ceux-ci une dénomination précise et caractéristique, en un mot, de créer pour les Monstres doubles une nomenclature rationnelle, parfaitement régulière, et pourtant de l'usage le plus facile : telle est encore l'une des conséquences de la Loi de l'union similaire. Par elle enfin, et mieux que par tout autre ordre de notions, nous voyons pourquoi les aberrations de la Monstruosité ne franchissent jamais certaines limites; et désormais il nous devient possible, en parcourant les descriptions et les nombreuses figures , consignées dans les anciens ouvrages tératologiques, de distinguer quelle combinaison monstrueuse a dû réellement exister, quelle autre n'est que le produit bizarre d'une supercherie ou d'un jeu de l'imagination.

Telle est, en elle-même et dans ses conséquences, la Loi de l'*union similaire*, considérée chez les Monstres doubles. Elle est vraie de tous; mais n'est-elle vraie que d'eux? La réponse est depuis long-temps donnée par l'observation.

Des êtres doubles passons aux Monstres plus complexes encore. Au lieu de deux moitiés comme dans l'état normal, de quatre comme dans la Monstruosité double, nous en trouvons six, nous pouvons en trouver huit, davantage encore; mais, les faits le prouvent, l'*union similaire* reste invariablement la loi commune, selon laquelle toutes ces *moitiés* se combinent deux à deux. Donc, théoriquement, un Monstre triple n'est qu'un Monstre *doublement double;* un Monstre quadruple ne serait qu'un Monstre *triplement double;* et tous les phénomènes de la Monstruosité composée, dans le sens le plus général de ce mot, sont régis par le même principe.

Au lieu de remonter vers des difficultés d'un ordre supérieur, descendons-nous des phénomènes de la Monstruosité double aux Monstruosités unitaires, et de celles-ci aux Anomalies simples? Les Monstres Syméliens sont caractérisés par la fusion de leurs membres abdominaux plus ou moins atrophiés; chez les Cyclocéphaliens, les yeux, et bien plus, chez les Otocéphaliens, les oreilles elles-mêmes sont conjointes et souvent intimement confondues; la réunion des reins, celle des testicules, celle des hémisphères cérébraux eux-mêmes, ont été observées chez des sujets d'ailleurs normaux : toutes ces Anomalies, qu'elles constituent de véritables Monstruosités ou de simples Hémitéries, se font selon la même loi, et cette loi est encore celle de l'*union similaire.*

Et maintenant, quand nous sommes arrivés à reconnaître que *toute union anomale* soit entre des organes, soit entre des individus entiers, *a lieu entre parties homologues*, nous avons atteint la dernière limite de l'application de la loi à la tératologie, mais non de sa généralité : car elle est la loi des réunions normales aussi bien que des réunions anomales; loi si bien mise en évidence, à l'égard des organes médians, par les belles recherches embryogéniques de M. Serres.

## VII.

Un pas de plus, et nous touchons à la Loi de l'*Affinité* ou de l'*Attraction de soi pour soi.* C'est la marche que Geoffroy Saint-Hilaire a suivie lui-même pour y arriver. Les deux moitiés d'un individu, ou deux ou plusieurs individus, en voie de formation, sont en présence : quand la conjugaison a lieu normalement dans le premier cas et par anomalie dans l'autre, qu'observons-nous ? Au milieu de tous les éléments organiques qui les constituent, chaque homologue se porte vers un homologue : *l'union s'établit entre parties similaires.* Et qu'on le remarque bien : ce n'est pas quelquefois; c'est *toujours*. Quand on réfléchit à la disposition de l'arbre artériel et de l'arbre veineux, s'accompagnant mutuellement dans toutes les parties du corps et se trouvant en contact sur tant de points, comment ne pas s'attendre à voir cette contiguïté presque constante se changer parfois en continuité? Eh bien! l'a-t-on vu souvent? Non. Quelquefois? Non. On ne l'a jamais vu. Pas un exemple n'est connu de l'embranchement anomal d'une artère aortique sur une veine appartenant au système des veines caves, et réciproquement. Toujours un rameau artériel se porte vers une branche artérielle, un rameau veineux vers une branche veineuse, et de même, invariablement, pour tous les éléments organiques, de quelque système qu'ils soient, A vers A, B vers B, C vers C, jamais A vers B, ou B vers C.

Il existe donc entre les éléments similaires de l'organisation une véritable *affinité élective*, une sorte d'attraction intime, comparable aux attractions moléculaires des physiciens, aux affinités électives des chimistes, c'est-à-dire, presque inexplicable, à jamais incompréhensible dans son essence, mais prouvée par les faits. Tel est le principe fécond, aperçu et établi, en 1826, par Geoffroy Saint-Hilaire, sous le nom d'*affinité* ou d'*attraction de soi pour soi*[1]; principe qu'il a étendu, par des généralisations successives, des êtres anomaux au règne animal tout entier, à l'ensemble des êtres organisés, et en dernier lieu jusqu'aux corps inorganiques eux-mêmes.

A l'égard de ceux-ci, des objections graves ont été produites. Comme loi physique, l'*affinité de soi pour soi* n'est point encore entrée dans la science : de nouvelles recherches peuvent seules décider dans quelles limites on doit l'admettre, et même si elle doit être admise ou rejetée tout entière. Comme loi biologique, au contraire, mais surtout comme loi zoologique, et à plus forte raison, tératologique, il n'est plus permis de contester ni sa réalité ni son immense importance. Elle est et elle restera l'une de ces vérités mères, sources inépuisables de découvertes d'un ordre secondaire; et la tératologie n'eût-elle rendu d'autre service à la physiologie générale, nous aurions le droit de dire qu'elle s'est largement acquittée envers elle.[2]

1 M. Dugès qui a, l'un des premiers, bien compris, adopté et confirmé ce nouveau principe, a proposé une légère et assurément peu heureuse modification terminologique : *affinité de moi pour moi.*

2 Parmi les autres applications de la tératologie à la

Ainsi cette même branche de nos connaissances, qui, au commencement de ce siècle, débile et impuissante, fardeau bien plutôt qu'appui de la science qu'ils cultivaient, fixait à peine l'attention des anatomistes; Geoffroy Saint-Hilaire nous l'a laissée riche de faits bien observés, d'une méthode nouvelle de classification, de notions exactes sur des causes toujours méconnues, de principes rigoureux, de lois générales fondées sur l'observation, et d'une multitude d'applications[1], dont deux sont au nombre des plus grandes qui puissent exister en histoire naturelle : l'affinité des éléments similaires pour la première fois signalée, et l'Unité de composition vérifiée jusque dans les formations les plus anomales.

physiologie générale, nous citerons la Loi de *rénovation* ou de *succession des organismes*. Nous avons le premier conçu et énoncé cette loi dans sa généralité (*Histoire générale des anomalies*, tom. I.er, p. 272 à 276, et t. III, p. 597); mais on en trouve le germe déposé, au moins en ce qui concerne le double organe respiratoire, dans un passage de la *Philosophie anatomique*, tom. I.er, p. 586. L'idée contenue dans ce passage a été parfaitement comprise et même déjà un peu développée par M. Flourens, dans son *Analyse de la Philosophie anatomique*, p. 24.

1 Ces applications se rapportent, non-seulement à la physiologie et à l'anatomie, mais aussi, d'une part, à la zoologie et à la philosophie zoologique; de l'autre, aux sciences médicales. Voyez la cinquième partie de notre *Histoire générale des anomalies*.

# CHAPITRE X.

### TRAVAUX ET DOCTRINE DE GEOFFROY SAINT-HILAIRE EN ZOOLOGIE.

I. Retour à la zoologie. — Caractère des travaux de cette époque. — II. Travaux spéciaux. — III. Descriptions et caractéristiques. — IV. Classifications. — Premier dissentiment entre Cuvier et Geoffroy Saint-Hilaire. — V. Rapport entre les organes, les fonctions et les mœurs des animaux. — Réforme des abus du finalisme. — VI. Réfutation de l'hypothèse de l'immutabilité des espèces. — Influence modificatrice des circonstances extérieures. — Possibilité que les races actuelles descendent des races antiques. — VII. Concordance des vues de Geoffroy Saint-Hilaire en zoologie. — Concordance générale de sa doctrine.

(1827 — 1828).

## I.

Le moment était venu où, sa théorie unitaire étant conçue et publiée tout entière, Geoffroy Saint-Hilaire allait avoir à la défendre contre l'adversaire le plus redoutable qu'elle pût rencontrer. Dès 1828, dès 1827 même, la célèbre discussion qui, en 1830, devait retentir dans toute l'Europe savante, s'annonçait par des signes auxquels on ne pouvait se méprendre. C'est en cet instant de solennelle attente que nous voyons Geoffroy Saint-Hilaire redevenir tout à coup zoologiste, et reprendre ses travaux, longtemps interrompus, sur la description, la détermination et les rapports naturels des espèces.

On supposera peut-être qu'entre ces longs efforts de création qui venaient de remplir son âge mûr,

20

et les luttes ardentes qui allaient agiter sa vieillesse,
il avait senti le besoin de se reposer quelque temps
dans les paisibles travaux de ses jeunes années. Mais
de si prudents calculs d'avenir n'étaient, ni dans
son caractère, ni dans ses habitudes; et s'il retourna,
en 1827, à la zoologie descriptive, c'est comme en
1802, comme en 1809, parce que les circonstances
vinrent l'y solliciter et presque l'y contraindre.
D'ailleurs, inspiré maintenant de l'esprit de la
*Philosophie anatomique*, nous allons le voir, dès qu'il
revient dans le champ de ses anciennes études, en
reculer au loin l'horizon : de la zoologie spéciale,
il va s'élever presque aussitôt à la philosophie
zoologique.

Il y avait bien longtemps qu'il se voyait pressé
de publier ses leçons, non moins riches en faits
nouveaux qu'en idées nouvelles. Il s'y était toujours
refusé. Aborder les parties les plus ardues de la
science, s'y ouvrir des voies inconnues et inespérées,
était bien plus dans la nature de son esprit, il
le sentait, qu'en embrasser méthodiquement et en
exposer plus ou moins élémentairement l'ensemble.
En 1828 il céda cependant aux instances qui lui
furent faites. Un éditeur avait eu la pensée de
donner au public les leçons des plus célèbres professeurs de Paris. Six cours devaient paraître simultanément; et, dans cette précieuse collection, MM.
Cousin, Guizot, Villemain, allaient devenir les

illustres représentants des lettres; MM. Chevreul, Gay-Lussac, Geoffroy Saint-Hilaire, devaient y être ceux des sciences[1]. Il n'y avait pas à se refuser à un plan si bien conçu, à une association si honorable. Telle est la circonstance à laquelle nous devons de pouvoir placer, à côté du texte, si heureusement conservé, du premier cours de Geoffroy Saint-Hilaire en 1794, les leçons que le même savant, devenu l'auteur de la *Philosophie anatomique*, faisait dans la même chaire, trente-six ans plus tard, devant une autre génération d'auditeurs.

A la même époque, après bien des vicissitudes, la publication de la grande *Description de l'Égypte* touchait enfin à son terme. La chute de l'Empire avait failli un instant entraîner l'abandon d'un ouvrage, trop grandiose pour avoir d'autre éditeur que le Gouvernement lui-même. Il avait fallu, du moins, effacer le nom de Napoléon de ce monument comme de tous les autres. Et lorsque les membres de la Commission reprirent leurs travaux, comment eussent-ils poursuivi aussi activement une publication, pour laquelle ils ne trouvaient plus ni les mêmes encouragements ni les mêmes ressources? C'est ainsi que le complément de l'ouvrage, différé de jour en jour, se fit attendre jusqu'aux dernières

---

1 Les leçons furent recueillies par les procédés de la sténographie, puis revues et souvent entièrement refondues par les professeurs.

années de la Restauration. La part de Geoffroy Saint-Hilaire, dans cette partie si tardivement publiée, fut un travail considérable sur les Crocodiles d'Égypte. Quand il parut enfin, il y avait précisément trente ans, que l'auteur en avait recueilli les premiers éléments sur les bords du Nil; et depuis, ses idées n'avaient pas moins changé que les temps et les lieux. Il l'avait commencé dans l'esprit du *Systema naturæ* de Linné et des descriptions anatomiques de Daubenton, ajoutant toutefois à ces deux guides pour l'observation des mœurs les *Histoires* d'Hérodote : quand il l'acheva, le mouvement de la science l'avait entraîné au delà même des idées et de la méthode de Cuvier et des naturalistes de la première partie du 19.<sup>e</sup> siècle.

Le cours de l'*Histoire naturelle des Mammifères* et le travail sur les *Crocodiles* d'Égypte, qui avaient été précédés et qui furent suivis de plusieurs Mémoires détachés, parurent presque simultanément, l'un, par livraisons[1], dans le cours de 1828, l'autre à la fin seulement de la même année, quoique rédigé antérieurement. Très-différents par leurs sujets, et d'une importance très-inégale, ces deux ouvrages, comme ils portent la même date, ont

---

1 Ces livraisons, au nombre de vingt, forment un volume qui, dans la pensée de l'auteur, devait être suivi de deux autres. On verra bientôt quelles circonstances ont privé la science de cet utile complément.

d'ailleurs les mêmes traits et, pour ainsi dire, la même physionomie. La réunion sans disparate, disons mieux, l'alliance, la fusion en une œuvre d'une parfaite unité, de faits anciennement observés, de faits récemment découverts, et de vues neuves et hardies embrassant les uns et les autres : tel est le caractère commun de ces deux livres dont on peut dire ainsi qu'ils représentent à la fois, chacun dans le cercle des questions qu'ils traitent, la jeunesse et l'âge mûr de l'auteur.

Nous ne saurions évidemment trouver une meilleure occasion de résumer les travaux zoologiques de Geoffroy Saint-Hilaire, comme nous l'avons fait, dans le Chapitre précédent, de ses recherches tératologiques, et plus haut[1], de ses idées et de ses découvertes en anatomie comparée et en anatomie philosophique. Nous le suivrons successivement dans ses mémoires descriptifs, déterminatifs et de classification, et dans ses vues sur les relations générales des animaux entre eux et avec le monde ambiant.[2]

---

[1] Chapitres V et VIII.

[2] Les dates que nous avons placées en tête de ce Chapitre sont celles du retour de l'auteur à la zoologie, et des vues par lesquelles il a étendu et complété sa doctrine zoologique. Nous ne saurions d'ailleurs donner de celle-ci une idée exacte sans comprendre dans notre résumé les travaux de toutes les époques.

## II.

On a vu Geoffroy Saint-Hilaire, appelé à enseigner, dès 1793, lors de la réorganisation du Jardin des plantes, l'histoire naturelle des quatre classes supérieures, les deux inférieures étant échues à Lamarck. Une semblable division du travail fut réglée en 1798, au départ pour l'Égypte, entre les deux zoologistes de l'expédition : Savigny se chargeant des *Insecta* et des *Vermes* de Linné, Geoffroy Saint-Hilaire eut encore en partage les Vertébrés. Ainsi fut tracé par les circonstances le champ de ses études de zoologie spéciale; et il lui parut assez vaste pour qu'il songeât bien plutôt à le défricher profondément qu'à en franchir les limites. Aussi n'est-il aucune classe de l'embranchement des Vertébrés, dont il n'ait enrichi l'histoire sous les points de vue les plus divers; aucune dans laquelle il n'ait créé des genres nouveaux, déterminé des espèces nouvelles, découvert des faits remarquables d'organisation, fait de curieuses observations de mœurs.

Comment suivre l'auteur au milieu de travaux aussi variés? Comment apprécier tous les progrès qu'ils ont accomplis dans la science? Le nombre en est trop grand pour que nous puissions même les énumérer. Mais nous dirons du moins quels sont les plus importants, et quelles parties de la zoologie ils ont surtout enrichies.

L'ornithologie, sur laquelle, de deux ans l'un, Geoffroy Saint-Hilaire faisait au Muséum un cours fort complet, est l'une des branches dont il s'est le plus souvent occupé; mais les notes qu'il a laissées, en font foi bien plus que les mémoires qu'il a publiés : ceux-ci, en effet, sont peu nombreux. Ils suffisent cependant pour laisser une trace durable dans la science. Sur cinq genres que Geoffroy Saint-Hilaire a établis, deux sont au nombre des plus remarquables de la série: tels sont les Microglosses et surtout les Cariamas[1]. On lui doit aussi entre autres travaux, d'avoir le premier décrit et dénommé l'un des plus beaux et des plus extraordinaires Passereaux qui soient connus, le Céphaloptère, et déterminé, sur le seul examen d'un jeune individu, le petit Flammant ou *Flammant Geoffroy* de Lacépède. Dans un autre ordre de recherches, nous citerons les curieuses études de Geoffroy Saint-Hilaire sur le *Trochilus* et le *Chenalopex* des anciens, l'un le libérateur et l'ami du Crocodile, l'autre symbole sacré de la reconnaissance filiale chez les Égyptiens. Témoin, lui-même, sur les bords du Nil, de la scène merveilleuse que nous ont rendue familière les récits d'Hérodote, d'Aristote, de Pline, il put déterminer

1 On a parfois attribué le premier de ces genres à Vieillot, qui ne l'a donné que d'après Geoffroy Saint-Hilaire ; l'autre, à Illiger, qui n'a fait, selon sa déplorable coutume, que proposer pour les Cariamas un nouveau nom : encore a-t-il eu le malheur de tirer ce nom d'un caractère erroné.

enfin le *Trochilus* : cet être, fabuleux selon les uns, cet Oiseau armé par d'autres d'épines imaginaires, n'est qu'un petit Échassier du genre Pluvier (*Charadrius ægyptius* d'Hasselquist). Par une comparaison attentive de la nature, des textes anciens et des figures hiéroglyphiques, Geoffroy Saint-Hilaire retrouva pareillement le *Chenalopex* : celui-ci est l'Oie d'Égypte ou Bernache armée, dont il a fait connaître aussi les mœurs, et indiqué la future naturalisation en France ; prédiction qui semble aujourd'hui bien près de se réaliser.

Nous retrouvons la même alliance de l'observation et de l'érudition dans les travaux de Geoffroy Saint-Hilaire sur les Reptiles. Dans ses recherches sur le Crocodile, en particulier, on le voit *procéder,* comme il l'a dit lui-même, *en suivant Hérodote pas à pas,* vérifier, par l'étude approfondie de l'organisation et des mœurs de ces redoutables Reptiles, tous les faits rapportés dans l'*Euterpe,* et donner de la fidélité du père de l'histoire et du savoir des prêtres de l'Égypte des preuves aussi curieuses qu'incontestables. La distinction des espèces de ce genre ne l'a pas moins sérieusement occupé : s'il n'a pas fait prévaloir dans la science[1] son opinion

1 Jusqu'à présent du moins. M. Bibron, dont l'autorité est si grande en ces matières, vient de reconnaître, d'après de nouveaux éléments, la justesse de plusieurs de ces mêmes déterminations qui avaient été jugées inexactes par la plupart des erpétologistes.

touchant la multiplicité des Crocodiles du Nil, il les a du moins décrits avec plus d'exactitude qu'on ne l'avait encore fait, et il a le premier déterminé le Crocodile de Saint-Domingue. La zoologie descriptive lui doit encore le genre Trionyx, aujourd'hui élevé au rang de famille, des espèces entièrement nouvelles de Sauriens et d'Ophidiens, et la connaissance exacte de plusieurs autres jusqu'alors imparfaitement étudiées. Nous mentionnerons encore les détails curieux qu'il nous a transmis sur ces *enchanteurs de serpents*, qui semblent être aussi anciens en Égypte que la civilisation elle-même. Il nous a montré les successeurs modernes des Ophiogènes et des Psylles, tantôt trompant les croyants par des jongleries, tantôt se trompant eux-mêmes, et croyant opérer le *charme* par d'inutiles et insignifiantes pratiques, mais au fond possédant l'art d'agir sur les Hajés et les Scythales; art dont Geoffroy Saint-Hilaire pénétra un jour l'un des secrets, au point de pouvoir, lui aussi, *changer le serpent en bâton.*

Nous serons courts sur les travaux ichthyologiques. Ils sont à la fois plus nombreux et plus importants que les précédents; mais, réunis presque tous en corps d'ouvrage dans la *Description de l'Égypte,* ils sont aussi bien mieux connus. Et d'ailleurs le premier des ichthyologistes de notre époque ne les a-t-il pas à la fois résumés et jugés?

Cuvier s'exprime ainsi dans cette savante histoire de la science, qu'il a placée à la tête de sa grande *Histoire naturelle des Poissons* : « Parmi les recherches par-« ticulières, faites dans cette période sur les Poissons « des climats plus éloignés, on doit mettre au pre-« mier rang celles de M. Geoffroy Saint-Hilaire sur « les Poissons du Nil et de la mer Rouge, insérées « soit dans les Annales du Muséum, soit dans le « grand ouvrage sur l'Égypte, qui nous ont fait « connaître une multitude de Silures singuliers[1], un « genre très-extraordinaire, le Polyptère[2], et qui « nous ont procuré des notions plus exactes de « beaucoup d'espèces, incomplétement décrites par « Hasselquist et Forskal. Ces recherches tirent un « nouveau prix des belles figures, faites sur les « lieux par M. Redouté jeune : elles ont d'ailleurs « conduit l'auteur à des travaux importants sur « l'ostéologie de cette classe. »

A ces lignes, nous ajouterons seulement que dans l'étude de tous ces Poissons, Geoffroy Saint-Hilaire n'a jamais négligé, quand il l'a pu, de compléter l'observation des caractères par celle des mœurs, et la discussion de la synonymie moderne par celle

---

1 Parmi les Siluridés rapportés par Geoffroy Saint-Hilaire, trois étaient surtout du plus grand intérêt : le Malaptérure électrique, et les deux Hétérobranches du Nil, dont l'un était alors entièrement nouveau.

2 « Celui-ci valait seul un voyage en Égypte », dit Cuvier à Geoffroy Saint-Hilaire, la première fois qu'il vit le Polyptère.

de la nomenclature des anciens. C'est ainsi, et nous nous bornons à ces exemples, qu'on lui doit la détermination des deux Poissons sacrés de l'antique Égypte : il a retrouvé dans le Binny des Arabes le *Lépidote* de Strabon et d'Athénée, et dans un Mormyre, cet autre Poisson beaucoup plus célèbre encore, l'*Oxyrhynque*, qui possédait un temple sur les bords du Nil, et qui avait donné son nom à une ville et à un nome de l'Heptanomide.

Nous arrivons aux Mammifères. C'est par des mémoires sur cette classe que nous avons vu Geoffroy Saint-Hilaire débuter en 1794 et 1795; c'est à elle qu'il a consacré le plus grand nombre de ses monographies de 1802 à 1806, de 1809 à 1815; à elle encore son *Catalogue méthodique*, en 1803, et son dernier ouvrage zoologique, en 1828. Aussi quelle multitude et quelle variété de travaux!

Geoffroy Saint-Hilaire est, en premier lieu, l'un des principaux créateurs des genres mammalogiques : à cet égard, Linné seul a fait plus que lui. L'ordre des Primates ou Quadrumanes, entre autres, doit à Geoffroy Saint-Hilaire, soit seul, soit associé à Cuvier [1], plus de la moitié des genres

1 Un quart a été déterminé par Cuvier et Geoffroy Saint-Hilaire, un tiers par Geoffroy Saint-Hilaire seul. Cuvier, dans la préface du *Règne animal*, s'exprime d'ailleurs ainsi : « Les « travaux récents et approfondis de mon ami et collègue, M. « Geoffroy Saint-Hilaire, ont servi de base à tout ce que je « donne sur les Quadrumanes et sur les Chauves-souris. »

présentement connus. Parmi les Marsupiaux, les genres Phascolome, Péramèle, Dasyure, ce dernier fondé, pour ainsi dire, théoriquement[1]; dans d'autres groupes, les genres Desman, Hydromys, Échimys, non moins remarquables que les précédents, sont le fruit des recherches propres de Geoffroy Saint-Hilaire. Dans l'ordre des Cheiroptères, il n'a pas seulement créé un grand nombre de genres; il a trouvé le principe même de leur création. Quand il a commencé ses travaux sur ce groupe, on n'y comptait qu'une vingtaine d'espèces; et si faible que fût ce nombre, le problème de leur distribution méthodique restait irrésolu. On se croyait même réduit à admettre, qu'à l'égard de ces animaux, la nature s'était écartée de ses lois ordinaires, et que les caractères, ailleurs les plus constants, devenus ici indéfiniment variables, devaient être rejetés de la classification. Mais, en 1797 et dans les années suivantes, partant d'une idée dont le germe est dans les recherches de Cuvier et de Geoffroy Saint-Hilaire en 1795, celui-ci démontre que les Chauves-souris sont divisibles, comme tous les autres Mammifères, et précisément à l'aide des mêmes considérations, en genres naturels et bien circonscrits. Cette vérité établie, toute confusion cesse, et la science, si longtemps arrêtée, fait de rapides progrès. Qu'il nous suffise de dire que l'on possède

1 Voyez le Chapitre IV, p. 121.

présentement près de trente genres de Cheiroptères,
répartis entre plusieurs familles exactement caractérisées, et renfermant un nombre d'espèces presque égal à celui de tous les Mammifères déterminés
il y a un demi-siècle. De ces trente genres, les
deux tiers ont été, de 1808 à 1828, fondés par
Geoffroy Saint-Hilaire lui-même, auquel on doit en
outre un tableau si plein d'intérêt des mœurs de
ces singuliers animaux. « Après tant de travaux, dit
M. Temminck, après toutes les données lumineuses
et les observations intéressantes que nous leur devons, ne devait-on pas croire la matière épuisée ? »
Mais elle est inépuisable, et M. Temminck lui-même
l'a prouvé mieux que personne.

Geoffroy Saint-Hilaire n'a presque jamais établi
un genre, sans en étudier et déterminer avec soin
les espèces aussi bien que les caractères; et il a, en
outre, étendu ce travail de révision et de détermination à beaucoup de genres antérieurement fondés.
Nous citerons seulement, comme exemple, à cause
de la difficulté du sujet, un Mémoire étendu sur
les Musaraignes, et à cause de l'intérêt qui s'attache
à ce résultat, la distinction, faite en commun avec
Cuvier, de l'Éléphant des Indes et de l'Éléphant
d'Afrique. Ajoutons que Geoffroy Saint-Hilaire,
autant qu'il le peut, ne sépare pas l'étude des mœurs
des espèces de celle de leurs caractères : ses observations, sur un grand nombre de Mammifères, sur

l'Ichneumon en Égypte, sur la Taupe en France, sur les Chauves-souris dans l'une et l'autre de ces contrées, ont été accueillies par tous les naturalistes avec un intérêt qui eût dû valoir à leur auteur un plus grand nombre d'imitateurs dans une voie trop négligée.

Il n'a pas moins fait pour l'anatomie comparée des Mammifères que pour leur détermination zoologique. Les Monotrêmes ont été de sa part le sujet d'une longue et importante série de recherches, tendant à établir l'oviparité ou l'ovo-viviparité de ces singuliers Quadrupèdes. Les mystères de la reproduction des Marsupiaux, sur lesquels il méditait dès 1796, ont constamment occupé sa pensée : jamais il n'a interrompu, en faveur d'autres travaux, ses recherches sur ce difficile problème, sans se sentir bientôt le désir d'y revenir : jamais il n'y est revenu, sans obtenir presque aussitôt des résultats importants : en 1833, encore, reprenant pour la dernière fois, ces études de prédilection, aidé cette fois de l'un de ses plus chers élèves, M. le docteur Martin Saint-Ange, il découvrait chez le Kangurou de petits canaux analogues peut-être aux canaux péritonéaux, jusque-là connus seulement parmi les Reptiles et les Poissons.

Et qu'on le remarque bien : ses observations anatomiques n'ont pas été faites seulement chez ces animaux rares, dont la dissection est le privilége des naturalistes placés près des grandes collections : nul n'a mieux montré tout ce que les sujets les plus vulgaires, les plus usés en apparence, recèlent encore en eux d'intérêt et de nouveauté. Quand il traite des Musaraignes de nos pays, il fait connaître chez elles les glandes odorifères, jusque-là à peine indiquées dans une espèce. Quand, en 1828, il s'occupe de la Taupe, trois Mémoires, lus à l'Académie des sciences, suffisent à peine à l'exposition de ses découvertes sur ce Quadrupède, tant de fois disséqué par tous les zootomistes depuis Aristote.

Que de résultats, que de travaux sur des sujets analogues ou sur des questions d'un autre ordre, nous aurions encore à rappeler si nous voulions être complet! Mais nous avons du moins indiqué, par un nombre suffisant d'exemples, le nombre, la variété, l'importance des recherches spéciales de Geoffroy Saint-Hilaire sur les quatre classes d'animaux vertébrés. Nous n'avions qu'un seul but, et nous espérons l'avoir atteint : préparer, par le résumé de ses travaux d'observation, celui des idées, des doctrines, des vues générales qu'il en a déduites sur toutes les parties de la science.

## III.

Le premier problème à résoudre pour qui veut pénétrer un peu profondément dans l'étude de l'histoire naturelle, c'est évidemment la distinction nette et précise des êtres. C'est là le problème le plus élémentaire, en ce sens qu'il précède tous les autres; mais, au fond, il est, dans la plupart des cas, complexe et plein de difficultés. Sa solution suppose, après l'*observation* qui fait connaître les faits, la *description* qui les fixe pour jamais, la *caractéristique* qui choisit, pour les mettre en lumière, les plus importants d'entre eux, et la *classification* qui les coordonne.

Beaucoup de naturalistes voient la science tout entière dans ces importants travaux préliminaires, et ils s'y livrent tout entiers; ceux qui prétendent au delà, doivent du moins commencer par eux[1]; et d'autant plus qu'ils veulent aller plus loin : ne faut-il pas, plus haut doit être un édifice, qu'il repose sur de plus inébranlables fondements?

Quelques disciples de Geoffroy Saint-Hilaire, malheureusement pour la science et pour eux-mêmes, ont méconnu cette nécessité logique : c'était méconnaître, en même temps, non-seulement les préceptes, mais l'exemple de leur maître. Nul naturaliste ne s'est élevé, par de plus ardentes investigations, vers des vérités plus générales et d'un ordre plus transcendant; mais nul non plus n'a

1 Chacun doit suivre, dans ses propres travaux, la même marche qu'a suivie dans son évolution la science tout entière, nécessairement descriptive avant de devenir générale.

consacré de plus patientes recherches à l'observation, à la description, à la détermination des êtres, soit découverts par lui-même dans ses voyages, soit envoyés de toutes les parties du globe à cette magnifique collection du Muséum, dont il est et restera toujours le principal fondateur.

Vingt-cinq années de sa laborieuse vie, de cette vie doublée par le travail des nuits, sont presque remplies par des études spéciales de zoologie; et trois ouvrages étendus et plus de soixante monographies ou notices successivement publiés, sont loin d'en contenir tous les résultats.

Que ces ouvrages se recommandent par une observation pleine de sagacité, par un juste sentiment des rapports naturels, et surtout par une féconde et puissante induction, on l'a dit depuis trop longtemps et trop souvent pour qu'il soit utile de le répéter; et nous ne perdrons pas nos paroles à établir qu'on y retrouve en petit, si l'on nous permet cette expression, les mêmes qualités qui brillent dans les grands travaux de l'auteur sur l'anatomie philosophique. Mais ce qu'on n'a pas assez remarqué, c'est la forme de ces écrits. Et quand un célèbre physiologiste contemporain, frappé à son tour de tout ce qu'il y a de savoir et de résultats curieux dans les monographies de Geoffroy Saint-Hilaire, les signale à ce titre comme *modèles du genre*, nous, zoologiste, nous ne craindrons pas d'ajouter qu'elles ne sont pas moins à imiter pour la fidélité des descriptions, pour la précision des diagnoses, et surtout pour l'expression presque toujours rigoureuse des caractères assignés aux groupes des divers degrés.

Cette partie technique de la science est ordinairement fort négligée. Le désir d'abréger un travail aride a conduit les naturalistes à se contenter trop souvent, soit dans leurs descriptions, soit même dans leurs caractéristiques, de termes vagues ou inexacts. Cuvier lui-même a autorisé par son exemple deux abus d'une extrême gravité : il lui arrive, d'une part, de placer arbitrairement dans une division des animaux qu'*il serait nécessaire*, lui-même le dit, *de ranger ailleurs dans un système rigoureux;* de l'autre, et bien plus fréquemment encore, d'assigner à un groupe tout entier une caractéristique vraie seulement d'une partie des êtres qu'il comprend.

Geoffroy Saint-Hilaire est du très-petit nombre des naturalistes qui ont essayé de retenir la science sur cette pente dangereuse. Comment l'élève d'Haüy, formé à l'observation par l'étude de la cristallographie, cette géométrie de l'histoire naturelle, eût-il ignoré que la rigueur et la précision sont inséparables de l'idée même de science? Aussi le voit-on, dans tous ses travaux descriptifs, s'efforcer sans cesse d'éviter des abus qui, pour être très-communs, n'en sont pas moins des fautes graves contre la logique. Nous ne connaissons pas chez lui un seul exemple de ces classements arbitraires qui, en vue d'une expression plus simple, ou pour tout autre motif, transportent un être dans un groupe étranger[1]. Les caractéristiques non rigoureuses, presque inévitables dans l'état présent de la science, sont, du moins, rares dans ses ouvrages : on sent qu'il n'en subit la nécessité qu'après avoir lutté contre elle. Quand un groupe reçoit de lui une définition et de tous les auteurs une autre, on reconnaît, dans la plupart des cas, que la vérité est de son côté et l'inexactitude du leur. Citons un exemple, le premier qui se présente. Le groupe qui

---

1 Jamais personne n'a combattu plus souvent et plus énergiquement que lui les déterminations arbitraires, soit en anatomie, soit en zoologie. «Je ne puis me contenter (en fait «de déterminations), dit-il dans la *Philosophie anatomique,* «d'un sentiment vague et confus. » Et plus loin, dans le même ouvrage : «Est-ce donc qu'on puisse *se décider dans* «*les sciences par les raisons de convenance?* Que dans des «recherches sur la figure des nuages, que dans la contempla-«tion de choses aussi indécises et aussi fugitives, on soit dans «un dissentiment total sur l'objet d'une même considération, «je le conçois; mais en peut-il être de même de nos déter-«minations d'organes? *Et* x *à chercher peut-il être indiffé-*«*remment rendu par* a, *traduit par* b?» Et ailleurs, dans l'article sur Buffon : «Naturalistes classificateurs, vous créez «à chaque pas des exceptions; vos décisions, *purement arbi-*«*traires,* établissent *a priori* des principes faux.... » Nous pourrions citer un grand nombre de passages analogues.

ouvre la série, se distingue-t-il, comme on le dit ordinairement, par ses incisives *droites* et ses ongles *plats?* Non, sans doute; ce sont là les caractères d'une partie des Singes, non de tous; et dès lors, comment déterminer les autres à l'aide de la définition des auteurs? Prenez, au contraire, celle de Geoffroy Saint-Hilaire : elle est fondée, elle aussi, sur la disposition des incisives et sur la forme des ongles, mais l'une et l'autre considérées d'une manière plus générale. De là une expression applicable non à la *pluralité*, mais à la *totalité* des êtres qu'elle comprend, et de plus applicable à eux seuls : double condition, sans laquelle une définition logique ne saurait exister. Cette double condition, on ne la remplit le plus souvent qu'au prix d'un long et aride travail, d'une révision attentive des caractères, non de la plupart, mais de toutes les espèces; et l'on conçoit que quelques-uns se soient demandé, si le résultat obtenu vaut toujours ce qu'il a coûté. Mais la science n'admet pas de moyens termes : une caractéristique *à peu près exacte*, comme celles dont nos livres sont remplis, ce n'est au fond qu'une caractéristique fausse : une demi-vérité, c'est une erreur.

Nous venons de signaler, dans les travaux descriptifs et déterminatifs de Geoffroy Saint-Hilaire, un genre de mérite que l'on s'étonnera peut-être d'y rencontrer, quand il manque fréquemment dans ceux d'une école, si souvent et exclusivement qualifiée de *positive* par son illustre chef. N'y a-t-il pas, dira-t-on, quelque chose d'inconciliable, de contradictoire entre cette étude patiente et presque minutieuse des détails, sans laquelle une bonne description et une caractéristique exacte sont impossibles, et cet esprit généralisateur, cet art d'*observer en grand,* qui est, a dit un savant illustre, le trait éminent de l'esprit de Geoffroy Saint-Hilaire?

Oui, il y aurait contradiction entre cette *observation en grand,* et ce que nous pouvons appeler, par opposition, l'observation en petit, cultivées simultanément, avec une égale ardeur et un égal succès, par la même intelligence. Oui, il est inadmissible qu'un savant puisse se livrer à la fois à des travaux spéciaux, en vue d'introduire quelques perfectionnements dans les caractéristiques ou dans la connaissance des espèces, et à des recherches générales, en vue de ramener à des lois la variété infinie des faits; qu'il attache en même temps, et sans prédilection marquée, sa pensée sur les plus hautes vérités de la philosophie naturelle et ses yeux sur les humbles détails. Voilà ce qui serait contradictoire, inconciliable; car celui qui a eu le bonheur d'entrevoir ces hautes vérités, doit se sentir, au premier succès obtenu, *irrésistiblement entraîné*[1] à en poursuivre la découverte.

[1] Expression de Geoffroy Saint-Hilaire, parlant de lui-même,

Au contraire, la succession des deux ordres de travaux, non-seulement n'a rien de contradictoire et d'irrationnel, mais elle est nécessaire. Assurément, il ne sera pas donné à tous, observateurs exacts et sévères à leur début, hardis et heureux généralisateurs plus tard, de se distinguer successivement par ces deux genres de mérite si différents; mais, assurément aussi, celui qui n'aura pas d'abord possédé le premier, ne doit pas espérer de voir un jour briller en lui le second. Les faits d'abord; après eux, et par eux, les idées; et qui a la force de s'élever vers celles-ci, doit avoir aussi la sagesse de s'en tenir longtemps aux premiers.[1]

Ainsi a fait Geoffroy Saint-Hilaire, zoologiste spécial dans sa jeunesse, naturaliste philosophe dans son âge mûr, comprimant, durant vingt années, l'élan de sa pensée, afin de le rendre plus puissant, et n'atteignant enfin le but de toute sa vie que parce qu'il avait su s'en détourner.

et particulièrement des Mémoires qui composent le second volume de la *Philosophie anatomique*.

[1] Geoffroy Saint-Hilaire a toujours pensé ainsi, et il semble qu'il ait voulu se poser à lui-même cette maxime dès son début. Les lignes suivantes sont presque les premières qu'il ait écrites sur la science: « L'homme qui ne s'est pas assez livré « à l'étude de la nature, épuise son esprit en fausses combi- « naisons pour en avoir voulu *trop tôt* tirer des raisonnements. » (Extrait du préambule inédit du Mémoire sur l'Aye-aye, dont nous avons parlé plus haut. Voyez p. 42.)

## IV.

Dans cette première période de sa vie scientifique, où nous le voyons observateur spécial et descripteur, Geoffroy Saint-Hilaire a été aussi classificateur. Mais ici il s'est arrêté beaucoup plus tôt. De 1804 à 1806, et après son voyage en Portugal, de 1809 à 1816, il poursuit assiduement ses études sur les caractères des êtres, mais il ne cherche plus, si ce n'est exceptionnellement et à de longs intervalles, à perfectionner le système.

Et cependant, avant d'abandonner à son illustre émule le sceptre de cette partie de la science, il s'était annoncé comme devant le partager avec lui : tous deux avaient fondé ensemble, en 1795, cet édifice qui, depuis, fut élevé par les efforts seuls de Cuvier et de ses disciples.

A l'époque que nous venons de rappeler, Linné avait en histoire naturelle une suprématie incontestée. Dans la patrie même de Buffon, le *Systema naturæ* était le code universel des naturalistes. Livre assurément digne de cet honneur, s'il eût été bien compris. Mais ce que l'on y appréciait surtout, ce que l'on en imitait partout avec une fidélité servile, c'étaient les formes techniques; précisément, la partie secondaire et passagère de l'œuvre de Linné. Quant à l'esprit même de ce livre immortel, il échappait si complétement à ses admirateurs, que

nul n'y avait même entrevu l'existence d'une classification véritablement naturelle des animaux.[1]

C'est à ce moment que Cuvier et Geoffroy Saint-
Hilaire paraissent dans la science, et presque dès
le début de leurs travaux, frappés tous deux du
même besoin, animés de ce zèle ardent de la jeunesse que nulle difficulté ne saurait rebuter, ils
entreprennent de concert la détermination des véritables principes des classifications en histoire
naturelle, et, à l'aide de ces principes une fois
déterminés, la révision générale de la première
classe du règne animal. Tel est le double sujet du
célèbre Mémoire de 1795, l'un des premiers fruits
des efforts communs des deux auteurs.

On s'est longtemps accordé à considérer ce beau
Mémoire comme ayant fondé la classification naturelle en zoologie. C'est nous-même qui le premier
avons rendu à Linné une tardive justice. Fidèle au
culte de la vérité, même lorsqu'il s'agissait d'enlever un rayon à la gloire nationale, nous sommes
d'ailleurs pleinement d'accord avec tous les zoologistes sur l'origine des efforts, faits depuis un
demi-siècle pour l'établissement définitif et le perfectionnement de la classification naturelle. Cette
origine est incontestablement, non dans le *Systema*

---

[1] Nous avons traité ce point important de la science dans
nos *Essais de zoologie générale.*

*naturæ,* où les principes de la méthode inspirent
et guident l'auteur sans être nulle part énoncés
par lui, mais bien dans le Mémoire sur les Mammifères ; mémoire où ces principes sont exposés,
discutés et appliqués avec cette admirable lucidité
dont Cuvier avait le secret. Le principe de la *subordination des caractères,* encore innommé toutefois,
y est particulièrement présenté avec une netteté
parfaite; et il est donné dès lors pour ce qu'il est
et pour ce qu'il restera toujours (bien compris et
restreint dans de justes limites) : l'une des bases
nécessaires de toute classification naturelle.

Le Mémoire de 1795 n'est, pour Cuvier, que le
premier d'une longue série de travaux exécutés
dans le même esprit : ses efforts dans cette direction, n'ont eu d'autre terme que le terme même de
sa glorieuse vie, et se sont successivement étendus
au règne animal tout entier. Pour Geoffroy Saint-
Hilaire, au contraire, ces premiers pas dans la carrière sont presque aussi les derniers. Nous le voyons,
en 1797, poser les bases de cette même classification des Oiseaux de proie, que Cuvier a depuis
développée, et qui est encore la plus généralement
adoptée. Six ans plus tard, reprenant, au retour de
l'Égypte, ses travaux sur les Mammifères, il introduit dans leur classification plusieurs modifications
importantes; mais il n'achève pas même l'ouvrage
qui les renferme, et il se refuse presque à le

publier[1]. Dans ses Mémoires ultérieurs, presque tous monographiques, il réalise divers perfectionnements de la Méthode, mais tous circonscrits dans le cercle d'une famille ou d'un ordre : le seul qui ait une véritable importance comme classification, est le *Tableau méthodique des Quadrumanes*, publié en 1812. Après lui, nous ne trouvons plus guère à citer que des vues, émises en 1820, sur la nécessité de placer immédiatement après les Vertébrés l'embranchement des Articulés que Cuvier faisait précéder de celui des Mollusques; encore ces vues que tout le monde partage aujourd'hui, ne furent-elles émises par Geoffroy Saint-Hilaire qu'occasionnellement et comme déduction de ses recherches d'anatomie philosophique sur les Insectes?[2]

Comment est-il arrivé à Geoffroy Saint-Hilaire de délaisser si complétement la solution d'un problème, qui tient tant de place dans les recherches de la plupart des naturalistes? Nous n'avons pas à le rechercher : lui-même va nous le dire. On lit dans le *Cours de l'histoire naturelle des Mammifères*[3] cette déclaration qu'il a plusieurs fois renouvelée sous des formes diverses :

« Je suis de l'opinion qu'une méthode parfaite

1 Voyez le Chapitre IV, p. 115 et suiv.

2 Outre les Mémoires de 1820, voyez le *Cours sur les Mammifères*, 5.<sup>e</sup> leçon, p. 18.

3 Voyez la 4.<sup>e</sup> leçon, p. 28.

« ne saurait exister; c'est une sorte de pierre philo-
« sophale dont la découverte est impossible. Pour
« mon compte, donnant à l'étude des rapports une
« attention toute spéciale, et porté par cette même
« étude à admettre qu'il est pour l'histoire naturelle
« quelque chose de plus important que des classi-
« fications (*de plus exact du moins*, puisqu'il *entre
« nécessairement de l'arbitraire* dans la distribution
« et l'enchaînement des familles), je m'en suis tenu
« à ma coopération dans l'essai de 1795, et je ne
« me suis plus occupé que de travaux monogra-
« phiques. »

Ainsi, ce qui l'éloigne des travaux de classification, ce n'est pas seulement la moindre importance
des résultats auxquels ils peuvent conduire : c'est
aussi, c'est surtout le défaut d'*exactitude* dans ces
résultats, l'impossibilité d'en bannir l'*arbitraire*.
Nous retrouvons Geoffroy Saint-Hilaire lorsqu'il
s'agit de classer, ce que nous l'avons vu lorsqu'il
s'agissait de décrire, cherchant l'exactitude et la
rigueur, sans lesquelles la science ne saurait exister.
Mais ici, à force de les chercher, il les trouvait :
là elles n'existent pas, et on est réduit, au défaut
d'une solution exacte, à se contenter d'une solution approximative.

On le fait, dira-t-on, même en mathématiques :
comment un naturaliste, si rigoureux qu'il puisse
être, n'admettrait-il pas un genre de solution dont

se satisfont elles-mêmes les sciences, dites par excellence exactes? Qu'on ne s'y trompe pas. Le mot d'*approximation* peut bien être de la langue mathématique, transporté dans la nôtre; mais non, malheureusement pour nous, l'idée qu'il exprime. En arithmétique, en géométrie, une solution approchée est équivalente, si ce n'est au point de vue théorique, à une solution exacte : car, tout inconnue que soit celle-ci, et lors même qu'elle n'existe pas et ne saurait exister, on peut s'en rapprocher autant qu'il est besoin dans la question donnée : l'erreur, toujours connue, est rendue aussi petite qu'on le veut. Le naturaliste, au contraire, a conscience que sa solution est inexacte : mais de combien et dans quel sens? il ne le sait; comment se rapprocher de la vérité? il l'ignore. Souvent[1], en présence de plusieurs arrangements méthodiques, imaginés par lui, ou déjà proposés, il se voit obligé de faire un choix, sans pouvoir le justifier rationnellement ni aux autres, ni à lui-même : il n'a point de certitude,

---

[1] Il en était surtout ainsi, quand on s'en tenait aux classifications en série uni-linéaire. Beaucoup de questions, longtemps sans solutions satisfaisantes, se résolvent d'elles-mêmes, dès qu'on recourt à cette forme particulière de classifications que nous avons proposée, et à laquelle nous avons donné le nom de *parallélique*. Il est permis d'espérer que les difficultés qu'elle-même laisse encore subsister, disparaîtront à leur tour devant d'autres progrès de la science, et que l'arbitraire finira par être banni, même de la classification.

il n'a qu'une conviction, qu'une opinion dont la probabilité ne peut être appréciée. Entre les mêmes solutions, avec les mêmes éléments, un autre eût pu préférer, à aussi bon droit, celle qu'il vient de repousser! Comment les déterminations seraient-elles les mêmes pour tous, quand chacun doit en appeler à ce qu'on a nommé le *tact du naturaliste*, c'est-à-dire, au fond, à son sentiment propre et individuel?

Voilà, dans une multitude de cas, la déplorable nécessité, à laquelle se voit réduit le naturaliste classificateur. Cuvier l'a acceptée; Geoffroy Saint-Hilaire n'a pu s'y soumettre; et, en agissant inversement, l'un n'a pas été moins conséquent que l'autre.

Cuvier voit dans la classification *l'idéal* même *auquel l'histoire naturelle doit tendre*, et dans cet idéal, si l'on parvenait à le réaliser, *l'expression exacte et complète de la nature entière;* par conséquent, en un mot, *toute la science*[1]. Voilà la doctrine de Cuvier telle que lui-même la formule. Comment n'aurait-il pas placé au premier rang les travaux dirigés vers le perfectionnement de la classification? Et pouvait-il renoncer à ceux-ci, sans renoncer en même temps à perfectionner la science elle-même?

Pour Geoffroy Saint-Hilaire, au contraire, la classification n'est pas toute la science; elle n'en est

[1] Introduction du *Règne animal,* t. I.er, 1.re édit., p. 12; 2.e édit., p. 10.

même ni la partie la plus importante, ni la plus élevée. Dès lors il lui est permis, tout en appréciant, tout en honorant des travaux faits dans une direction si incontestablement utile, de ne point s'y engager lui-même, et de chercher à satisfaire ailleurs ce double besoin de son esprit : la rigueur scientifique et la généralité des résultats.

Telle est, avons-nous dit ailleurs[1], la première divergence entre ces deux amis, naguère si intimement unis; et l'année 1803, où Geoffroy Saint-Hilaire cessa de penser sur les classifications ce qu'en pensait Linné et ce qu'en a toujours pensé Cuvier, nous offre le véritable point de départ de tous leurs dissentiments et le prélude inaperçu des débats de 1830.

V.

Il existe, entre toutes les parties d'une science et entre toutes les questions qu'elle comprend, un enchaînement nécessaire dont un esprit logique peut bien ne pas se rendre compte, mais dont il subit invinciblement l'influence.

Des doctrines de Geoffroy Saint-Hilaire sur les classifications, on pourrait, au besoin, déduire ses vues sur un sujet en apparence tout différent, l'étude des manifestations vitales des animaux, de leurs relations entre eux et avec le monde extérieur, de leurs mœurs.

1 Chapitre IV, p. 117.

Plaçons-nous au point de vue de ceux qui font du perfectionnement de la classification le but suprême de la science. Vers quel résultat devront tendre leurs efforts? Évidemment vers la constatation des différences, par lesquelles peuvent être distingués les groupes des divers degrés. Dans un organe ces naturalistes devront voir surtout les caractères qu'il peut fournir à la méthode; et les affinités naturelles des êtres seront presque les seuls rapports dont ils aient à poursuivre la découverte.

Telle serait la conséquence rigoureuse de leur doctrine. Et de là, tous ces naturalistes de cabinet, qui, dans l'étude d'un être, n'oublient rien, si ce n'est la vie même dont il est animé; qui nous décrivent ses membres, ses organes, comme s'il s'agissait de vaines formes à contempler et à décrire, et non des plus merveilleux appareils qu'il soit donné à l'homme d'observer et de connaître. Système aussi faux qu'étroit et décourageant, qui sacrifie la connaissance de l'ensemble à celle des parties; qui réduit l'observation de l'animal à celle de son cadavre; qui abaisse la science des êtres vivants aux proportions d'un catalogue descriptif!

Avons-nous besoin de dire que Cuvier et les naturalistes principaux de son école ont su briser le cadre étroit, dans lequel tant d'autres se sont renfermés? Un savant tel que Cuvier, dût-on l'accuser de quelque contradiction, ne pouvait se résoudre à faire la science si aride et, pour tout dire, si vaine. Ouvrez ses ouvrages : vous y verrez souvent l'étude de l'ensemble à côté de celle des parties, l'étude des fonctions vitales et des mœurs à côté de celle des organes. Mais par quel lien les unes sont-elles rattachées aux autres, et l'unité de l'animal ainsi rétablie? Par l'hypothèse, admise dans toute son extension, que chaque être a été spécialement créé en vue des circonstances au milieu desquelles il vit, chaque organe en raison de la fonction qu'il est appelé à remplir; en d'autres termes, par cet abus de la philosophie dite des *causes finales* qui, à l'étude positive des organes, de leurs fonctions, des rapports des uns avec les autres et des harmonies naturelles, substitue une interprétation toute conjecturale, ose faire intervenir dans l'explication de chacun de ces rapports, de chacune de ces harmonies, les intentions et la volonté même du Créateur, et fait descendre ainsi, par un grave abus de logique, au rang des causes prochaines et immédiates des phénomènes, leur cause première, à jamais impénétrable pour nous.

Ainsi, chez les uns, l'étude des organes réduite à celle des caractères, et celle des fonctions et des mœurs négligée et reléguée au rang de circonstances accessoires; par conséquent, la science aride, incomplète, mutilée: chez les autres, les fonctions et les mœurs étudiées à l'égal des organes, et la

science s'élevant vers les sommités de la philosophie naturelle, mais ne s'y élevant qu'à l'aide d'une
hypothèse non démontrée, et disons plus, fût-elle
vraie, non susceptible de démonstration. Ainsi,
aridité et étroitesse des conceptions, d'un côté;
extrême témérité, de l'autre : « deux écueils égale-
« ment dangereux, dit Geoffroy Saint-Hilaire, et
« que *j'ai voulu éviter tous deux.* »

Et non-seulement il l'a voulu, mais il l'a fait, et
pour cela, il n'a eu qu'à suivre le cours naturel de
ses idées et de ses doctrines. Le perfectionnement
de la classification n'étant pas pour lui le but,
mais seulement l'un des moyens de la science, il
faut bien que ce but se trouve plus loin et plus
haut; la recherche de tous les genres de rapports
reprend une importance égale à celle des affinités
naturelles : la science recouvre son domaine tout
entier, et dès lors, son unité, sa grandeur. Mais
cette unité, cette grandeur devront se fonder sur
l'alliance de l'observation et du raisonnement, non
sur des hypothèses métaphysiques; car, celles-ci
admises, la science retomberait plus que jamais
dans ces déterminations sans règle et sans contrôle,
dans ces décisions arbitraires, contre lesquelles
nous avons vu Geoffroy Saint-Hilaire se prononcer
avec tant de force en zoologie comme en anatomie
comparée.

On le voit : des deux *écueils* qu'il signale, aucun

n'était sur sa route, et il n'était pas homme à se laisser entraîner par la puissance de l'exemple et le prestige des idées régnantes. Loin de là : plus il voit à celles-ci de partisans, et plus il les combattra; plus il voit les naturalistes faciles à se contenter des explications apparentes d'une métaphysique nuageuse, plus il se montrera sévère à lui-même, n'hésitant pas à s'arrêter où s'arrêtent les faits et leurs conséquences légitimes, et aimant mieux déclarer l'insuffisance de son propre savoir que de jeter sur elle le voile d'une séduisante, mais dangereuse hypothèse. Suivez-le dans ses études sur les instincts des animaux; par exemple, dans ses deux Mémoires sur leur affection mutuelle. Le charme des faits merveilleux qu'il rapporte, l'entraîne-t-il en des explications encore impossibles? Non, il raconte; il fait entre les vues des anciens et celles des modernes un curieux et instructif parallèle; et quand le lecteur s'attend peut-être à le voir se perdre, comme tant d'autres, dans les tentatives d'une psychologie hasardée, il s'arrête tout à coup : « il y a, dit-il, une grande tendance dans les esprits « pour discuter ces graves questions; mais nous « devons continuer de nous en abstenir..... Nous « manquons toujours de quelques faits essentiels, « auxquels nous n'atteindrons sans doute que par « une nouvelle méthode d'investigation. Trouvons « d'abord cet instrument. »

S'il s'abstient ici, il traite, au contraire, et même
à plusieurs reprises, la grande question des relations
des animaux avec le monde extérieur et de l'harmonie des organes avec les fonctions; et sa persistance, dans ce second cas, n'est pas moins conforme
que son silence, dans le premier, à la règle de
conduite qu'il s'était tracée. C'est encore une hypothèse métaphysique qu'il rencontre ici devant lui,
mais une hypothèse sur laquelle ont prise l'observation, le raisonnement et l'expérience même : ici
donc *l'instrument est trouvé,* et la question est mûre.

Rien de plus séduisant pour l'esprit, au premier
abord, que la doctrine des causes finales : rien de
plus contraire à la saine philosophie, que les abus
qu'on en a faits et qu'on en fait chaque jour encore.
Les livres sont pleins de raisonnements où la puissance providentielle de Dieu est représentée comme
intervenant dans la conservation des espèces, non
par ces lois générales d'harmonie qu'elle a posées à
l'origine des choses, mais par des soins apportés
minutieusement et spécialement à la création de
chaque être. Que dirait-on d'un astronome qui voudrait substituer à la théorie newtonienne, dans la
mécanique céleste, l'hypothèse d'autant de causes
et de principes particuliers de mouvement que les
espaces renferment d'astres errants? Telle est, et
plus irrationnelle encore, la doctrine qu'on a si
longtemps fait prévaloir en histoire naturelle, que

quelques-uns y défendent encore. Au lieu d'observer ce que Dieu a fait, on ose imaginer ce qu'il a voulu faire. On affirmera, par exemple, non qu'un animal vole, parce qu'il a des ailes; grimpe, parce qu'il a des ongles acérés; mais bien qu'il a des ailes, parce qu'il a été *organisé pour* le vol; des griffes, parce qu'il a été *créé pour* grimper! On se gardera bien de dire simplement que les Carnassiers se nourrissent de proies proportionnées à leur taille; on nous représentera le Créateur mesurant, dans sa sagesse, la taille de chaque Carnassier sur celle des animaux *qui doivent lui servir de proie*.[1]

Mais, dit Geoffroy Saint-Hilaire[2], Dieu vous a-t-il pris pour *confidents?* Êtes-vous *autorisés à parler* pour lui? « Bornons-nous, ajoute-t-il, au seul senti-« ment qui doit nous pénétrer, celui de l'admiration : « n'allons point indiscrètement prêter notre esprit « à celui qui est comme toutes les premières notions « des choses, et qui sera éternellement au-dessus « de nos faibles intelligences. *Point trop d'audace* « *dans la pensée :* et naturalistes, contentons-nous « des manifestations qui nous sont accordées. » Et surtout, gardons-nous de faire *engendrer la cause par l'effet.....* « *Restons les historiens de ce qui est;*

1 Il est à peine utile de faire remarquer que nous n'inventons pas ces exemples : nous les citons. Nous pourrions en citer des milliers.

2 *Système dentaire*, note III; et *Cours*. Discours préliminaire.

« n'arrivons sur les fonctions qu'après avoir vu, ou
« cherché à voir quels instruments les produisent.
« Chaque être est sorti des mains du Créateur avec
« de propres conditions matérielles; il peut selon
« qu'il lui est attribué de pouvoir; il emploie ses
« organes selon leur capacité d'action. »

On voit que Geoffroy Saint-Hilaire ne se borne
pas à réfuter les systèmes de Cuvier et des finalistes.
Il y substitue une autre doctrine, précisément inverse. Les premiers disaient : La disposition et la
structure d'un organe sont en raison de la fonction
qu'il a à remplir, et, en général, l'organisation
d'un animal en raison de ses mœurs et du rôle
qu'il doit jouer dans la nature. Système que l'on
peut résumer dans cette formule souvent reproduite : Telle est la fonction, tel sera l'organe; ou
dans cette autre, plus claire, et non moins concise :
La fonction est la *cause finale* de l'organe. Geoffroy
Saint-Hilaire renverse les termes : pour lui la fonction de chaque organe est en raison de sa disposition et de sa structure, et les mœurs de l'animal en
raison de son organisation; d'où cette formule : Tel
est l'organe, telle sera la fonction; ou bien : La fonction est l'effet de l'organe. Doctrine qui n'exclut
d'ailleurs en rien la réaction de la fonction sur
l'organe, si évidemment apte à se développer, à
s'atrophier, à se modifier, selon qu'il sera plus ou
moins et diversement exercé.

Voilà deux expressions, aussi contraires que possible, de la relation intime, également reconnue par toutes les écoles, qui existe entre la nature de l'organe et la fonction qu'il accomplit. De ces deux expressions, laquelle est la plus logique? laquelle est la plus conforme aux faits?

La plus logique est évidemment celle qui procède des organes aux fonctions, car les premiers préexistent à celles-ci ; celle qui permet de concevoir l'existence de ces *organes sans fonctions,* dont les exemples, si multipliés en anatomie comparée, font et feront à toujours le désespoir des finalistes; celle enfin qui, sans rien ôter à notre admiration pour toutes les harmonies de la nature, et pour la sagesse suprême dont elles émanent, ne nous oblige pas à la faire intervenir à chaque instant et pour l'explication de chaque détail de la science.

Et l'expression la plus logique est aussi la plus conforme aux faits. Geoffroy Saint-Hilaire le prouve par l'observation des races domestiques, par celle des Monstruosités, par ses expériences sur celles-ci. Il nous montre dans toutes ces déviations du type normal, les unes héréditaires, les autres individuelles, des organes qui, modifiés quant à leur forme, leur disposition, leur structure, le sont aussi, par suite, et dans la même raison, quant à leurs fonctions. Or, ici le doute n'est plus permis. Qui, par exemple, voudrait soutenir que les anomalies physiologiques d'un Monstre sont les causes finales de ses anomalies anatomiques? Au fond, cependant, la question en tératologie est exactement la même qu'en zoologie. Mais, dans cette dernière science, les raisonnements des finalistes prennent parfois, sous une plume habile, une forme spécieuse, l'erreur de leurs prémisses se perdant dans la profondeur des ténèbres qui enveloppent encore l'origine des espèces animales. Ils nous apparaissent, au contraire, dans toute la nudité de leur illogisme et de leur fausseté, quand on les étend à des types produits, comme le sont les êtres anomaux, sous notre regard, et quelquefois à notre volonté.[1]

La question est désormais jugée pour les esprits impartiaux. La doctrine des causes finales, du moins telle qu'on l'a admise durant tant de siècles, a fait son temps en zoologie. Ces causes, à part même ce qu'il y a en elles d'erroné, ne

1 On a trouvé, il est vrai, cette réponse : Les Monstres sont des êtres placés en dehors de leurs causes finales : aussi la plupart ne sont-ils pas viables. Soit pour ceux-ci. Mais les autres? Et les Monstres que nous produisons dans nos expériences? La volonté de l'homme aurait donc prévalu sur celle de Dieu qui destinait, selon vous, leurs organes à d'autres fonctions, et eux-mêmes à un autre rôle dans la création!

Et les races domestiques? Direz-vous aussi que celles-ci, caractérisées par de véritables anomalies devenues héréditaires, sont en dehors de leurs causes finales?

seraient d'ailleurs que des causes particulières, et il faudrait chercher plus haut la vraie notion de l'harmonie générale. Renoncez à abuser des premières, et vous serez par là-même sur la voie qui conduit à la seconde. Quand, par les progrès de l'esprit humain, les fausses lueurs des explications des finalistes se sont éteintes en astronomie, la pure lumière de la vérité n'a pas tardé à briller, et Newton est venu révéler aux hommes la sublime simplicité des harmonies célestes.

## VI.

Tout partisan de la doctrine des causes finales, s'il est conséquent avec lui-même, est partisan de l'hypothèse de l'immutabilité des espèces; tout adversaire de l'une est nécessairement adversaire de l'autre. Au fond même, toutes deux ne sont que les faces diverses d'un seul et même système. Nous devons donc nous attendre à trouver Geoffroy Saint-Hilaire, ici encore, en complète opposition avec Cuvier et ses disciples.

Tous deux avaient senti de bonne heure l'importance philosophique d'une question qui est sans contredit, avec l'Unité de composition, la plus grande de l'histoire naturelle. Nous les voyons, en 1795, dans un de leurs Mémoires communs[1], la poser en des termes tels qu'il n'en est pas de plus

1 *Mémoire sur les Orangs.*

larges : Ne faut-il voir, dans *ce que nous appelons des espèces, que les diverses dégénérations d'un même type?*

Tous deux doutaient alors. Quelques années après, Cuvier, non-seulement résolvait négativement la question, posée d'une manière aussi absolue; mais il déclarait et prétendait prouver que les mêmes *formes se sont perpétuées depuis l'origine des choses.* Lamarck, son antagoniste par excellence sur cette question, soutenait, d'une manière non moins exclusive, la thèse contraire, montrant les êtres incessamment variables au gré des circonstances, et donnant avec hardiesse une genèse zoologique, fondée sur cette doctrine.

Geoffroy Saint-Hilaire a longtemps médité sur ce difficile sujet. La doctrine qu'il a, dans sa vieillesse, fermement défendue, paraît n'avoir été entièrement conçue par lui qu'après l'achèvement de la *Philosophie anatomique;* et si nous omettons ses leçons orales au Muséum et à la Faculté, c'est en 1828 seulement qu'il l'a publiée[1]; encore ne faudrait-il en chercher dans le travail que nous rappelons ici, ni l'expression la plus nette, ni les développements.[2]

[1] Dans un Rapport à l'Académie des sciences sur un Mémoire de M. Roulin. — Avant ce Rapport, on trouve quelques indications dans le Mémoire sur les Gavials, publié en 1825.

[2] Ceux-ci ont été donnés dans plusieurs Mémoires successifs de 1828 à 1837. Nous reviendrons sur ces travaux.

Cette doctrine est diamétralement opposée à celle de Cuvier, et n'est pas entièrement celle de Lamarck. Geoffroy Saint-Hilaire réfute l'une; il restreint et rectifie l'autre. Cuvier, selon lui, conclut contre les faits : Lamarck, par de là les faits. Au fond, néanmoins, dans cet ordre d'idées, il procède de Lamarck, et il s'est plu à se proclamer lui-même, en plusieurs occasions, le disciple de son illustre collègue.

Essayons de réduire la question à des termes simples. Les animaux qui peuplent notre globe, s'offrent-ils à nos yeux, tels qu'ils ont été créés? ou bien se sont-ils modifiés depuis leur création? Les espèces sont-elles immuables? ou bien des races, transportées sous l'influence de circonstances différentes, peuvent-elles, à la longue, s'écarter du type originel, et constituer, à leur tour, des races ou espèces, distinctes par de nouveaux caractères?

L'art de résoudre les questions est presque toujours celui de les décomposer. Procédons ainsi.

Les animaux sont-ils variables sous l'influence des circonstances? Sur ce premier point, la réponse ne saurait être douteuse, ni à l'égard des individus, ni à l'égard des races et de ces groupes d'individus que nous appelons espèces.

Examinez une espèce répandue sur une portion du globe terrestre, assez étendue pour qu'aux limites de son habitation, les circonstances locales soient notablement différentes : vous trouverez toujours, entre les individus pris aux deux extrêmes, une différence sensible, et véritablement proportionnelle à la diversité des circonstances locales.

Premier fait reconnu de tous les naturalistes, et que n'ignorent pas les personnes les plus étrangères à la science. Quel commerçant, par exemple, oserait vendre, et qui voudrait acheter les fourrures de nos Martes et de nos Hermines de France pour des Martes ou des Hermines de Sibérie, ou même de Russie et de Pologne? Donc, pour quiconque veut raisonner logiquement, les animaux sont variables sous l'influence du climat et des circonstances. Conclusion de Lamarck, et avant lui de Buffon, pleinement admise par Geoffroy Saint-Hilaire, et que Cuvier lui-même est obligé de subir, lorsqu'il reconnaît l'existence de *variétés ou subdivisions accidentelles de l'espèce*, résultant de la *chaleur*, de l'*abondance* et de l'*espèce de la nourriture*, et d'*autres causes encore.*

Les espèces étant variables, entre quelles limites le sont-elles *dans l'ordre actuel des choses;* en d'autres termes, avec la constitution du globe, la composition de l'atmosphère, et les autres données géologiques et physiques, sous l'influence desquelles les êtres organisés vivent depuis plusieurs milliers d'années?

Lamarck, Cuvier, Geoffroy Saint-Hilaire résolvaient de même la première partie de la question : ici chacun d'eux a sa solution propre.

Les variétés, dit Cuvier, sont différenciées par des caractères tout à fait accessoires, et d'un ordre inférieur à ceux qui distinguent les espèces.

Point de limites aux variations des espèces, dit Lamarck; et il n'hésite pas à faire sortir les uns des autres, les genres, les ordres, et jusqu'aux classes diverses du règne animal. C'est l'hypothèse même de Pascal, lorsqu'il se demande : Les êtres animés n'étaient-ils dans leur principe que des individus *informes et ambigus*, dont les *circonstances permanentes au milieu desquelles ils vivaient*, ont décidé originairement la constitution?

Geoffroy Saint-Hilaire admire le ferme génie de Lamarck, proclamant la *puissance* modificatrice *des influences du monde extérieur;* mais il le voit à regret s'avancer témérairement au delà de toutes les déductions légitimes des faits, compromettre sa théorie par le choix de ses preuves, prêter à la réaction de l'animal sur lui-même par l'habitude un pouvoir illimité, et par là, s'exposer à la malignité de critiques, trop heureux de pouvoir lui répondre par des railleries. Des arguments eussent été plus difficiles à trouver!

En adoptant le principe de Lamarck, Geoffroy Saint-Hilaire et son école n'en restreignent pas seulement l'application; ils la conçoivent autrement, et, par suite, recourent à un autre genre de preuves. Ils relèguent à un rang très-secondaire, parmi les causes modificatrices, cette puissance de l'habitude, à laquelle Lamarck fait jouer un si grand rôle, et ils sont évidemment ici dans le vrai, en même temps, qu'en parfaite conformité avec la formule : Tel est l'organe, telle sera la fonction. Pourquoi un animal abandonnerait-il les habitudes qui découlent de son organisation, pour prendre d'autres mœurs? Ce serait, à des conditions d'harmonie, et par conséquent de bien-être, substituer un état de trouble et de malaise. A moins d'être contraint à le subir, il persistera donc dans les premières, et la stabilité du type qu'il a reçu de ses parents, sera ainsi confirmée, et non détruite. Par les mêmes raisons, s'il est libre, l'animal se gardera bien d'aller chercher au loin un autre climat, et d'autres circonstances extérieures; car, s'il n'est pas *fait pour celles-ci*, comme disent les finalistes, son organisation est coordonnée avec elles, et l'on ne verra jamais l'Ours des glaces polaires et le Lion de la zone torride faire spontanément l'échange des patries que le Créateur a assignées à chacun d'eux. Voilà pourquoi l'observation des espèces, dans l'état de la nature, en nous révélant une multitude de modifications plus ou moins légères, ne saurait nous rendre témoins d'aucune déviation grave des types formés ou conservés sous l'influence de l'ordre actuel des choses.

C'est donc l'expérience seule qui peut trancher la question [1]. Contraindre les animaux à faire ce qu'ils ne feraient pas d'eux-mêmes; les transporter en des climats étrangers; les soumettre à une autre nourriture, à d'autres habitudes; les entourer de circonstances nouvelles; changer en un mot, dit Geoffroy Saint-Hilaire, leur *monde ambiant*; agir ainsi, non sur l'individu seulement, mais sur la race : tel est le seul moyen de décider, si, comme le prétend Cuvier, les variations ne sauraient atteindre que des caractères accessoires et de nulle valeur. Et ici, admirons le génie de Bacon, qui disait déjà, il y a deux siècles aux naturalistes : Tentez de faire *varier les espèces elles-mêmes, seul moyen de comprendre comment elles se sont diversifiées et multipliées.* Eh bien! ces expériences que

---

[1] On a voulu faire intervenir dans cette grande question et comme arguments décisifs, les résultats des expériences sur le *croisement des espèces.* Ces expériences sont d'un grand intérêt, et peuvent conduire à des conséquences importantes, mais d'un autre ordre. Admettons que deux espèces ne puissent donner naissance, par leur mélange, à un type intermédiaire persistant : qu'y a-t-il à conclure de l'impossibilité de créer ainsi, *subitement et brusquement,* de nouvelles espèces, contre la possibilité de modifications *graduellement et lentement* produites dans l'organisation d'une espèce *sous l'influence des circonstances extérieures?*

conseillait Bacon, elles ne sont pas à tenter : elles sont faites déjà : elles se sont poursuivies depuis une longue série de siècles, et se poursuivent encore sur toute la surface du globe, et jamais résultats plus démonstratifs ne furent obtenus. Voyez toutes les races domestiques dont l'industrie humaine a su se faire de si anciens et si utiles auxiliaires. Le Mouflon, par exemple, le Bouquetin, eussent-ils jamais d'eux-mêmes abandonné les sommités neigeuses, où la nature les avait placés? non! mais l'homme les en a fait descendre, les a transportés dans toutes les parties du monde; et de nombreuses races de Moutons et de Chèvres, autant que de climats, se sont produites. De même ont été créées nos races de Chevaux, de Bœufs, et tant d'autres, entre lesquelles il est impossible de méconnaître des différences de valeur spécifique; bien plus, toutes ces races de Chiens, dont quelques-unes, si l'origine en fût restée inconnue, eussent formé des genres, mieux caractérisés assurément qu'un grand nombre de ceux dont les noms remplissent nos catalogues.

Et si cette série de preuves ne suffisait pas, les variétés du genre humain en fourniraient une seconde. Trouve-t-on souvent entre les diverses espèces d'un genre naturel, des différences organiques aussi profondes que celles qui existe entre l'Homme caucasique et le Nègre? Et cependant,

Cuvier, dans le livre même où il proclame le principe de l'immutabilité des espèces, n'hésite pas à reconnaître l'origine commune et de ces deux races et de toutes les autres : conséquence qui ne saurait évidemment trouver de bases rationnelles que dans la théorie de la variabilité des types.[1]

Ainsi la doctrine de Cuvier est démentie par les faits : lui-même se sent obligé, dès la première application qui se présente, de l'abandonner, et partout ailleurs, il ne la maintient qu'au prix de subtiles et arbitraires distinctions. Mais remarquons-le bien : les mêmes faits qui réfutent l'hypothèse de Cuvier, modifient profondément celle de Lamarck ; car ils assignent aux variations des espèces, *dans l'ordre actuel des choses*, des limites que nous devons dire, relativement, fort resserrées: limites que l'on ne saurait d'ailleurs déterminer que par approximation.

Il reste une troisième question partielle: jusqu'à quel point les espèces ont-elles pu être modifiées depuis leur origine?

Aux effets des causes agissant encore aujourd'hui, ajoutez ceux des révolutions elles-mêmes que le globe à subies : vous avez maintenant le

---

[1] Nous ne savons en vérité ce qui a conduit un auteur récent à placer Geoffroy Saint-Hilaire au nombre des auteurs qui n'admettent pas l'unité originelle du genre humain. Jamais Geoffroy Saint-Hilaire ne s'est prononcé dans ce sens.

problème tout entier, avec ses immenses et inextri-
cables difficultés. Lamarck, sur les traces de Pascal,
ose seul le résoudre, et sur ce nouveau terrain, la
science ne peut plus démontrer qu'il se trompe :
mais aussi comment démontrerait-elle qu'il a raison? Des effets presque infinis de variation suppo-
seraient des causes d'une intensité presque infinie
aussi : on peut croire à celles-ci; mais prouver
qu'elles existent, on ne le peut encore : le pourra-
t-on jamais? C'est donc un problème à réserver
entièrement à l'avenir, supposé même que l'avenir
doive avoir prise sur lui.

Mais la science devra-t-elle complétement s'abstenir? Ni Cuvier ni Geoffroy Saint-Hilaire ne l'ont
pensé. Tous deux, comme avant eux Buffon, ont
tenté de déterminer si les animaux qui peuplent
aujourd'hui le globe, ont pu avoir pour ancêtres
ceux qui l'habitaient avant les derniers cataclysmes.

Dominé par son idée favorite de l'immutabilité
de l'espèce, Cuvier ne pouvait manquer de nier
toute parenté entre les uns et les autres. Il suffisait
qu'il eût constaté des différences de valeur spécifique entre les Éléphants, les Hippopotames, les
Crocodiles antédiluviens et leurs analogues actuels,
pour qu'il les déclarât originairement distincts.

Faudra-t-il donc admettre que la nature ait, à
plusieurs époques, reproduit les mêmes types; que
le Créateur, après s'être reposé, ait *repris,* selon

l'expression de Geoffroy Saint-Hilaire, *l'œuvre des six jours?* Hypothèse hardie qui semble seule pouvoir être opposée à celle de la filiation ininterrompue des races anciennes et modernes. Cuvier essaie d'échapper à l'une et à l'autre, en faisant succéder aux habitants de chaque contrée, d'autres races, contemporaines de ceux-ci, mais, jusque-là, exclusivement propres à d'autres régions du globe.[1]

Geoffroy Saint-Hilaire n'a besoin de recourir ni à l'extrême hardiesse de la première de ces hypothèses, ni à la complication singulière de celle-ci. Il est démontré que les animaux sont variables : il l'est que des races, caractérisées par des différences de valeur spécifique et même générique, peuvent se produire sous l'influence de causes suffisamment actives et suffisamment prolongées. Donc *il est possible* que les espèces actuellement vivantes d'Éléphants, d'Hippopotames, de Crocodiles, soient issues

---

[1] Telle est la véritable doctrine de Cuvier qui, si ce n'est dans son premier Mémoire paléontologique, a toujours rejeté et combattu cette hypothèse des *créations successives* dont quelques auteurs persistent à le représenter comme le créateur et le soutien. Pour lui, non-seulement il expose avec la plus parfaite netteté ses vues propres dans son grand ouvrage sur les *Ossements fossiles,* mais il va jusqu'à dire (dans l'article *Nature* du *Dictionnaire des sciences naturelles*) : «Nous ne «croyons pas même *à la possibilité* d'une apparition successive «des formes diverses.» Le système qu'on s'obstine à attribuer à Cuvier, est donc, selon lui, non-seulement faux, mais impossible.

des espèces analogues qui peuplaient l'ancien monde.

*Possible*, disons-nous, et non démontré. Geoffroy Saint-Hilaire ne s'est pas abusé[1]. Le but est ici trop loin de nous pour que ni l'observation, ni le raisonnement puissent encore l'atteindre : l'hypothèse seule peut tenter d'y parvenir. C'est donc une hypothèse que Geoffroy Saint-Hilaire oppose à celle de Cuvier, mais une hypothèse déduite d'une théorie vraie, infiniment plus simple, et confirmée bien plutôt que démentie par les arguments mêmes de ses adversaires. Quand Geoffroy Saint-Hilaire croit à des modifications subies par les espèces animales sous l'action d'un monde ambiant *nouveau*, Cuvier lui objecte les animaux de l'Égypte, restés les mêmes depuis trois mille ans, dans cette contrée où *rien n'a changé autour d'eux*. Qui ne voit que la fixité dans un cas, et la variabilité dans l'autre, sont des conséquences également nécessaires d'un

---

1 Il s'exprime ainsi, en 1851, dans un Mémoire sur l'influence du monde ambiant : «Telles sont quelques-unes des «considérations qui ont servi de base à un mémoire que j'ai «publié en 1828... où j'examine dans quels rapports de «structure organique et de parenté sont entre eux les animaux «des âges historiques et vivant actuellement, et les espèces «antédiluviennes et perdues. *C'était, comme dans l'écrit que* «*je publie présentement, un doute que je me permettais* «*et que je reproduis* au sujet de l'opinion régnante, savoir : «que les animaux fossiles n'ont pu être la souche de quelques-«uns des animaux d'aujourd'hui. »

seul et même principe? Mais, dit ailleurs Cuvier,
les variations que présentent les animaux domestiques, sont dues à l'influence de l'homme, et vous
ne sauriez en admettre d'aussi marquées dans ce
monde antique où l'homme n'existait pas. Objection non moins vaine que la précédente. L'homme
n'a agi sur les animaux qu'en changeant les conditions, dans lesquelles ils se trouvaient originairement placés; qu'en leur imposant un climat, une
nourriture, des habitudes nouvelles: les révolutions
du globe n'ont-elles pas changé bien plus profondément encore toutes les conditions de l'existence
des êtres, et jusqu'à la composition de l'atmosphère? Comment donc douter de l'énergie des
causes modificatrices qui se seront alors produites?
Énergie, non inférieure assurément, comme le
donne à entendre Cuvier, mais infiniment supérieure à celle des causes agissant dans l'ordre de
choses actuel, même en comprenant parmi celles-ci
l'influence de l'homme; énergie qui même a dû
être telle que, comme dans les expériences d'accli-
matement, images en petit de ces grands phénomènes, une partie des races existantes aura dû
seule se coordonner avec les nouveaux éléments
géologiques et physiques du globe, les autres dis-
paraissant pour jamais de sa surface.[1]

[1] Nous ne saurions trop nous féliciter de voir un géologue
aussi distingué que M. d'Omalius d'Halloy, s'avancer d'un pas

Il reste une dernière objection, la seule fondée, la seule grave: si les races antiques lentement transformées, sont devenues les races actuelles, des races intermédiaires, des *passages* ont dû exister. Or, on n'en a pas, ou l'on n'en a que rarement trouvé les vestiges. Nous le reconnaissons, et Geoffroy Saint-Hilaire l'a reconnu le premier; et c'est pourquoi il n'a prétendu, nous l'avons dit, émettre qu'une hypothèse. Mais Cuvier, et, après lui, ses disciples, ont-ils davantage suivi et montré les traces de ces translations, plusieurs fois répétées, d'une contrée dans une autre, par lesquelles se concilieraient, suivant eux, la simultanéité de la création de toutes les espèces, et leur apparition successive, et à de longs intervalles, sur le sol des mêmes contrées? Non, sans doute, et les partisans les plus ardents de la doctrine de Cuvier en conviendront avec nous.

Ainsi, hypothèse d'un côté; mais aussi, hypothèse de l'autre: vous n'avez le choix qu'entre des hypothèses, et la seule différence réside dans la simplicité de l'une, dans la complication de l'autre.

Et disons-le: de longtemps nous ne pourrons prononcer entre elles avec une entière certitude. L'éclat des immortels travaux de Cuvier en paléon-

ferme dans des voies où se trouvent la vérité et le progrès. Voyez sa *Note sur la succession des êtres vivants* dans le tome XIII du *Bulletin de l'Acad. des sciences* de Belgique, p. 581.

tologie a pu un instant éblouir tous les esprits; la majesté de l'édifice a pu faire oublier la fragilité des bases sur lesquelles il repose. Nous avons fait depuis un grand progrès : nous avons appris à douter. Ce que Cuvier a fait est immense, comparativement à ce qu'on avait fait avant lui; qu'est-ce par rapport à ce qui manque encore à la science, et malheureusement à ce qui lui manquera toujours? Les eaux couvrent près des trois quarts de notre planète : des glaces éternelles occupent les terres polaires : et, de la portion de la surface du globe, qui reste accessible à nos explorations, que connaissons-nous paléontologiquement? Ayons la sagesse de le reconnaître et le courage de l'avouer : on n'a soulevé qu'un coin du voile, et, comme le dit Geoffroy Saint-Hilaire, *les temps d'un savoir véritable en paléontologie ne sont pas encore venus.* Ils viendront. En les attendant, contentons-nous des perspectives qui nous sont ouvertes sur ce monde antique, ajouté par le génie de Cuvier au domaine de l'esprit humain, et gardons-nous également, ou d'affirmer, parce que nous possédons quelques faits, ou de nier, parce que quelques preuves nous manquent. Point de timidité exagérée, mais point de présomption; et n'imitons pas celui qui prétendrait pénétrer les mystères des profondeurs de l'Océan, pour avoir, selon la belle image de Newton, *ramassé quelques coquilles sur le rivage.*

## VII.

Telle est, dans son ensemble, la doctrine zoologique de Geoffroy Saint-Hilaire. Nous en avons été l'historien; nous ne saurions en être le juge : quelques réflexions sur son ensemble, et notre tâche sera terminée.

Le caractère de toute doctrine vraie, c'est la parfaite concordance entre ses diverses parties. Dans un être vivant (nous prenons notre comparaison dans notre sujet même), chaque organe est en raison des autres; d'où l'harmonie générale de l'être, condition essentielle de sa vie. La science a aussi ses harmonies nécessaires : toute doctrine dont les diverses parties sont en désaccord, ne saurait durer, pas plus que ne saurait vivre l'animal dont nous parlions tout à l'heure. Nous pourrions répéter de ces parties ce que dit Rousseau des organes des êtres vivants : « Il n'y en a pas un qu'on ne puisse, à quelque « égard, regarder comme le centre commun de « tous les autres, autour duquel ils sont tous or- « donnés, en sorte qu'ils sont tous réciproquement « fin et moyens, les uns relativement aux autres. »

Ce caractère suprême de la vérité, le voyons-nous briller dans la doctrine zoologique de Geoffroy Saint-Hilaire? Nos lecteurs ont pu répondre déjà. Qu'ils nous permettent cependant de compléter leur réponse.

Nous ne redirons pas qu'étant admises, comme point de départ, les idées de Geoffroy Saint-Hilaire sur les classifications, le reste de sa doctrine zoologique suit naturellement : la notion de la variabilité de l'espèce, et ses conséquences relativement aux animaux antédiluviens, deviennent, nous venons de le montrer, le terme de la science. Maintenant, renversons cet ordre, et partons de la notion de la variabilité de l'espèce : où arrivons-nous ? Précisément à reconnaître, et même plus clairement que jamais, ce qu'il y a d'arbitraire et d'insuffisant dans tout travail de classification. Si la définition de l'espèce, telle qu'elle est partout reproduite, implique une hypothèse fausse, et si, à leur tour, sur la définition de l'espèce se fondent les définitions du genre, de la famille et de tous les groupes supérieurs, n'est-il pas évident que l'échafaudage presque tout entier de la classification repose sur la base la plus fragile, et, pour ainsi dire, qu'il est suspendu sur le vide ?

Ainsi, en zoologie, partez de l'un quelconque des points culminants de la doctrine, et vous arrivez plus ou moins directement, mais sûrement à tous les autres.

Est-ce la première fois qu'il nous est donné de constater un tel résultat dans l'analyse des travaux de Geoffroy Saint-Hilaire ? Nos lecteurs n'ont pas oublié, sans doute, qu'une concordance non moins frappante existe entre toutes les parties de sa doctrine anatomique. Parti de l'idée de l'Unité de composition, préconçue par lui, Geoffroy Saint-Hilaire est arrivé à sa Méthode nouvelle de détermination, laquelle, découverte la première, l'eût conduit à l'Unité de composition. Encore ici, et nous dirons même, ici surtout, il n'est aucun des résultats généraux de Geoffroy Saint-Hilaire dont on ne puisse faire, à volonté, le point de départ ou le point d'arrivée de tous les autres.

Voilà donc, dans deux ordres différents d'idées, deux séries parallèles de travaux, entre lesquelles, sans aller plus loin, nous reconnaissons déjà une intime parenté, celle qui résulte de l'unité de méthode. Mais ne nous arrêtons pas encore; élevons-nous à un plus haut degré d'abstraction, et nous ne manquerons pas de découvrir de nouvelles relations. De ce point de vue nous allons apercevoir entre les deux séries elles-mêmes, prises dans leur ensemble, le même lien logique qui unit les parties de chacune d'elles.

Geoffroy Saint-Hilaire était encore en Égypte, qu'il abordait et résolvait dans son esprit ce qu'on peut nommer la question primordiale de l'histoire naturelle : celle de l'origine des germes des êtres organisés.

Admettons pour un moment, selon l'hypothèse si longtemps consacrée dans la science, que les

germes de tous les êtres qui devaient se développer
dans la suite des siècles, soient sortis directement,
à l'origine, des mains du Créateur; que, dans ces
germes, soient en petit, ou comme on disait, en
miniature, tous les organes, la génération ne faisant, selon l'expression de Régis, *que les rendre
plus propres à croître d'une manière plus sensible.*
Cette hypothèse, dominant à la fois la zoologie
proprement dite, l'anatomie et la philosophie naturelle elle-même, chacune de ces branches en
subira nécessairement et profondément l'influence.
Ses conséquences directes seront, en anatomie, la
réduction de l'embryogénie à un rang très-secondaire, puisqu'il ne reste plus qu'à épier le moment
où tous ces petits organes *préformés* auront assez
grandi pour devenir perceptibles à nos sens; en
zoologie, la fixité des espèces, et l'admission sans
limites des causes finales; la première, parce que
toutes les différences entre les êtres organisés sont
initialement établies par le Créateur lui-même;
celle-ci, parce que la sagesse suprême, en appelant
dès l'origine tous les êtres à une vie ou dès lors
active ou latente, en a nécessairement ordonné les
conditions. Il est clair que ce système laisse peu de
place à la recherche des lois générales : chaque
type, ayant été fait seulement en vue de sa destination propre, et étant essentiellement distinct de
tous les autres, il ne reste guère qu'à constater,

d'une part, l'accord de son organisation avec cette destination; ce sera le but le plus élevé de la philosophie naturelle : de l'autre, la nature et la valeur des différences extérieures et intérieures; d'où la prééminence accordée aux travaux d'observation, de description et de classification.

Soyez partisan du système de la préexistence des germes, et soyez conséquent avec vous-même : vous ne sauriez sortir de ce cercle.

Rejetez, au contraire, avec Harvey, avec Geoffroy Saint-Hilaire, avec M. Serres, cette vieille hypothèse si chère à nos pères, et le champ de la science redevient pour vous libre et sans limites. Dans la théorie de l'épigénèse est le lien commun de tous les travaux de Geoffroy Saint-Hilaire.

Les organes ne préexistent pas : ils se forment, puis se développent. Par cela seul, il est impossible qu'ils ne subissent pas l'action des circonstances qui les entourent au moment de leur formation, et pendant cette série d'états de plus en plus complexes qu'ils ont à traverser successivement. Les individus sont donc variables; leur développement pourra être modifié, retardé, interrompu. Par ce seul fait reconnu se trouve restituée à la science l'étude des êtres anomaux, des Monstruosités, dont les partisans de la *préexistence* ne sauraient rien dire, si ce n'est que ce sont des *jeux de la nature*, des êtres placés en dehors de leurs causes finales,

Du même fait, dans un autre ordre de considérations, se déduit non moins directement la variabilité des espèces; comment celles-ci seraient-elles fixes, si les individus sont variables? Donc, aussi, les conditions d'existence, la *destination* de chaque être, individu ou espèce, n'ont pas été réglées initialement : ses harmonies sont acquises et non originelles, contingentes et non nécessaires. Nous voici conduits à considérer la notion de l'être comme indépendante de celles-ci, par conséquent à étudier l'être en lui-même, abstractivement, dans son *type;* à placer à côté de la recherche des harmonies, la recherche non moins féconde des analogies. Mais comment l'observation et le raisonnement, désormais intimement unis, procéderont-ils dans cette étude abstraite des types, dans cette recherche difficile des analogies? Ils fixeront d'abord rigoureusement les bases, sur lesquelles devront reposer leurs déterminations : par cela seul que celles-ci doivent être indépendantes des harmonies, des fonctions, leurs éléments généraux seront, non les caractères que fournissent la forme, la structure, la grandeur des parties, mais ceux qui tiennent à l'essence même des organes. Parvenus ainsi pas à pas à la Loi des connexions, nous touchons aux autres principes, si intimement liés avec elle, qui lui servent d'auxiliaires dans la recherche et la démonstration des analogies, et la théorie de l'Unité de composition organique, lien de la zoologie et de la tératologie, se pose devant nous comme le sublime couronnement de la science.

La chaîne de ces raisonnements est trop longue pour que nous la reprenions en sens contraire; mais il est facile de voir que de l'Unité de composition on remonterait à l'épigénèse, comme de celle-ci nous sommes descendus à la première. Et comme, dans chacune des deux séries de travaux dont nous venons de montrer le lien, un terme quelconque peut devenir à volonté ou le point de départ ou le point d'arrivée de toute la série, nous sommes en droit de terminer ce Chapitre par cette conséquence générale :

Non-seulement la doctrine zoologique et la doctrine anatomique de Geoffroy Saint-Hilaire peuvent être, philosophiquement, considérées comme les deux moitiés d'une même théorie; mais l'une quelconque des notions fondamentales qui la constituent, peut devenir un centre, auquel toutes les autres se rattachent par des liens nécessaires : *chacune d'elles engendre logiquement toute la théorie.*

# CHAPITRE XI.

## DERNIERS TRAVAUX DE GEOFFROY SAINT-HILAIRE, ET DISCUSSION ACADÉMIQUE DE 1830.

I. Caractère et but des travaux de Geoffroy Saint-Hilaire depuis la fin de 1828. — Défense de sa doctrine. — II. Discussion académique de 1830 entre Cuvier et Geoffroy Saint-Hilaire; son origine; sa nécessité; ses résultats. — III. Événements de juillet 1830 : l'Archevêque de Paris réfugié chez Geoffroy Saint-Hilaire. — IV. Reprise de la discussion sous une autre forme. — Dernière leçon et mort de Cuvier. — Dernier écrit et mort de Gœthe. — V. Nouveau débat scientifique, et derniers travaux d'observation.

(1828 — 1840).

## I.

Trente-cinq années de travaux avaient conduit Geoffroy Saint-Hilaire au but qu'il s'était proposé. Créateur de la Théorie des analogues, fondateur de la tératologie, il venait encore de se faire le réformateur de la zoologie, et son œuvre était complète, dans son esprit du moins, à la fin de 1828.

Le verrons-nous maintenant diriger ses recherches vers des questions plus grandes encore? Mais quelles plus grandes questions étaient alors accessibles? Lesquelles même le seraient aujourd'hui? Quand on arrive au bout de la carrière, il faut bien renoncer à porter au delà sa course.

Va-t-il donc s'arrêter, et, comme l'athlète après la lutte, se reposer dans sa victoire? Il en avait le droit, sans doute : mais du repos! en est-il pour les inventeurs? A peine Geoffroy Saint-Hilaire a-t-il touché le but, qu'il revient sur ses pas : il a créé ses théories; il va les revoir, les compléter, les défendre. De là une nouvelle série de travaux, qui commence au moment même où s'achève l'autre : la fin de l'année 1828 est le point de partage entre toutes deux.

Et ici, bien que la pensée qui l'inspire soit au fond la même (car achever de prouver, s'est achever de découvrir), nous allons voir Geoffroy Saint-Hilaire procéder tout autrement. Nous l'avons montré jusqu'à ce jour, depuis 1817 surtout, s'attachant, avec une persévérance que lui-même qualifie d'*opiniâtre*, à la même question, et ne la quittant, après de longues méditations, que pour passer à une autre, unie avec elle par les connexions les plus intimes. Maintenant les sujets les plus divers vont l'occuper à de courts intervalles. Il se montrera tour à tour anatomiste, zoologiste, tératologue, physiologiste, naturaliste, philosophe, historien de la science. Les ouvrages, en apparence les plus étrangers les uns aux autres, se succéderont, sans qu'au premier aspect, on aperçoive entre eux d'autre rapprochement possible que celui de leurs dates. Après les *Principes de philosophie zoologique*, résumé de la célèbre discussion académique de 1830, viendront, en 1831, les *Recherches sur les grands Sauriens fossiles* elles-mêmes suivies, en 1834, des *Fragments sur les glandes mammaires des Cétacés*, et, en 1835, des *Études progressives*, recueil de mémoires sur la philosophie naturelle, la paléontologie, l'anatomie et la physiologie comparées. Enfin deux livres, bien différents entre eux, viendront clore, en 1838, la longue liste des ouvrages de Geoffroy Saint-Hilaire[1], les *Notions de philosophie naturelle*, et les *Fragments biographiques*; l'un, tendant à élever au plus haut degré d'universalité, et à placer au nombre des lois de la physique générale le Principe de l'affinité ou de l'attraction de soi pour soi[2], si incontestablement vrai et si important en physiologie; l'autre, à la fois historique et philosophique, où des articles biographiques sur Lacépède, Lamarck, Cuvier, Latreille, font suite à des notices étendues et pleines d'intérêt, sur la vie et les doctrines de Buffon et de Daubenton[3]. Il était digne de celui qui avait commencé sa carrière par se dévouer pour ses maîtres, de la finir en honorant leur mémoire.

Où est le lien logique de tous ces travaux? Ou plutôt, un lien logique peut-il exister entre eux?

1 Des ouvrages, mais non des mémoires publiés dans divers recueils. Nous parlerons ailleurs des derniers travaux de Geoffroy Saint-Hilaire.

2 Voyez le Chapitre IX, p. 501 et suiv.

5 Il avait aussi commencé une notice sur Haüy. Le temps ne lui a pas permis de l'achever.

Ne semble-t-il pas que le même savant que nous avions vu, durant tant d'années, s'avancer invariablement vers le même but; que celui qui se plaisait à se comparer à l'*homo unius libri* de Saint-Augustin, parcoure maintenant au hasard le champ tout entier de la science? La réponse est implicitement contenue dans ce qui précède, et il est facile de voir que Geoffroy Saint-Hilaire, ici encore, est parfaitement conséquent avec lui-même. L'unité, la fixité de direction était indispensable tant qu'il s'agissait de créer; l'auteur a donc pu, il a dû ne suivre que sa propre pensée, délaissant les difficultés secondaires pour les difficultés fondamentales, n'écoutant les objections que pour s'en éclairer, et non pour y répondre. Mais, le but une fois atteint, il faut bien dévier de cette ligne droite, jusqu'alors constamment suivie; il faut se porter partout où il y a des lacunes à remplir, des obstacles à vaincre, des explications à donner, des objections à lever, des rectifications à faire. Voilà l'œuvre, secondaire sans doute, mais indispensable, que Geoffroy Saint-Hilaire va poursuivre à partir de 1828, et ici la variété des recherches ne devient pas moins nécessaire que l'avait été d'abord l'unité de direction.

Et non-seulement nous nous expliquons ainsi le caractère si différent des recherches de Geoffroy Saint-Hilaire, avant et après 1828; mais, si de l'analyse scientifique nous revenons à la biographie, nous devons nous attendre à trouver entre la période qui vient de se terminer et celle qui commence, une différence corrélative à celle des travaux exécutés dans le cours de l'une et de l'autre. Elle existe en effet, et elle est même des plus marquées. Depuis le moment où, la restauration accomplie, Geoffroy Saint-Hilaire rentre dans son cabinet, où le citoyen fait place au naturaliste, ses jours s'écoulent aussi calmes qu'ils étaient naguère agités ; il ne connaît d'autres luttes[1] que celles de sa pensée contre les difficultés de la découverte; il ne sort de sa retraite que pour porter devant l'Académie et dans sa chaire le fruit de ses pacifiques conquêtes. Quel changement après 1828 ! A une vie presque contemplative, il fait succéder une vie toute d'action et de mouvement. Il semble qu'un reflet de ses jeunes années s'étende sur cette époque déjà si voisine de la vieillesse : même dévouement, quand il a, en 1830, *pour la seizième fois*, le bonheur de sauver un de ses semblables; même ardeur, lorsque, de 1830 à 1837, il explore, dans cinq voyages successifs, les richesses paléontologiques de diverses parties de la France[2]; et, surtout, même énergie, lorsqu'il défend, seul

---

1 Du moins à bien peu d'exceptions près. En 1820, ses travaux si hardis sur les Insectes devinrent l'occasion de débats assez vifs, mais très-promptement terminés.

2 Geoffroy Saint-Hilaire s'est aussi rendu en Angleterre en

d'abord contre tous, sa théorie naissante devant un public qui, de longtemps, ne peut même le comprendre. Félicitons le savant, mais plaignons l'homme d'oser, en 1828 et 1830, relever le gant que lui jetait, dès 1825, un illustre adversaire! Combien de fois il comptera les années par les souffrances nouvelles qu'elles lui apporteront! Car, dans ces discussions ardentes qu'il va soutenir contre d'anciens amis, contre des collègues, si son intelligence doit briller d'un nouvel éclat, son cœur sera souvent déchiré. Et quand le triomphe de ses doctrines sera assuré, quand il en aura la douce conviction, les blessures de son âme lui arracheront encore ce cri: « La couronne du novateur a toujours « été, comme celle du Christ, une couronne « d'épines![1] »

## II.

Cette lutte qui agita si douloureusement sa vieillesse, et peut-être abrégea sa vie, Geoffroy Saint-Hilaire ne regretta jamais de s'y être engagé: car elle était nécessaire.

Pourquoi la *Métamorphose des plantes*, composée en 1790, dut-elle attendre des lecteurs jusqu'en 1815? Pourquoi cet essai plein de génie d'un grand

1836. Il se proposait pour but, dans ce voyage, l'étude des fossiles du riche Musée d'Oxford; mais il tomba malade, et dut revenir après un court séjour à Londres.

1 Extrait d'une note écrite en 1858.

poëte qui fut aussi un grand naturaliste, exerça-t-il
une si faible influence sur la marche de la science?
Pourquoi les botanistes ne surent-ils comprendre
Gœthe, que lorsqu'ils l'eurent rejoint pas à pas
sur les hauteurs où il s'était élancé de plein saut?
C'est qu'il avait laissé à d'autres le soin de développer et de défendre ses vues nouvelles : et qui
pouvait le faire, si ce n'était lui-même? Celui qui
avait écrit *Gœtz* et *Werther*, écrivit *Hermann* et
*Faust*, et la *Métamorphose* resta oubliée.

Pourquoi, au contraire, la Théorie des analogues
a-t-elle pris si promptement sa place dans la science?
C'est que Geoffroy Saint-Hilaire eut un avantage,
et nous ne saurions nous servir d'un autre terme,
dont Gœthe avait été privé : celui de voir ses vues,
à peine publiées, attaquées avec force par le plus
illustre naturaliste de son époque.

On n'émet pas des idées vraiment neuves, on ne
reprend pas les questions fondamentales d'une
science pour les résoudre contrairement aux opinions régnantes, sans soulever contre soi une vive
opposition. Tant que la médiocrité s'était seule
adressée à lui, Geoffroy Saint-Hilaire avait continué
sa marche, laissant le champ libre à ses adversaires,
ou, tout au plus, leur jetant en passant quelques
paroles de réplique ; car, selon sa propre expression, *il se devait à d'autres soins*[1]. Aux objections

[1] Discours préliminaire du *Cours sur les Mammifères.* —
« Inventeur d'idées nouvelles, dit-il aussi dans une note restée

contre le fond même de sa doctrine, il n'avait donc répondu qu'en lui donnant chaque jour plus d'extension; aux objections prétendues philosophiques et théologiques de quelques écrivains qui ne comprenaient pas même la question[1], en les renvoyant à des livres dont eux surtout ne pouvaient récuser l'autorité[2]. Et quand on en était venu, selon l'in-

« manuscrite, je ne puis éviter qu'elles soient travesties, et
« d'autant plus qu'on aura fait moins d'efforts pour les com-
« prendre. »

1 Quand Newton avait entrevu, en 1704, l'Unité de composition (voyez le Chapitre V, p. 145), il s'y était attaché, non-seulement comme à une idée grande et philosophique, mais aussi et surtout comme à une preuve nouvelle et éclatante de *la sagesse et de l'intelligence de l'être toujours vivant.*

Par quelle aberration de l'esprit quelques écrivains, prétendus philosophes, voulurent-ils, quand parut la *Philosophie anatomique,* repousser cette même doctrine de l'Unité de composition, comme *apportant des entraves à la liberté et à la puissance du Créateur?* Objection qui ne tendrait à rien moins qu'à faire rejeter comme irréligieuse toute loi astronomique, physique, chimique, toute loi de la nature, en un mot, aussi bien que l'Unité de composition. Voilà par quels absurdes arguments, par quelles accusations extra-scientifiques on n'a pas craint de troubler plusieurs fois, sous la restauration, le repos de Geoffroy Saint-Hilaire !

2 Entre autres, à ceux de M. de Trevern, alors évêque d'Aire, et depuis évêque de Strasbourg. Ce respectable et savant prélat a lui-même résumé ainsi les vues exposées dans ses ouvrages, d'après Geoffroy Saint-Hilaire : « Plus on étendra les recherches
« sur les œuvres du Créateur, plus on y remarquera le trait
« caractéristique de toute beauté, l'unité de dessin et d'exécution :
« *omnis pulchritudinis forma unitas* (SAINT-AUGUSTIN). »

variable logique des ennemis du progrès dans tous
les temps[1], à lui dire : Si votre théorie est vraie,
du moins, elle n'est pas nouvelle; elle est grecque;
ou si elle n'est pas grecque, elle est allemande! il
s'était borné à rappeler en peu de mots le vrai
caractère et la date de ses travaux; et il avait passé
outre.

Mais, quand en 1825, puis en 1828 et en 1830,
il voit toutes ces mêmes objections qu'il avait
laissées à terre, se dresser devant lui, fortes cette
fois du nom de Cuvier[2], il sent que le moment est

1 « Il est dans la nature des choses qu'une découverte, avant
« d'être irrévocablement acquise à son auteur, subisse deux
« épreuves successives. On commence par nier formellement
« que cette découverte soit réelle; puis est-elle avérée, on
« trouve, agissant ostensiblement ou par insinuation, à l'attri-
« buer à un ancien. » Geoffroy Saint-Hilaire, *Considérations
générales sur la vertèbre.*

2 Même les objections théologiques.

Voy. l'article *Nature* du *Dictionnaire des sciences naturelles*,
1825, et l'*Histoire naturelle des Poissons*, t. 1.[er], 1828. De
ces écrits date véritablement l'opposition avouée de Cuvier aux
vues de Geoffroy Saint-Hilaire.

On voit, il est vrai, qu'en 1820 il y avait eu entre eux
un premier et très-vif dissentiment. « Que M. Cuvier veuille
« s'expliquer, dit Geoffroy Saint-Hilaire dans son troisième
« Mémoire sur les Insectes; qu'il attaque ma doctrine, qu'il
« l'attaque tout aussi vivement que le lui prescrira sa convic-
« tion; mais que, du moins, ce soit publiquement. » Mais le
débat ne s'ouvrit pas, et un an après, Cuvier s'exprimait sur
l'Unité de composition en des termes tels que Geoffroy Saint-

venu où une discussion approfondie va décider de
l'avenir de sa doctrine et de ses travaux. Il s'y prépare, et à peine a-t-il complété sa doctrine dans sa
pensée[1], qu'il en entreprend la défense. En 1828,
il fait à Cuvier une première réponse dans le Discours préliminaire de son *Cours sur les Mammifères,*
quelques mois après, une seconde dans son *Fragment sur la nature.* Ainsi s'ouvrent ces solennels
débats qui devaient avoir, en 1830, l'Europe savante tout entière pour spectatrice, et Gœthe pour
historien.[2]

Sans prétendre les suivre dans toutes leurs phases, nous, pour qui *raconter et non juger* est un
devoir impérieux, quand ce n'était chez Gœthe
qu'une réserve pleine de modestie et de bon
goût; sans entrer surtout dans des détails rendus

Hilaire, après avoir cité un passage très-remarquable de Cuvier (nous en avons nous-même reproduit une partie, p. 245),
s'écriait dans la *Philosophie anatomique* (t. II, discours préliminaire) : «Nous ne différons que par l'expression plus heu-
«reuse, plus ferme et plus élevée chez mon savant confrère!»

1 Dans sa pensée, disons-nous; car ses vues sur la variabilité de l'espèce et la paléontologie, seulement indiquées en 1825
et énoncées en 1828, n'ont été développées que de 1829 à 1858.

2 Dans les deux articles composés par ce grand poëte en
1830 et 1852, à l'occasion de la *Philosophie zoologique* de
Geoffroy Saint-Hilaire. Voy. l'excellente traduction des *Œuvres
d'histoire naturelle de Gœthe*, par M. Martins, p. 150 à
159, et 160 à 182. Le second de ces articles est le dernier
écrit qui soit sorti de la plume de Gœthe.

superflus par tout ce qui précède, essayons du moins de retracer dans leurs traits généraux ces mémorables débats, *d'une si grande portée*, dit l'illustre auteur de la *Métamorphose*, et tels que l'*histoire des sciences n'en présentera peut-être jamais un second exemple.*

Nous l'avons dit ailleurs : quand ils éclatèrent, en 1830, il y avait vingt-sept ans que les opinions nouvelles de Geoffroy Saint-Hilaire sur les classifications l'avaient séparé de Cuvier sur un point; vingt-quatre qu'un autre élément de division, et celui-ci beaucoup plus grave, était intervenu entre ces deux collègues, ces deux amis, ces deux collaborateurs, qui, durant huit années, n'avaient eu qu'un cœur et qu'une pensée. Du jour où, en 1806, Geoffroy Saint-Hilaire entreprit de démontrer l'Unité de composition par sa méthode propre, par l'alliance de l'observation et du raisonnement; du jour où il donna place à la synthèse à côté, disons mieux, au-dessus de l'analyse, le germe de tous les dissentiments futurs entre Cuvier et lui fut jeté dans la science; mais, comme la jeune plante à son origine, il allait se développer obscurément, à l'insu de tous. Les deux collègues se croyaient encore en parfaite conformité de vues, que déjà leur scission était devenue inévitable dans l'avenir, et pour ainsi dire commençait virtuellement. L'un d'eux se faisant novateur, il fallait que l'autre se fît ou son disciple ou son adversaire. Disciple, Cuvier ne pouvait l'être de personne, et, par les tendances propres de son esprit, moins de Geoffroy Saint-Hilaire que de tout autre : il devint donc adversaire. Mais combien de temps s'écoula, avant que leur mésintelligence scientifique fût par eux nettement perçue? Combien encore entre l'instant où elle le fut, et celui où une désunion, qu'ils eussent voulu d'abord ne pas s'avouer à eux-mêmes, fut portée devant le public? Et dans la lutte de Cuvier contre ces nouvelles doctrines à la création desquelles il avait assisté et d'abord vivement applaudi, que de degrés successifs de l'assentiment incomplet au doute, du doute à la négation partielle, de celle-ci au rejet de l'ensemble de la Théorie des analogues, et de ce rejet absolu à une doctrine plus extrême encore : l'adoption exclusive de la méthode analytique, la condamnation des théories en général, et cette déclaration solennelle que la sagesse consiste pour le naturaliste à s'en tenir à l'*exposé des faits*[1]. On voit que, comparable au flot qui monte et ne s'arrête qu'après avoir touché le rivage, l'opposition de Cuvier aux vues de Geoffroy Saint-Hilaire ne s'arrêta que lorsqu'il ne fut plus possible d'aller plus loin.

Et il devait en être ainsi. Il fallait qu'ils en vinssent à résoudre en sens inverse les six grands

[1] Voyez plus haut, p. 127.

problèmes de l'histoire naturelle; d'une part, la préexistence des germes et l'Unité de composition organique; de l'autre, la valeur des classifications, la fixité des espèces, les causes finales et la succession des êtres organisés à la surface du globe. Il le fallait; car leur divergence remontait jusqu'au point de départ de la science, jusqu'aux premiers principes, jusqu'à la méthode. Et si eux-mêmes se fussent arrêtés en chemin, ils eussent légué à leurs disciples le devoir de rouvrir après eux le débat, et de le poursuivre jusqu'à ce que la scission des deux écoles fût devenue complète. Ce n'était donc ni par l'entraînement de la lutte, comme quelques-uns l'ont supposé, ni sous l'empire de circonstances qui ne furent jamais que des occasions; c'était par des causes plus hautes et plus dignes, par les impérieuses nécessités de la logique, qu'une ancienne amitié se transformait en une opposition plus complète, plus irréconciliable d'année en année. Ce n'était pas un duel entre deux personnes, mais un conflit entre deux doctrines embrassant l'universalité des faits d'une science, et avant tout, entre deux méthodes radicalement différentes : le même, sous une autre forme et dans un autre ordre d'idées, qui a divisé, dans l'antiquité aussi bien que dans les temps modernes, tant d'esprits éminents, grandis par la lutte même de leurs doctrines.

Comment se fit-il que des dissentiments sur des questions si élevées et si belles assurément, mais, avant tout, si abstraites et si ardues, aient excité un si vif intérêt, non-seulement dans l'Académie et chez les savants, mais parmi tous les hommes éclairés? On a signalé souvent cet admirable sentiment du public français, qui en fait si souvent le juste appréciateur de l'importance future d'un événement qui commence ou se prépare : jamais ce sentiment ne se montra d'une manière plus remarquable qu'au moment de la discussion de 1830[1]. C'est le **22** février qu'elle éclata devant l'Académie[2], et dans le Mémoire de Cuvier comme

[1] M. Dumas a déjà fait cette remarque. Dans son Discours, déjà cité, de juin 1844, il montre la victoire, contre la doctrine naissante de Geoffroy Saint-Hilaire, assurée en apparence au génie tant de fois éprouvé de Cuvier et à son admirable talent d'exposition; puis il ajoute : « Dans la forme, tout était « donc contre Geoffroy Saint-Hilaire, et pourtant le public, « avec son admirable instinct du vrai, ne s'y trompa pas. Dès « le premier jour du débat, chacun se prit à souhaiter que « les vues de Geoffroy Saint-Hilaire fussent confirmées; *chacun* « *comprit que l'esprit humain allait faire un grand pas.* »

[2] A l'occasion d'un Rapport lu le 15 février par Geoffroy Saint-Hilaire, au nom d'une commission de l'Académie. Il avait pour sujet un mémoire de MM. Laurencet et Meyranx, sur l'organisation des Mollusques céphalopodes. Ce mémoire n'a jamais reçu les développements et les rectifications qu'avait en vue M. Meyranx, enlevé bientôt après à ses travaux par une mort prématurée.

Les deux lignes suivantes d'une lettre de M. Meyranx montre-

dans la réplique de Geoffroy Saint-Hilaire, l'Unité de composition organique fut seule attaquée et seule défendue. Eh bien! dès les premiers jours de mars, quand les deux adversaires se tenaient encore renfermés dans le cercle, immense, il est vrai, de cette première question, le public l'avait franchi, et ce qu'ils allaient dire, il le disait déjà. Recherchez les journaux du temps, et dans ceux même qui jusqu'alors avaient le moins songé à entretenir leurs lecteurs des travaux de l'Académie, vous trouverez, sur cette mémorable discussion, non le jugement (qui pouvait alors se permettre de juger?), mais les vives impressions de la foule qui en suivait avec une ardente curiosité les diverses péripéties. Tout ce que Gœthe devait écrire six mois plus tard, vous le lirez à l'avance, dans des articles improvisés le lendemain des séances de l'Académie, et qui, favorables les uns à Cuvier, d'autres à Geoffroy Saint-Hilaire, d'autres encore gardant entre eux la neutralité, s'accordent à voir, dans leur débat, la lutte elle-même de la synthèse contre l'analyse, celle de l'innovation contre la conservation lentement progressive de l'ordre éta-

ront tout ce qu'il y avait dans ce jeune savant de modestie et d'amour vrai de la science : « Je regrette vivement, écrivait-il « le 17 février à Geoffroy Saint-Hilaire, que des noms obscurs « comme les nôtres soient mêlés au vôtre et à celui de M. Cu- « vier..... Notre travail n'est qu'un grain de poussière.... »

bli : lutte, ajoute l'un des rédacteurs[1], où il s'agit au fond, et par delà tous les progrès d'une science particulière, *d'une de ces révolutions qui comptent dans l'histoire de l'esprit humain.*

Voilà les opinions qui se faisaient jour de toute part au mois de mars, et la sensation produite fut aussi profonde qu'elle avait été vive; à tel point, selon une remarque de Gœthe, qu'à la veille même des événements qui allaient renverser un trône et changer la face de la France, on se préoccupait encore de cette pacifique révolution qui se préparait dans la région pure des idées.

Et cependant il y avait alors près de quatre mois que la discussion avait été close devant l'Académie. Elle l'avait été, non par la conciliation des adversaires, mais par une trève reconnue nécessaire par tous deux. Le débat, dont la direction

[1] *National* du 22 mars.

Nous lisons dans ce même article, l'un des plus remarquables qui aient été publiés : « Toutes les sciences sont par contre-« coup mises en cause (par ces débats), et ont un intérêt majeur « à leur résultat. » La même pensée est exprimée par la *Revue encyclopédique*, juin 1850, dans un article que Gœthe cite avec approbation, et qu'il résume ainsi : « La question en litige est « européenne et d'une portée qui dépasse le cercle de l'histoire « naturelle. » Nos lecteurs rapprocheront avec intérêt ces deux passages, publiés en mars et juin 1850, de quelques lignes écrites en 1844 par M. Dumas, et que l'on trouvera citées plus bas, p. 585.

était surtout dans les mains de Cuvier (car il fallait bien que Geoffroy Saint-Hilaire se défendît où on l'attaquait), était bientôt devenu trop spécial pour être suivi plus longtemps avec intérêt par l'Académie, et assez animé pour qu'il y eût convenance, dans l'intérêt de la dignité de ce corps illustre, à ne pas le pousser plus loin. Geoffroy Saint-Hilaire le sentit le premier. *Je serai grave, jamais habile,* avait-il dit; et après la troisième argumentation de Cuvier, il crut devoir répondre, non par une *plaidoirie,* mais par un *livre.* Ce livre est ce résumé des *Principes de philosophie zoologique,* qui, après avoir été si admirablement commenté par Gœthe en septembre 1830, eut l'insigne honneur d'occuper encore les derniers instants de la vie de ce grand homme. [1]

1 Le second article de Gœthe sur la *Philosophie zoologique* porte la date de *mars* 1852. On sait que l'auteur de Faust a cessé de vivre le 22 de ce même mois de mars.

De ces articles de Gœthe, que nous voudrions pouvoir reproduire presque en entier, nous citerons du moins un passage qui les résume et en donne l'esprit général :

«La crainte des répétitions ne saurait nous empêcher de «continuer des réflexions sur ces quatre hommes (Buffon, «Daubenton, Cuvier, Geoffroy Saint-Hilaire), dont les noms «reviennent sans cesse dans l'histoire des sciences naturelles. «De l'aveu de tous, ils sont les fondateurs et les soutiens de «l'histoire naturelle française, le foyer éclatant qui a répandu «tant de lumières. L'établissement important qu'ils dirigent, «s'est accru par leurs soins; ils en ont utilisé les trésors, et

Ainsi se termina, pour renaître bientôt sous une autre forme, la célèbre discussion de 1830 : elle avait duré six semaines, et que de résultats obtenus dans ce court espace de temps ! De là datent véritablement la promulgation, l'avénement, la propagation rapide de ces vues nouvelles que Geoffroy Saint-Hilaire avait cru si longtemps, qu'il croyait encore, en 1818, ne devoir être comprises qu'après lui. On sait que Kepler aussi, écrivant son

«représentent dignement la science qu'ils ont fait avancer, les «uns par l'analyse, les autres par la synthèse. Buffon prend «le monde extérieur comme il est, comme un tout infiniment «diversifié, dont les diverses parties se conviennent et s'influen- «cent réciproquement. Daubenton, en sa qualité d'anatomiste, «sépare et isole constamment, mais il se garde bien de comparer «les faits isolés qu'il a découverts; il range au contraire chaque «chose, l'une à côté de l'autre, pour la mesurer et la décrire «en elle-même. Cuvier travaille dans le même sens avec plus «d'intelligence et moins de minutie; il sait mettre à leur «place, combiner et classer les innombrables individualités «qu'il a observées ; mais il nourrit contre une méthode plus «large cette appréhension secrète qui ne l'a pas empêché d'en «faire quelquefois usage à son insu. Geoffroy rappelle Buffon «sous quelques points de vue. Celui-ci reconnaît la grande «synthèse du monde empirique, mais il utilise et fait connaître «toutes les différences qui distinguent les êtres. Celui-là se «rapproche de la grande unité, abstraction que Buffon n'avait «fait qu'entrevoir; loin de reculer devant elle, il s'en empare, «la domine, et sait en faire jaillir les conséquences qu'elle «recèle.» (Voyez *Œuvres d'histoire naturelle* de Gœthe, trad. de M. Martins, p. 163 et 164.)

*Harmonique du monde*, s'adressait surtout à des lecteurs posthumes. Erreur naturelle d'un inventeur qui, en se souvenant combien la vérité a été lente à se révéler à lui, oublie qu'une fois trouvée, un instant peut suffire pour déchirer le voile qui la couvre à tous les yeux. Voilà ce qui se passa en 1830 pour Geoffroy Saint-Hilaire. Bien des années lui avaient été nécessaires pour se démontrer à lui-même l'Unité de composition : ce fut assez de quelques semaines pour mettre en lumière les preuves qu'il avait rassemblées depuis un quart de siècle. Et c'est ainsi qu'une théorie, jusqu'alors délaissée par une partie des naturalistes eux-mêmes, se fit soudainement jour dans les esprits, et prit droit de cité dans la science.

Tel fut, pour Geoffroy Saint-Hilaire, l'immense résultat de la lutte de 1830. Qu'il ait confirmé, développé sur quelques points sa Théorie des analogues, ce n'est qu'un fait secondaire, et qui s'efface devant celui-ci : il l'a fait comprendre, et l'on s'est mis à l'étudier. Dans ce progrès, tous les autres étaient contenus, et le mouvement ne devait plus s'arrêter, même aux limites des sciences zoologiques. Mouvement si rapide, que peu d'années après, l'influence des vues de Geoffroy Saint-Hilaire devenait déjà sensible sur la médecine et sur la philosophie elle-même, et que dès 1844, l'illustre doyen de la Faculté des sciences de Paris pouvait

prononcer [1], avec l'assentiment public, ces belles paroles, d'une si grande autorité dans sa bouche :
« Cette Unité de composition, cette Unité de type,
« qui sert de base pour classer tous les faits de
« l'anatomie comparée, la science des végétaux s'en
« est emparée, et a su l'entourer des démonstrations
« les plus convaincantes. Elle pénètre maintenant
« dans les sciences chimiques, et y prépare peut-
« être une révolution dans les idées. »

Nous n'hésiterons donc pas à le dire : la discussion de 1830 n'est pas un de ces événements dont le souvenir s'efface avec la génération qui en a été le témoin : elle a sa place marquée dans les annales de l'esprit humain; et la postérité en eût recueilli l'histoire, ne fût-elle pas signée du grand nom de Gœthe. [2]

1 *Discours* déjà cité.

2 Ce qui se passa en 1830 dans beaucoup d'esprits, l'un de nos plus célèbres zootomistes, Dugès, nous l'a appris, en retraçant ses propres impressions dans un passage de son bel ouvrage sur la *Conformité organique*. Ce passage est trop remarquable, et il complétera trop utilement ce qui précède, pour que nous hésitions à le citer malgré son étendue; seulement nous l'abrégerons un peu :

« Imbu de ses principes (ceux de Cuvier), pouvais-je mettre quelque chose au-dessus de l'observation rigoureuse des faits avec leur explication la plus simple ? Toute conjecture me semblait pour ainsi dire condamnable, et ce ne fut pas sans prévention que j'entrepris la lecture de la *Philosophie anatomique*, et de quelques autres ouvrages conçus et rédigés dans

### III.

Les *Principes de philosophie zoologique* ne furent achevés qu'en mai 1830; et en octobre, nous verrons déjà Cuvier et Geoffroy Saint-Hilaire, en présence l'un de l'autre, plus profondément divisés que jamais. Ainsi quatre mois seulement de trève au milieu de tels débats! Encore fallut-il, pour qu'on ne les vît pas plus tôt se rallumer, le concours de circonstances que nous ne saurions omettre; car nous n'écrivons pas l'histoire abstraite de la science, mais la biographie d'un savant.

Et avant tout, nous devons, par une courte

le même esprit, comme l'*Anatomie comparée du cerveau* et l'*Osteogénie* de M. Serres. Cette prévention s'accrut même pendant un certain temps, et ne me permit guère d'apercevoir que les points contestables, les parties douteuses ou hasardées de ces doctrines nouvelles. Chaque fait contradictoire à l'un de leurs dogmes venait renforcer mon incrédulité, et la chaleureuse argumentation par laquelle le professeur Geoffroy Saint-Hilaire soutenait des opinions où l'imagination semble souvent jouer un trop grand rôle, n'avait point vaincu cette réserve, j'ai presque dit cette antipathie scientifique. Mais, à la longue, une méditation soutenue sur les faits de Monstruosité que je n'avais d'abord envisagés que sous un point de vue médical, une étude approfondie des sciences zoologiques dont jusque-là je ne possédais qu'une teinture superficielle, changèrent ces dispositions hostiles en de plus favorables. Je reconnus que la Monstruosité.... peut fournir à l'organisation, à la zoologie même, d'excellentes données. D'autre part, des

explication, prévenir une fausse interprétation de quelques-unes de nos paroles. L'effet trop ordinaire d'un débat public et animé est de convertir peu à peu de simples dissidences d'opinion en irréconciliables inimitiés. Parfois aussi, mais bien rarement (nous en citerions toutefois plusieurs exemples) la conciliation naît du débat lui-même où le vaincu a su honorer sa défaite en la proclamant lui-même. La discussion académique de 1830 n'eut ni l'un ni l'autre de ces dénouements : Cuvier et Geoffroy Saint-Hilaire restèrent après elle, comme nous l'avons dit, adversaires scientifiques, chacun d'eux conservant et se tenant prêt à défendre de nouveau

comparaisons minutieuses entre les os du crâne de tous les Vertébrés.... me conduisirent, presque malgré moi, à la vérification d'un certain nombre de résultats publiés par les deux académiciens nommés ci-dessus. Ainsi vaincu par l'évidence dans les détails, j'admis d'abord les lois qui me parurent rationnellement établies ; puis, remontant jusqu'à la loi fondamentale de cette doctrine en préparant les matériaux d'un cours de zoologie, je conçus avec une clarté qui m'étonna moi-même, l'analogie de structure dans la série des êtres animés, et je crus pouvoir, en adoptant de nouvelles bases, pousser plus loin encore que l'auteur de la *Philosophie anatomique,* la démonstration de cet important problème. Si j'ai réussi dans ce projet, c'est principalement à lui que je le dois ; c'est lui qui m'a inspiré, comme à tant d'autres, le goût de ces méditations générales qui planent sur les observations spéciales comme les opérations de l'esprit sur celles des sens. »

ses convictions; mais aussi ils restèrent person-
nellement amis. Non plus, sans doute, comme dans
ces jours de leur jeunesse, où tout leur était commun; non plus liés de cette affection ardente, intime,
fraternelle, qui veut la parfaite intelligence des
esprits aussi bien que des cœurs, et dont un seul
nuage détruit à jamais la pureté première; mais de
ce sérieux et solide attachement qui, ayant ses profondes racines à la fois dans l'estime réciproque et
dans le culte des vieux souvenirs, survit à tous les
dissentiments d'opinion, eussent-ils un moment
dégénéré en lutte véhémente et passionnée.

Tels furent, l'un pour l'autre, les deux naturalistes à l'issue même de leur ardent débat; et ils
ne devaient avoir que trop tôt l'occasion de le
prouver.

Cuvier le fit le premier, et dès ce même mois
de mai où parut la *Philosophie zoologique*. Époque
pleine, pour le savant, des plus vives satisfactions
de l'esprit, mais d'affliction et d'amertume pour
l'homme, pour le père! Comme Cuvier deux ans
auparavant, Geoffroy Saint-Hilaire se vit atteint
dans ses plus chères affections; lui aussi perdit
une fille de vingt ans! Nous ne dirons pas la douleur dont son âme aimante fut déchirée : mais
combien il fut touché de voir accourir près de lui,
l'un des premiers, son ancien ami, la veille encore
son adversaire! son ancien ami qui ne pouvait

s'associer à un tel deuil sans rouvrir les blessures de son propre cœur, et envers lequel Geoffroy Saint-Hilaire crut, ce jour-là, contracter une dette, qui fut plus tard pieusement acquittée!

Heureux, Geoffroy Saint-Hilaire avait doublé son bonheur par le charme de l'étude : en elle, aussi, quand il ne le fut plus, il trouva ses premières consolations. Il en goûta d'autres bientôt, et non moins douces qu'inattendues, non moins dignes de celui qui a dit : Une bonne action vaut encore mieux qu'une découverte.

Ce fut quand éclata la Révolution de juillet. L'ancien membre de la Chambre des représentants ne pouvait qu'y applaudir : il vit en elle, ce sont ses propres expressions[1], le rétablissement de *notre indépendance au dehors et de l'action jusque-là interrompue de nos libertés nationales*. Mais plus il était sympathique à la révolution de 1830[2], plus

---

1 Extraites d'une lettre imprimée, adressée en juin 1851 aux électeurs d'Étampes, devant lesquels il avait eu un instant la pensée de se présenter. Voyez Chapitre VII, p. 200.

2 Geoffroy Saint-Hilaire pouvait l'être, sans manquer à la reconnaissance envers la branche aînée. Il avait perdu, au moment même de la Restauration, les avantages attachés au titre de membre de la Commission d'Égypte. Et depuis, le Gouvernement ne s'était occupé de lui qu'une seule fois : lors de la création de l'Académie royale de médecine, il fut nommé académicien libre. C'est seulement en 1838 qu'il fut nommé officier de la Légion d'honneur : il était membre de l'ordre depuis 1803.

il la voulait pure de tout excès, et surtout, lui
dont on a dit qu'il brûlait du *saint enthousiasme de
l'humanité*[1], plus il la voulait pure de tout excès
sanglant. Voilà le double mobile qui, le 29 juillet,
l'entraîna, lui inconnu à l'archevêque de Paris, à
s'associer aux généreux efforts qui tentaient de le
soustraire à la colère du peuple. Sauvé une première
fois à Conflans, par le dévouement de son médecin,
M. Caillard, et maintenant caché à l'hôpital de la
Pitié chez M. Serres, le prélat dont les traces avaient
été suivies, se trouvait de nouveau en danger.
Geoffroy Saint-Hilaire vint offrir, ou de le conduire déguisé chez un de ses amis d'Étampes,
ou de le recevoir dans sa maison. «Comptez sur
moi», disait-il à M. Serres, en des termes que leur
simplicité toute familière ne rend que plus dignes
d'être cités; *«passez-le moi, vous savez que je suis
«coutumier du fait.»* Le 30, M. de Quélen hésitait
encore; mais, le 31, l'imminence du danger le décida : sous ses fenêtres mêmes, un groupe hostile
s'était formé, et les paroles les plus menaçantes
avaient été proférées. On ne pouvait plus songer
à sortir de Paris; mais, à la chute du jour, l'archevêque déguisé gagna la rue par une porte de derrière, parvint heureusement jusqu'à la demeure
de Geoffroy Saint-Hilaire, et y pénétra, avec la
presque-certitude de n'avoir pas été reconnu. Rien,

---

1 Pariset, *Discours* déjà cité.

en effet, ne le troubla dans cet asile, où, jusqu'au complet rétablissement de l'ordre, il vécut calme, résigné, et se plaisant dans cette consolante pensée, que, si l'infortune enlève des amis, elle en donne aussi quelquefois.

L'archevêque de Paris quitta le Jardin des plantes le 14 août. Date déjà mémorable pour Geoffroy Saint-Hilaire : c'est le 14 août qu'il courait, trente-huit ans auparavant, à la prison de l'abbé Haüy, porteur de l'ordre de délivrance. Heureux ceux dans la vie desquels on trouve à citer de telles éphémérides!

## IV.

Au milieu de ces événements, Geoffroy Saint-Hilaire avait su trouver assez de temps et de calme d'esprit, pour qu'une époque qui devait laisser tant de traces dans ses souvenirs, en ait laissé quelques-unes aussi dans la science. Durant les jours eux-mêmes où s'accomplissait la révolution, un animal fort rare étant mort à la Ménagerie, il en fit aussitôt la dissection, et découvrit l'un des faits généraux, sur lesquels repose aujourd'hui l'explication des hermaphrodismes[1]. D'autres mémoires, tous tératologiques, avaient précédé ou suivirent de près celui-ci; mais tous offrent le même caractère : ils sont peu étendus, et ce sont comme

---

1 Voyez notre *Histoire générale des anomalies*, t. II, p. 48.

autant de rapides excursions dans le champ des anciens travaux de l'auteur. On sent que sa pensée a un autre but, et, pour ainsi dire, que sa vie est ailleurs. La science n'a en ce moment que les loisirs de Geoffroy Saint-Hilaire.

Mais, à peine libre de ses pieux devoirs, il lui revient tout entier; et, après avoir été sur les lieux étudier les restes fossiles des Téléosaures et des Sténéosaures[1], il lit à l'Académie, le 4 et le 11 octobre, deux importants Mémoires sur ces antiques habitants de notre sol.

Par le seul fait de la publication de ces Mémoires, à la fois zoologiques, zootomiques et paléontologiques, la discussion non-seulement se trouvait rouverte, mais le cercle en était considérablement agrandi. A côté de la question des analogies des êtres venait se poser celle de leur variabilité et de leur apparition successive à la surface du globe.

Inévitable conséquence de cette diversité radicale de doctrines, qu'un premier débat venait de mettre en lumières : quelle question, vraiment grande, Geoffroy Saint-Hilaire pouvait-il maintenant aborder sans trouver dans Cuvier un adversaire secret ou avoué? Ni l'auteur des Mémoires, ni l'Académie, ni le public, ne furent donc étonnés, lorsqu'ils entendirent annoncer une réplique que

2 Genres créés par lui dès 1825.

Cuvier se hâta, en effet, de rédiger, mais qui ne
vit jamais le jour. L'empressement même qu'on
avait mis à venir l'entendre, en priva l'Académie.
En voyant une foule où les curieux se mêlaient en
grand nombre aux auditeurs habituels des séances,
Cuvier jugea convenable d'ajourner sa lecture.

Et non-seulement l'ajournement fut indéfini :
mais depuis, la même prudence présida à tous les
actes de Cuvier. Dans cet esprit de réserve qui
en fit, à l'origine, l'un des adversaires de la publicité des séances de l'Académie[1], il crut devoir
ne plus rouvrir le débat devant elle[2], et c'est dans
sa chaire du Collége de France qu'il poursuivit
désormais la réfutation des vues de Geoffroy Saint-
Hilaire. On put remarquer que sur ce nouveau
théâtre, son opposition, pour n'avoir plus de con-
tradicteur possible, ne fut ni moins prononcée ni

1 Sur ce point encore, Geoffroy Saint-Hilaire ne partageait
point les vues de son collègue. Les lignes suivantes résument
son opinion, développée par lui-même dans la *Philosophie
zoologique* (p. 75) : «Je demeure persuadé que les avantages
«de la publicité l'emportent de beaucoup sur les inconvénients:
«ce qui est, doit être et sera maintenu.»

2 Une fois seulement, en janvier 1852, il s'écarta de cette
règle de conduite; encore le Mémoire qu'il lut alors sur le
sternum des Oiseaux, était-il dirigé contre les résultats de
travaux embryogéniques de M. Serres, bien plus que contre
l'Unité de composition. Geoffroy Saint-Hilaire fit néanmoins
une réponse qu'il déposa, sans la lire, sur le bureau de l'Académie. Elle a paru dans les *Nouvelles Annales du Muséum*, t. II.

moins vive. Tous ceux qui ont eu le bonheur d'entendre Cuvier de 1830 à 1832; tous ceux aussi qui ont lu ses leçons, bientôt reproduites par la presse, savent combien l'illustre professeur se complaisait dans ses attaques, si habilement dirigées, non-seulement contre l'Unité de composition organique, mais contre toute conception générale en histoire naturelle; combien il aimait à rappeler cette multitude d'hypothèses et de systèmes, passant pour ainsi dire à la surface de la science, y jetant parfois un éclat passager, mais bientôt n'y laissant que des ruines, auxquelles chaque siècle vient ajouter les siennes.

Tandis que la discussion était portée par Cuvier sur un autre théâtre, elle l'était par Geoffroy Saint-Hilaire sur un autre terrain scientifique. Aucune objection vraiment nouvelle n'était produite contre la Théorie des analogues : était-il nécessaire de faire de nouvelles réponses? Geoffroy Saint-Hilaire jugea plus utile de s'attacher à cette partie de sa doctrine qui, conçue la dernière, n'avait encore été ni développée, ni démontrée, ni même complétement exposée; et c'est ainsi que de plus en plus, et par ce motif seul, il parut délaisser l'anatomie philosophique pour la zoologie générale et la paléontologie. De là, la direction nouvelle de ses travaux, et ces recherches sur les ossements fossiles, qui, de 1830 à 1837, le conduisent trois fois en Normandie, et deux fois dans l'Auvergne et le Bourbonnais.

Ainsi, après 1830, le fond et la forme de la discussion se sont également modifiés : les convictions sont les mêmes, mais, questions et arguments, moyens et but, tout a changé. Et même, est-ce à bon droit que nous nous servons du mot de discussion? Y a-t-il combat, quand les adversaires se tiennent hors de portée? Chose singulière : Cuvier attaque encore Geoffroy Saint-Hilaire où il ne se défend plus, et Geoffroy Saint-Hilaire reste sans adversaire sur le terrain même des premiers et des plus beaux triomphes de Cuvier!

Une nouvelle collision fût-elle enfin sortie de cette opposition si profondément sentie, si vivement exprimée? Et un débat public sur la variabilité des êtres, devait-il un jour éclairer la question fondamentale de la zoologie, comme, en 1830, la question fondamentale de l'anatomie comparée, de cette lumière soudaine qui naît parfois du choc des opinions! On pouvait le prévoir, on pouvait l'espérer; et Gœthe ne semble reprendre la plume, en 1832, que pour l'annoncer au monde savant.

Cette collision, ce débat ne devait pourtant jamais avoir lieu. Le 8 mai 1832, Cuvier, dans sa chaire du Collége de France, venait d'exposer avec éclat ses vues sur l'ensemble de la science, et l'Unité de composition, sujet de la dernière partie de sa leçon, avait eu l'honneur de ses plus vives attaques. Ce fut là son testament scientifique. Cinq jours après, il avait cessé de vivre!

Comment ne pas faire ce rapprochement! Il est trois hommes dont la discussion de 1830 a associé le nom dans le souvenir de tous les naturalistes : la même année, presque le même mois, enlève Gœthe et Cuvier, et l'Unité de composition, admise par l'un, niée par l'autre, a la dernière pensée de tous deux! Les dernières paroles de Cuvier répondent aux dernières pages de Gœthe.

Et comment ne pas le remarquer aussi! Celui qui, en 1794, prédisait à Cuvier le premier rang parmi les naturalistes de son époque, se retrouve, en 1832, proclamant sur sa tombe qu'il fut le *maître à tous;* et celui qui avait osé, seul en Europe, lui résister et le combattre dans sa grandeur souveraine, devient le promoteur des honneurs rendus à sa mémoire.[1]

[1] Les funérailles de Cuvier étaient à peine célébrées, que déjà Geoffroy Saint-Hilaire avait conçu et proposé un projet auquel ne pouvaient manquer les plus vives sympathies du public : l'érection d'une statue dans le Muséum d'histoire naturelle, en face de celle de Buffon. «Buffon et Cuvier, disait Geoffroy «Saint-Hilaire, sont venus l'un après l'autre faire d'un point «de la capitale un lieu privilégié, le remplir de leur esprit «philosophique, l'orner de toutes les productions du globe.... «Que les statues de nos deux grands naturalistes ornent l'en- «trée du temple que leur génie a édifié pour l'instruction de «nos neveux et la gloire de la France.»

Geoffroy Saint-Hilaire s'empressa de communiquer son projet

## V.

Novateur hardi, et l'un de ces hommes que *n'arrêtent, quand il s'agit de penser, ni leur siècle, ni leurs habitudes, ni leurs relations*[1], Geoffroy Saint-Hilaire devait lutter, et il devait souffrir. Il l'avait appris déjà; il allait le savoir mieux encore; entre Cuvier et lui, les souvenirs de leurs jeunes années, planant pour ainsi dire sur le débat, l'avaient contenu dans de justes limites, ou l'y avaient bientôt ramené. Sa grandeur même tendait aussi à en tempérer la vivacité, et d'ailleurs y eût-il reçu quelques blessures, Geoffroy Saint-Hilaire eût pu les trouver glorieuses dans une telle œuvre et de la main d'un tel adversaire.

Jusqu'ici sa vie avait donc été bien plutôt agitée

à plusieurs savants et littérateurs illustres, et de les inviter à concourir avec lui à sa réalisation. Dès les premiers jours de juin il avait reçu plusieurs réponses telles que celles-ci :

«Je m'associe de toute mon âme aux sentiments que vous «avez exprimés, et aux vues que vous avez proposées pour «honorer la mémoire de notre illustre Cuvier... Je vous prie «d'avoir la bonté de permettre que je m'adjoigne à vous, et «que je dépose ma souscription dans vos mains.

«DE GÉRANDO. »

«Disposés de moi comme vous le trouverés bon et utile «pour l'exécution de la mesure que vous avés proposée, et qui «a pour objet d'élever un monument à *votre* illustre Cuvier.

«JOUY. »

1 Expression de Madame de Staël, parlant de Gœthe.

qu'attristée par l'opposition de Cuvier à ses doctrines : à sa vieillesse étaient réservées l'amertume
et la douleur.

Au moment où Cuvier avait été si soudainement
enlevé à l'admiration publique, un fait, encore sans
exemple peut-être, s'était produit, et ce fait était
le plus magnifique hommage que pût recevoir la
mémoire de notre immortel zoologiste : le mouvement de la science s'était ralenti tout à coup; il
avait presque paru, en France du moins, s'arrêter
un instant. C'est que les naturalistes de toutes les
écoles s'étaient sentis également atteints, les uns
perdant le chef sous lequel ils étaient depuis si
longtemps habitués à marcher, les autres, un adversaire dont l'opposition même, si utile autrefois
au développement des théories nouvelles, était
nécessaire encore à leur libre défense.

Pour Geoffroy Saint-Hilaire, en particulier, et à
part même tous les regrets nés d'une ancienne
amitié, il y avait, dans le deuil de la science et du
pays, un malheur personnel dont les douloureuses
conséquences devaient se dérouler pour lui dans
l'avenir. Sur la tombe récemment fermée de Cuvier,
il ne pouvait avoir, il n'eut qu'une pensée, celle
d'honorer sa mémoire; et c'est avec indignation
qu'il repoussa, lorsqu'elle lui fut offerte, l'occasion de répondre aux vives attaques, contenues
dans la leçon du 8 mai. Dans le même sentiment,

on le vit, au milieu de 1832, changer tout à coup
de direction, renoncer à ses travaux d'anatomie
philosophique qu'il venait de reprendre en 1831,
et ajourner à une autre époque ces recherches
paléontologiques, auxquelles, depuis 1830, il se
livrait avec tant de prédilection et d'activité.

C'était s'interdire à la fois toutes les questions
fondamentales de la science : à ce prix seulement,
il pouvait éviter le terrain brûlant de la discussion
de 1830. Il en revint alors à l'étude anatomique et
physiologique des phénomènes de la reproduction
et de la lactation chez les Marsupiaux, puis chez
les Monotrêmes et même chez les Cétacés. Mais là
un autre débat l'attendait; débat qui même se
renouvela à plusieurs reprises, et où il eut pour
adversaire l'illustre successeur de Cuvier dans la
chaire d'anatomie comparée du Muséum. Geoffroy
Saint-Hilaire avait cru devoir reprendre la question
dans ses racines mêmes, et il s'était demandé : Est-il
certain que les glandes mammaires des Cétacés
fournissent un véritable lait? Est-il vrai que les
jeunes de ces animaux puissent téter dans l'eau,
eux que nous voyons si évidemment dépourvus
des dispositions, à l'aide desquelles s'opère la
succion du lait chez les autres Mammifères? M. de
Blainville n'eut point de peine à prouver que les
Cétacés sont vraiment lactifères; mais Geoffroy
Saint-Hilaire montra que, chez eux, la mère peut

projeter son lait dans la bouche du petit, impuissant à l'extraire lui-même; et il mit ainsi dans tout son jour l'une des plus curieuses harmonies physiologiques que l'on ait découvertes dans ces dernières années.

La publication des *Études progressives* marque à la fois, en 1835, la fin de cette série de travaux et le commencement d'une autre, pleine à la fois de difficultés et de périls. Dans ce besoin d'unité, dans cette invincible tendance à la synthèse qui l'inspirait et presque l'entraînait, Geoffroy Saint-Hilaire avait, dès sa jeunesse, conçu la pensée de rattacher entre elles, par des liens intimes, ce qu'il appelait *les deux espèces de physique,* la physique générale et la physiologie. Cette pensée l'avait dirigé dans quelques expériences entreprises en Égypte; on en retrouve la trace dans le premier volume de la *Philosophie anatomique;* c'est elle encore qui, en 1835, le conduisit à rechercher dans le principe de l'Attraction de soi pour soi ou de l'Affinité des éléments similaires, l'une des lois, non plus seulement de l'organisation des êtres vivants, mais de la matière en général. Ainsi, après l'avoir autrefois heureusement importé de la tératologie[1] dans la physiologie, il tentait de l'étendre encore à la physique elle-même; mais il le tentait dans sa vieillesse, quand sa vue, déjà fatiguée, lui rendait

1 Voyez le Chapitre IX, p. 297 et suiv.

l'expérimentation impossible, et quand le temps allait lui manquer pour développer sa pensée. Il éprouva alors cette douleur intime, si bien peinte par Gœthe, de l'homme qui, ayant émis des idées qu'il croit utiles, les voit rester stériles pour la science, parce qu'elles restent incomprises. Douleur que presque tous les novateurs ont connue; qu'il avait ressentie lui-même une première fois au début de ses recherches d'anatomie philosophique : mais alors, du moins, il avait devant lui un long avenir!

Et tandis qu'il éprouvait le regret de laisser incomplets et incompris ses derniers travaux, il voyait les anciens chaque jour attaqués par quelques amis et disciples de Cuvier. Animés d'un zèle dont ce grand naturaliste eût été le premier à réprimer l'excès, les uns reproduisaient avec moins de force sans doute, mais avec plus de vivacité, les objections tant de fois déjà discutées; d'autres en ajoutaient de nouvelles, et parfois de bien inattendues. Ce que Geoffroy Saint-Hilaire put lire, s'il prit la peine d'y regarder, dans telles productions obscures et éphémères, nous ne descendrons pas à le rapporter ici, encore moins à le réfuter. Mais, pour choisir un exemple dans les hautes régions de la science, comment ne pas exprimer notre étonnement en voyant le disciple le plus éminent de Cuvier, se laisser entraîner lui-même jusqu'à dire de Geoffroy Saint-Hilaire, à deux années de distance, d'une part, que ses découvertes, *si importantes qu'on doive les reconnaître*, sont comparables à celles que faisaient les *premiers chimistes*, en cherchant *la pierre philosophale*; de l'autre, que ce principe de l'Unité de plan, par lui énoncé dès 1795, et démontré de 1806 à 1831, que ce principe, combattu avec tant de persévérance par Cuvier à la face de l'Europe entière, appartient essentiellement, à qui? à Cuvier lui-même, auquel reviendrait le triple honneur de l'avoir *introduit dans la science, établi sur des bases solides* et, *de plus, sagement limité!* En vérité, quand Cuvier a été si souvent et si justement comparé à Aristote, de telles exagérations d'un culte si juste et si louable en lui-même, ne doivent-elles pas nous rappeler cet enthousiasme exclusif des disciples du philosophe de Stagyre, s'écriant au moyen âge : Tout est vérité dans ses livres, et il n'est point de vérité qui ne s'y trouve!

Que répondit Geoffroy Saint-Hilaire à ces objections anciennes et nouvelles qui se produisaient sous tant de formes diverses contre ses travaux en anatomie philosophique? Rien. Il pensa peut-être qu'il avait assez fait pour cette branche de la science, et qu'il était superflu de rouvrir un débat qui ne pouvait que reproduire celui de 1830, moins la grandeur.

Mais, sur la question paléontologique, la dernière qu'il eût abordée, il ne crut pas pouvoir abandonner à elles-mêmes ses idées à peine encore développées. Il jugea qu'il n'était pas seulement de son intérêt, mais qu'il était de son devoir, d'en poursuivre l'exposition et la démonstration. Il reprit donc, à partir de l'automne de 1833, ses voyages d'exploration et ses communications à l'Académie, décrivant les animaux d'espèces et parfois de genres inconnus dont il venait de trouver les restes fossiles, et par leur étude s'affermissant de plus en plus dans ses idées sur la variabilité des êtres et sur leur succession à la surface du globe. Travaux d'abord pleins de charme, et où toutes les circonstances semblèrent se réunir pour le favoriser! Sur tous les points où il avait été, en Normandie, dans le Bourbonnais, en Auvergne, il avait vu ses efforts récompensés, presque dès le premier instant, par la découverte d'objets d'un très-grand intérêt. Et partout aussi, il avait laissé sur les lieux d'actifs correspondants, les uns depuis longtemps connus dans la science, d'autres pleins d'un zèle que sa présence même venait de susciter, et tous également empressés à lui envoyer les fruits de leurs recherches. Combien il fut surtout redevable à M. Eudes Deslongchamps, son infatigable collaborateur dans ses recherches sur les grands Sauriens fossiles de la Normandie!

Heureux, du moins, d'en abandonner la suite à un tel savant, lorsqu'au moment même où une découverte, depuis sept ans attendue, lui permettait enfin de les compléter, il se vit moralement contraint d'y renoncer! Ce fut quand, de l'attaque de ses travaux, on osa passer, en 1837, devant l'Académie des sciences, à une attaque contre ses intentions; quand il entendit sortir d'une bouche, autrefois amie, et maintenant pleine de paroles acerbes, l'accusation d'avoir attenté à la gloire de Cuvier! Cette fois enfin, il répondit: on l'entendit protester énergiquement et contre l'interprétation qu'on avait faite de l'une de ses phrases, et contre cette tyrannie qui prétendait, cinq ans et demi après la mort de Cuvier, lui interdire le développement de ces mêmes idées qu'il avait librement discutées devant et contre lui.

Et ce droit qu'il venait de maintenir, il en usa, dès la séance suivante, pour mieux le constater. Mais ce fut pour la dernière fois. De telles épreuves étaient maintenant, il le sentait, au-dessus de ses forces; et renonçant, selon son expression, *à marcher plus longtemps sur des charbons ardents*, il dit à la paléontologie un adieu, sur lequel il ne revint jamais. «Le mieux, je le sens, écrivait-il au sujet «de ce triste débat, ce serait d'avoir le courage «ou la sagesse de ne tenir aucun compte de ces «obstacles. Oui, peut-être. Mais il s'agissait ici «d'une gloire française, du premier zoologiste de «notre âge!» Et il ajoutait : «C'est à la postérité,

« si elle daigne s'occuper des luttes de cet âge, de
« faire leur part à mes adversaires et à moi ; j'ai le
« corps inclinant vers la tombe : je n'attendrai point
« longtemps ! »

Trouva-t-il, du moins, hors de l'Académie, ce
repos auquel il semblait aspirer, pour la première
fois, après un demi-siècle de travaux et dix années
de luttes ? Tous ceux qui ont lu ses derniers ouvrages ont déjà répondu ; car ils n'ont pu oublier
ces pages, si pleines, ici d'irritation et d'amertume,
là de résignation, partout d'une si profonde tris-
tesse, qu'il écrivit, lorsqu'au commencement de
1838, la direction de la Ménagerie du Muséum,
de cette Ménagerie qu'il avait créée en 1793 et
1794, lui fût enlevée ! et lui fut enlevée en faveur
de celui-même qu'il avait choisi pour aide, heureux alors de lui ouvrir l'accès de la carrière où
l'exemple fraternel était pour lui une illustre espérance ! Que ne nous a-t-il été permis de retrancher
de l'histoire de la vie de Geoffroy Saint-Hilaire une
si douloureuse page ! Hâtons-nous, du moins,
d'ajouter que six mois à peine écoulés, après la
mort de M. Frédéric Cuvier, l'administration du
Muséum s'empressa de revenir sur sa décision, et de
régler un nouveau partage d'attributions. Geoffroy
Saint-Hilaire fut réintégré dans la plénitude des
droits dont il avait joui de 1794 à 1838.

C'était le moment même où Geoffroy Saint-

Hilaire revenait d'un voyage en Belgique et dans l'Allemagne rhénane; voyage, non de recherches et d'étude, dans son intention du moins, mais de repos et de santé. Mais, dans ces contrées qu'il visitait pour la première fois, que d'amis inconnus ses ouvrages lui avaient faits! Partout les plus vives sympathies l'accueillirent, et quand de la Belgique il passa dans la patrie de Gœthe, lui qui n'était venu chercher que le repos, il se vit l'objet d'un tel empressement, que, malade encore, il dut s'y dérober. Il se décida à éviter plusieurs des villes savantes qu'il s'était fait à l'avance un bonheur de visiter, et à abréger son voyage. Il revint après quelques semaines, faible encore; mais du moins les blessures de son cœur étaient guéries.

Il reprit bientôt ses travaux : mais le moment approchait où ils allaient être pour jamais interrompus. En juillet 1840, il s'aperçut un jour qu'il ne pouvait plus lire : il était atteint du plus grand des malheurs qui puisse frapper un naturaliste : il était aveugle!

# CHAPITRE XII.

## DERNIÈRES ANNÉES.

I. Cécité. — Derniers écrits. — Démission. — II. Dernier entretien scientifique. — Dernière maladie.

## I.

La cécité n'était point pour Geoffroy Saint-Hilaire un mal nouveau. Atteint, vers la fin de son séjour en Égypte, de l'ophthalmie endémique, il était resté, vingt-neuf jours durant, privé de la lumière. « Je redeviendrai aveugle dans ma vieillesse, avait-il « dit souvent. » Et cédant à l'entraînement du travail, il n'en conserva pas moins, depuis 1820, une habitude aussi funeste à lui-même que favorable à la science : chaque nuit, il prenait la plume plusieurs heures avant le lever du soleil, et parfois, dans les derniers temps surtout, dès minuit[1]. Le jour restait libre ainsi pour l'observation.

Il savait bien où devait le conduire une ardeur aussi excessive. Mais cette épigraphe de dévouement qu'il avait inscrite en tête de ses ouvrages, *Utilitati*, n'était pas une de ces vaines paroles dont un auteur orne parfois la première page de son livre, sans paraître s'en souvenir à la seconde :

[1] Il avait fait placer, au chevet de son lit, une lampe disposée à cet effet.

c'était, dès sa jeunesse, la règle même de sa vie; ce devait l'être, tant que ses forces ne seraient pas éteintes par la vieillesse et la maladie.

Et même, pour lui, cesser de voir, ce ne fut pas encore cesser de travailler. Il pensait, il dictait, parfois il écrivait lui-même des lignes qu'il ne devait jamais lire! Combien d'entre elles, tracées d'une main trop incertaine, sont restées pour nous de muets témoignages de cet amour de la science qui survivait en lui au pouvoir de la servir! Toutes dignes, sans doute, de celles dont nous avons pu pénétrer le sens; de celles-ci, par exemple, où respire un sentiment si élevé de la grandeur de la science :

« Que ne doit-on pas faire et entreprendre pour « conquérir un principe à la pensée publique! C'est « prendre à Dieu et sur Dieu! »

Et de celles-ci encore, pleines d'une si profonde émotion :

« O mes chers disciples! la zoologie générale est « aperçue par mes yeux qui ne voient plus. O chers « disciples! Que de bonheur vous apportez à votre « vieux prédécesseur! »

C'est à la fin de 1840 que Geoffroy Saint-Hilaire applaudissait ainsi aux efforts de sa jeune école; comparable à ces nobles vieillards que les historiens de l'antiquité nous représentent, dans le danger de la patrie, venant encourager de la voix ceux qu'ils ne pouvaient plus guider au combat.

Vaine espérance, en effet! douce et consolante illusion que la pensée, alors même conservée par Geoffroy Saint-Hilaire, de se replacer un jour à la tête des siens! « Je reprends en 1841 des travaux...,[1] « lisons-nous dans un des fragments que nous avons « recueillis, et j'espère les publier dans un ouvrage « spécial. » Mais le bienfait même de cette illusion lui fut bientôt ravi. Ses forces déclinaient rapidement, et il comprit bientôt qu'il était au terme de ses travaux.

Mais en renonçant à contribuer aux progrès de la science, il ne renonça pas à les suivre. Il se plaisait à assister, non-seulement aux séances de l'Académie, mais aussi aux leçons de quelques-uns de ses collègues au Muséum. Qui n'eût été touché de le voir écouter avec indulgence ceux qui autrefois l'écoutaient avec respect?

Et au déclin de sa vie, il se montra ce qu'il avait été au début. Il occupait toujours au Muséum et à la Faculté des sciences ces deux chaires que nous l'avons vu n'accepter, en 1793 et en 1808, qu'après une hésitation inspirée par une si exquise délicatesse. Quand il se vit pour jamais éloigné de l'enseignement par sa cécité devenue incurable[2], il

1 Sur quel sujet? Nous l'ignorons. La main sans guide de l'auteur a tracé le mot suivant hors du papier.

2 M. le docteur Sichel, dont il recevait des soins aussi

voulut se démettre de ses deux chaires[1]. Toutefois il n'exécuta qu'incomplétement son projet. M. Dumas, à peine appelé au décanat, vint lui demander de conserver à la Faculté un nom qui, au défaut de lui-même, était déjà pour elle un lustre et une force[2]. Une telle prière dans une telle bouche, le toucha vivement, et sa démission fut retirée. Il quitta, au contraire, en 1841, cette chaire du Muséum où il avait eu l'honneur d'inaugurer en France, quarante-sept ans auparavant, l'enseignement de la zoologie.[3]

C'est ainsi qu'il se préparait à quitter cette terre où il avait passé, découvrant la vérité et pratiquant le bien. Sa sérénité ne fut pas troublée un seul instant. Lui, d'un caractère naturellement si ardent, si impétueux, il supporta avec une inaltérable résignation toutes les infirmités que la vieillesse

éclairés que pleins d'affection, avait déjà fixé le moment où Geoffroy Saint-Hilaire devait subir l'opération de la cataracte. Une congestion cérébrale survint quelques jours auparavant, et il fallut ajourner indéfiniment. Depuis cette maladie, Geoffroy Saint-Hilaire est toujours resté dans un état d'extrême faiblesse.

1 Ainsi à tous les actes de sa vie présida le même désintéressement, le même oubli de lui-même.

Un ministre lui écrivait un jour : « Vous voulez partout pour « autrui, point pour vous. C'est repousser ce qui va le plus « naturellement à vous. »

2 Voyez le *Discours* déjà cité de M. Dumas.

3 Voici en quels termes il annonça à M. le Ministre de l'Instruction publique le parti qu'il venait de prendre :

lui apportait, et c'est lui qui consolait les autres de ses souffrances. « Je suis aveugle, disait-il, mais « je suis heureux![1] »

C'était le soir d'un beau jour !

« .... Sous des régimes bien divers, parfois au milieu de «circonstances difficiles, j'ai occupé, durant quarante-huit «années, la position que je quitte aujourd'hui. Depuis 1855, «époque de la mort du vénérable Desfontaines, je suis le doyen «des Professeurs du Muséum, et le seul qui ait fait partie de «l'organisation primitive de l'établissement.

«Vous verrez, Monsieur le Ministre, dans le parti que je «prends, une preuve nouvelle, et ce n'est pas la moindre, de «mon dévouement à l'établissement que j'ai si longtemps admi-«nistré. Je ne saurais quitter, sans un sentiment pénible, une «position que j'occupe depuis près d'un demi-siècle, et que «j'ai préféré, à mon retour d'Égypte, et plus tard encore, à «des offres brillantes, plus propres à satisfaire mon ambition «que mon amour pour la science. Aujourd'hui mes soixante-«neuf ans, mes yeux cataractés, et les fatigues de mes longues «recherches, me font sentir que je dois réserver, pour quel-«ques travaux particuliers, ce qui me reste de force.... »

1 Nous avons sous les yeux une des dernières lettres qu'il ait écrites : elle est adressée à une dame à laquelle il avait voué, dans sa jeunesse, une amitié qui ne s'est jamais démentie. Nous en citerons quelques lignes :

«Causons sur la fin de nos jours, comme nous faisions à «leur aurore. Le temps retient nos corps malades à la maison; «mais le cœur ne connaît point de difficultés.

« .... Dieu a voulu cette douleur pour racheter l'excès de «ma bien vive satisfaction... Soyons reconnaissants des faveurs «de la Providence ! »

Voilà quelles pensées remplissaient le cœur de Geoffroy Saint-Hilaire aveugle et paralytique !

## II.

Il y eut un instant, un seul, où la famille de Geoffroy Saint-Hilaire put se faire illusion sur la gravité de son état. Dans l'automne de 1843, ses forces parurent se relever; il reprit cette gaîté dans l'esprit qui naguère encore lui était habituelle; et le 29 octobre, il exprima le vif désir de voir M. Serres pour s'entretenir avec lui des objets communs de leurs études. « J'ai trouvé, lui dit-il, « l'explication d'un phénomène, que je n'avais pu « pénétrer lorsque je voyais : je veux vous la dire, « je ne veux pas l'emporter avec moi. » Il ignorait que ce résultat[1], auquel venaient de le conduire ses méditations solitaires, M. Serres y était parvenu de son côté, et déjà même l'avait publié.

Ce furent les dernières paroles de Geoffroy Saint-Hilaire sur cette science tant aimée! Qui était plus digne de les recueillir que cet ami de plus de vingt ans, qui avait tant fait déjà pour le triomphe de leurs idées communes, et qui allait rester le chef de l'école française de l'anatomie philosophique?

Le lendemain, la prostration des forces était extrême; des symptômes alarmants se déclaraient, et l'on dut croire, durant plusieurs jours, que la crise suprême était proche. Geoffroy Saint-Hilaire

---

1 Il était relatif à une question de tératologie et d'embryogénie.

le sentit lui-même. « Nous allons nous quitter, dit-il à sa fille; nous nous retrouverons! »

Mais que ne peuvent l'amitié, le dévouement! La médecine fit un miracle, et Geoffroy Saint-Hilaire fut conservé à l'amour de sa famille.

Époque pleine pour elle, tout à la fois, de douleur et d'anxiété! Elle entendait chaque jour Geoffroy Saint-Hilaire redire : Je suis heureux![1] Mais, chaque jour aussi, elle le voyait s'affaiblir et faire un pas vers la tombe!

Six mois s'écoulèrent ainsi, sans crise nouvelle, sans de plus grandes alarmes, et peut-être au printemps, avec quelque amélioration : on espère

[1] Sa constante sérénité a frappé, a ému tous ceux qui l'ont approché dans les derniers temps de sa vie.

« Sur son lit de douleur, a dit M. Dumas (*Discours* déjà « cité), toutes ses paroles respiraient la bienveillance et la « satisfaction intérieure. Ses mains cherchaient toujours ses « proches, ses amis, pour remercier, pour bénir. Calme et « souriante, son âme s'affaissait sans trouble, se repliait sur « une conscience sans tache. »

Comment ne pas citer aussi ces paroles, si éloquentes aussi, de M. Quinet (*Discours* prononcé le même jour) : « On sentait dans « cette paix incroyable un homme qui avait bonne conscience « des lois et du plan caché du Créateur. Il avait été initié aux « travaux secrets de la Providence, et de ce spectacle il avait « rapporté la sérénité du juste. Quoi de plus sublime que cette « mort du génie qui, ainsi dirigé et conduit, est la sainteté « même de l'intelligence ? Il s'approche en souriant de la vérité « sans voile ; à la fin il descend, sans rien craindre, dans « l'éternelle science. »

tant ce qu'on désire, qu'on le supposait du moins!
Mais l'illusion ne fut pas de longue durée. Les
symptômes qui déjà avaient éclaté en 1843, reparurent plus redoutables que jamais en mai 1844.[1]
Et maintenant la faiblesse du malade le livrait
sans défense à leurs désastreux effets! Cette fois
encore il fut des premiers à le comprendre : « Ayons
« confiance dans la Providence! » dit-il à celle qui
avait été la compagne dévouée de toute sa vie.
Et son geste exprimait le véritable sens de cette
parole !

Dans les jours qui suivirent, il remercia plusieurs fois avec effusion celles qui, depuis tant de
mois, ne le quittaient plus, celui qui nous l'avait
conservé aussi longtemps que sa vie pouvait être
dans la main des hommes!

---

[1] Celui qui écrit ces pages, venait à ce moment même de
se rendre, avec une mission de M. le Ministre de l'Instruction
publique, dans nos départements de l'est. Qu'il lui soit permis
d'exprimer ici sa reconnaissance à M. Villemain, qui s'empressa
de le faire prévenir et de le rappeler par voie télégraphique !
Le même Ministre, un mois après, et dès le lendemain de
la mort de Geoffroy Saint-Hilaire, annonçait à l'illustre doyen
de la Faculté des sciences, et faisait annoncer à la famille,
l'intention où il était d'honorer par un acte solennel la mémoire de l'auteur de la *Philosophie anatomique*. Pensée bien
digne de celui qui, après avoir lu la partie générale du *Cours
sur les Mammifères*, écrivait à l'auteur : « L'histoire naturelle
« ainsi comprise est la première des philosophies ! »

La tendresse toute filiale de plusieurs de ses élèves ne se démentit pas un seul instant[1], et il en fut vivement touché. Lui qui avait tant aimé la jeunesse[2], il connut alors combien aussi il en était aimé! Et cependant il n'avait pas tout su. Il avait fallu lui éviter une émotion qui pourtant lui eût été bien douce! Plusieurs jeunes médecins, plusieurs étudiants, quoique inconnus à la famille, étaient venus réclamer d'elle, comme un devoir de leur reconnaissance, l'honneur de veiller auprès du malade : et parmi eux, plusieurs, trop jeunes pour avoir suivi ses cours, ne l'avaient même jamais aperçu! Et ceux dont les soins étaient acceptés, se tenaient près de lui, gardant un pieux silence, et se retirant le matin sans que celui, dont ils venaient de soulager les maux, eût même soupçonné leur présence; heureux encore s'il leur était arrivé d'obtenir, de sa main défaillante, un signe affectueux qui ne leur était pas destiné!

Il s'éteignit ainsi, toujours serein, toujours heureux, plus heureux peut-être dans les derniers

---

1 Comment ne pas placer ici, du moins, le nom de M. le docteur Auzias, qu'il se plaisait à appeler *son fidèle*, et celui de M. Pucheran qui, après lui avoir donné de si tendres soins, a publié une si savante et si remarquable analyse de ses travaux! Que d'autres noms nous aurions à citer!

2 C'est à elle qu'il aima toujours à s'adresser. Voyez le *Discours préliminaire* de la *Philosophie anatomique*.

jours. Bienfaisant prestige de l'imagination! Ces ténèbres dans lesquelles il était plongé depuis quatre années, semblèrent se dissiper tout à coup, et il revit, plein d'un ravissement intérieur, les belles prairies des environs d'Étampes, théâtre des jeux de son enfance, et lieu toujours cher de sa convalescence après les massacres de Saint-Firmin!

Véritable mort du juste! C'est au milieu de ces riants tableaux, et presque encore le sourire sur les lèvres, qu'il cessa de vivre le 19 juin 1844!

Il avait alors soixante-douze ans et deux mois.

---

Il a paru nécessaire de compléter ce dernier Chapitre par une courte relation des honneurs funèbres rendus à Geoffroy Saint-Hilaire.

Ce qui suit, est extrait d'un article publié le 29 juin 1844 dans la *Gazette médicale*, par M. J. Guérin, membre de l'Académie royale de médecine :

« Les obsèques de M. Geoffroy Saint-Hilaire ont eu lieu samedi 22 de ce mois.... La cérémonie religieuse terminée, le convoi, dont aucun des assistants ne s'était détaché[1], s'est dirigé avec un profond recueillement vers le cimetière du Père Lachaise. A peine en avait-il franchi les portes, que des hommes du peuple, la plupart employés au Jardin des plantes, ont dételé les chevaux, et ont porté à bras les restes de M. Geoffroy jusqu'au lieu de sa sépulture. Après ce touchant hommage

1 Près de deux mille personnes en faisaient partie.

rendu à l'homme de bien, plusieurs discours ont été prononcés.

« M. Duméril, organe de la section de zoologie de l'Académie des sciences, a rappelé, dans une notice empreinte d'une noble simplicité, les services rendus par M. Geoffroy à l'anatomie comparative et à la zoologie. M. Chevreul a parlé au nom du Muséum, et a fait connaître tout ce que cet établissement doit au zèle et aux lumières du créateur de la Ménagerie. Puis sont venus MM. Dumas et Pariset; le premier a célébré, en paroles dignes et élevées, le professorat de l'illustre auteur de la *Philosophie anatomique* à la Faculté des sciences ; le second a exprimé, avec la distinction qui le caractérise, les regrets de l'Académie royale de médecine, qui avait eu l'honneur de compter M. Geoffroy parmi ses membres associés[1]. Sans autre mission que celle de sa reconnaissance et de son admiration, M. Serres a rappelé d'une voix émue et avec l'éloquence du cœur, les grandes idées d'Unité de composition, de Théorie des analogues, de Loi de balancement, d'embryogénie, avec lesquelles M. Geoffroy a remué la science depuis un demi-siècle. Enfin, sans qu'aucun des assistants se fût aperçu que déjà cinq discours avaient été prononcés, deux hommes d'âge, de caractère et d'inspiration différents, ont clos cette magnifique et touchante cérémonie. Le vénérable M. Lakanal, plus qu'octogénaire, un des derniers membres survivants de la Convention, a rappelé en termes d'une simplicité antique, qu'il y avait eu cinquante ans, ce même mois de juin, que sur son rapport à la Convention le jeune Geoffroy, alors âgé de vingt et un ans, avait été nommé professeur au Muséum d'histoire

---

1 On a remarqué et nous citerons le début de M. Pariset, résumé de son discours tout entier et de tous les discours prononcés le même jour : «De vastes connaissances, un génie hardi, d'admirables qualités «d'esprit et de cœur, droiture, loyauté, générosité, bonté, courage, «désintéressement, tel était Geoffroy Saint-Hilaire!.... »

naturelle. M. Lakanal venait de parler au nom de la génération qui s'éteint; M. Quinet, l'une des glorieuses espérances
de la génération nouvelle, a montré ce qu'il y avait de jeunesse et de vie dans les idées de M. Geoffroy. Homme de cœur
et d'imagination, il a parlé du savant, du poëte, du père de
famille, de l'ami, comme en auraient voulu parler tous ceux
qui l'ont connu, aimé et apprécié.

« Cette cérémonie a dû vivement impressionner les amis de
la science et du savant. C'était moins des funérailles que la
consécration d'une des gloires de notre siècle. Depuis quelques
années M. Geoffroy était mort pour la science. Longtemps
avant de le perdre, on s'était habitué à l'idée qu'il n'était
déjà plus; et le jour où son dernier souffle s'est exhalé, on a
plus senti ce que l'homme illustre laissait après lui, que ce
qu'il emportait. Aussi avec quelle spontanéité, quel éclat,
quelle unanimité n'a-t-on pas rendu justice à son caractère et
à ses idées! Pendant ces années d'attente et de silence qui ont
précédé sa mort, les passions, les rivalités s'étaient éteintes.
Les vues du réformateur ont mûri d'elles-mêmes; elles ont
grandi; elles se sont fortifiées sous leur enveloppe de chrysa-
lide; et le jour où la science a perdu le savant, elle a plutôt
inauguré l'immortalité de ses découvertes qu'elle n'a pleuré
sur sa dépouille. Ils l'ont bien dit, ceux qui, à travers les
oscillations de l'opinion publique, avaient vu la vérité jeter
l'ancre : il y a longtemps qu'elle était fixée, et quand on croyait
encore aux incertitudes nées du choc des doctrines, aux réticences inséparables de la justice des contemporains, on a vu
l'hommage le plus éclatant rendu au génie et à la vérité. »

Dès le jour même de la cérémonie funèbre qui vient d'être
retracée, une noble pensée s'était fait jour dans plusieurs
esprits : la commune d'Étampes la réalise en ce moment avec
le concours des savants et des amis des sciences dans tous les

pays. Une statue de bronze va être élevée à Geoffroy Saint-Hilaire dans sa ville natale.

La Commission du Monument [1], dans laquelle huit membres illustres de l'Institut se sont joints aux honorables délégués du Conseil municipal d'Étampes, a confié l'exécution de la statue au premier de nos statuaires. David d'Angers exécute, en ce moment même, l'œuvre qui doit transmettre à la postérité les traits de Geoffroy Saint-Hilaire.

1 M. Des Varennes, maire d'Étampes au moment de la formation de la Commission, en est le président.

Les représentants de la science sont MM. Arago, Dumas, Duméril, Dutrochet, Élie de Beaumont, Jomard, Reynaud, Roche et Serres.

# TABLE MÉTHODIQUE ET ANALYTIQUE

## DES OUVRAGES DE GEOFFROY SAINT-HILAIRE,

ET

### DES MÉMOIRES, NOTICES ET ARTICLES PUBLIÉS PAR LUI DANS DIVERS RECUEILS. [1]

---

## I. OUVRAGES.

CATALOGUE DES MAMMIFÈRES du Muséum national d'histoire naturelle.

Un volume in-8°, 1803. — Ouvrage non entièrement achevé. Voyez le Chapitre IV, p. 115 à 118.

PHILOSOPHIE ANATOMIQUE. — DES ORGANES RESPIRATOIRES SOUS le rapport de la détermination et de l'identité de leurs pièces osseuses.

Un vol. in-8°, avec atlas in-4° ou un vol. in-4°. Paris, 1818. — Voyez Chap. VIII, §. II à VI.

Parmi les nombreuses analyses de cet ouvrage qui ont été insérées dans divers recueils ou publiées à part, nous citerons celles de :

PARISET, *Revue encyclopédique*, III, 32; 1819.

FLOURENS, in-8°. Paris, 1819; imprimée en partie, *Rev. encycl.*, V, 217; 1820. Traduite en grec par PICCOLO, Ἑρμῆς, ᾿AP. IΔ΄.

COSTE, *Bibliothèque médicale*, LXV, 178; 1819.

JOURDAN, *Journal universel des sciences médicales*, XV, 67 et 196; 1819.

FR. CUVIER, *Journal complémentaire du dictionnaire des sciences médicales*, I, 142; 1819.

---

[1] Dans les citations que nous ferons des recueils où sont insérés les nombreux Mémoires de Geoffroy Saint-Hilaire, le chiffre *romain* indiquera le volume, et le chiffre *arabe* la page.

Nous aurons soin de donner intégralement, à sa première citation, le titre de chaque recueil.

Cette table, étant à la fois méthodique pour l'ensemble et chronologique pour chaque série de travaux, permettra de saisir, dans chaque ordre de questions, l'enchaînement des idées de l'auteur et la marche qu'il a suivie.

Leach, *Annals of philosophy* de Thomson, n° xcxii, 102; 1820.

Voyez en outre Rolando, qui, dans son *Organogenesia (Dizionario periodico*, 1823), a présenté des remarques étendues sur ce livre et sur le suivant. [1]

PHILOSOPHIE ANATOMIQUE. — Des Monstruosités humaines.

Un vol. in-8°, avec atlas in-4°. Paris, 1822. — Voyez Chapitre VIII §. II à V et §. IX.

Les principales analyses sont celles de :

Abel de Rémusat, *Journal des savants*, n° de février 1823, 100.

Fr. Cuvier, *Rev. encycl.*, XVII, 247; 1823.

Dugès, *Revue médicale*, X, 243; 1823.

Desmoulins, *Journ. compl. des sc. méd.*, XV, 72 et 253; 1823.

Bénit, *Annales de la médecine physiologique*, III, 140; 1823.

Système dentaire des Mammifères et des Oiseaux.

In-8°. Paris, 1824. — Voy. Chap. VIII, §. VII.

Cet ouvrage est terminé par plusieurs notes étendues sur diverses questions d'anatomie comparée et de philosophie naturelle.

Le Mémoire sur le système dentaire des Oiseaux, qui forme la plus grande partie de cet ouvrage, a été lu, en 1821, à l'Académie des sciences. Une excellente analyse en a été publiée à cette époque par Presle-Duplessis, *Journ. univ. des sc. méd.*, XXIV, 56, et *Annales générales des sciences physiques* de Bruxelles, VIII, 373; 1821.

Parmi les analyses de l'ouvrage, nous citerons celle d'Oudet, *Archives générales de médecine*, V, 473; 1824.

Cours de l'histoire naturelle des Mammifères, partie comprenant quelques vues préliminaires de philosophie naturelle et l'histoire des Singes, des Makis, des Chauves-souris et de la Taupe.

Un vol. in-8°. Paris. — Ce volume, quoique daté de 1829, a été tout entier publié, en vingt livraisons, pendant l'année 1828. — Voyez le Chap. X, p. 307 et 308.

Les principales analyses sont celles de :

Flourens, *Rev. encycl.*, XLI, 633; 1829.

Martin Saint-Ange, *Moniteur* du 15 avril 1829.

Voyez aussi *Rev. méd.*, ann. 1829, III, 529.

Principes de philosophie zoologique, discutés en mars 1850 au sein de l'Académie royale des sciences.

Un vol. in-8°. Paris, 1830.

[1] Voyez aussi pour cet ouvrage, de même que pour une grande partie des mémoires que nous citerons, les *Analyses des travaux de l'Académie des sciences*, par G. Cuvier.

C'est le recueil des réponses faites par Geoffroy Saint-Hilaire à Cuvier dans la célèbre discussion académique de 1830. Voy. Chap. XI, §. I et II.

Gœthe a consacré à cet ouvrage deux articles étendus et fort remarquables dans les *Jahrbücher für wissenschaftliche Kritik;* le premier, septembre 1830, n°ˢ 52 et 53; le second, mars 1832, n°ˢ 51, 52 et 53 : celui-ci est le dernier écrit de Gœthe. Ces articles ont été traduits en français :

Le premier, *Rev. méd.*, ann. 1830, IV, 445; et *Annales des sciences naturelles*, XXII, 179; 1831.

Le second, *Livre des cent-et-un*, V, 243; et (sous ce titre : *Dernières pages de Gœthe*), *Rev. encycl.*, LIII, 562; 1832.

Et tous les deux, *Œuvres d'histoire naturelle de Gœthe*, traduites par Martins, in-8°, Paris, 1837, p. 151 et p. 160.

Les *Principes de philosophie zoologique* ont aussi été en France le sujet d'un grand nombre d'articles; nous citerons :

Bory de Saint-Vincent, *Moniteur* du 28 juillet 1830.

Martin Saint-Ange, *Rev. encycl.*, XLVI, 707; 1830; article cité avec éloge et résumé par Gœthe.

Boisseau, *Journ. univ. des sc. méd.*, LVIII, 327; 1830.

Recherches sur de grands Sauriens trouvés a l'état fossile vers les confins maritimes de la basse Normandie, attribués d'abord au Crocodile, puis déterminés sous les noms de *Teleosaurus* et de *Steneosaurus*.

Un vol. in-4°. Paris, 1831. — Voyez Chap. XI, p. 367 et 392. — Cet ouvrage a paru par parties, dans le tome XII des *Mémoires de l'Académie des sciences*. Voy. la partie paléontologique de cette table.

Fragments sur la structure et les usages des glandes mammaires des Cétacés.

Un vol. in-8°. Paris, 1834. — Voy. Chap. XI, p. 399.

Le *Tijdschrift voor natuurlijke Gechiedenis en Physiologie*, III, 2ᵐᵉ part., 41, renferme une analyse étendue de cet ouvrage par Claas Mulder.

Études progressives d'un naturaliste pendant les années 1854 et 1855, faisant suite à ses publications dans les 42 volumes des *Mémoires* et *Annales* du Muséum.

Un vol. in-4°. Paris, 1835.

On trouve dans ce recueil de mémoires (voyez p. 368 et 400) une notice sur l'histoire du Muséum, des recherches d'Anatomie comparée (particulièrement sur les appareils reproducteurs des Monotrèmes, des Cétacés et de la Taupe), des considérations sur la paléontologie, et l'exposé des vues de l'auteur sur la loi de l'Attraction de soi pour soi ou de l'Affinité des parties similaires.

Un article étendu, et intéressant à quelques égards, a été publié par Daniélo dans le *Chroniqueur de la jeunesse*, III, 115 ; 1835.

NOTIONS SYNTHÉTIQUES, historiques et physiologiques de philosophie naturelle.

Un vol. in-8°. Paris, 1838.

Voy. le Chap. XI, p. 368, pour la partie scientifique de cet ouvrage, et Chap. II, p. 82 et 83, pour l'Introduction, dans laquelle l'auteur a consigné quelques-uns de ses souvenirs de l'Expédition d'Égypte. Cette Introduction, intitulée : *Le monde des détails*, est surtout relative aux vues scientifiques qui ont occupé Napoléon dans son adolescence et sa première jeunesse.

FRAGMENTS BIOGRAPHIQUES, précédés d'ÉTUDES SUR LA VIE, LES OUVRAGES ET LES DOCTRINES DE BUFFON.

Un vol. in-8°. Paris, 1838.

Ce volume, avec un travail, fort étendu et fort important, sur la vie et les ouvrages de Buffon, renferme des notices biographiques ou discours sur Daubenton, Thouin, Lacépède, Pinel, Lamarck, Cuvier, Sérullas, Meyranx et Latreille.

Les Notices sur Thouin, Lacépède, Pinel, Lamarck et Cuvier avaient déjà été réunies et publiées à part, en 1832, sous ce même titre : *Fragments biographiques*, in-8°.

Outre les ouvrages que nous venons d'énumérer, et qui lui sont propres, Geoffroy Saint-Hilaire est l'un des auteurs de ceux qui suivent :

LA MÉNAGERIE DU MUSÉUM d'histoire naturelle, par LACÉPÈDE, CUVIER et GEOFFROY.

Paris, un vol. in-folio, publié par livraisons de 1801 à 1803, — 2$^{me}$ édition, 2 vol. in-12, 1804 ; publié de nouveau, en 1817, avec additions, en 2 vol. in-12.

Le nom de Geoffroy Saint-Hilaire ne se trouve pas sur le titre de la première édition de la *Ménagerie*, cet ouvrage ayant été commencé, pendant l'expédition d'Égypte, par Lacépède et Cuvier : Geoffroy Saint-Hilaire, aussitôt après son retour, devint le collaborateur de ses deux collègues. Voy. p. 115. — Il a publié, dans les deux premières éditions de la *Ménagerie*, des articles étendus sur l'Oie d'Égypte, l'Ichneumon, le Maki Mococo et le Maki brun, et dans les additions de 1817, une notice sur le Galago du Sénégal.

DESCRIPTION DE L'ÉGYPTE, par la COMMISSION DES SCIENCES.

Dix vol. in-folio, avec atlas composé de 10 vol. Jésus et de 3 vol. format grand-Monde. Paris, 1808 à 1829. — 2^me édit., 24 vol. in-8°, avec le même atlas, Paris 1821 à 1830.

La part de collaboration de Geoffroy Saint-Hilaire dans le grand ouvrage sur l'Égypte, se compose des parties suivantes :

Dans l'atlas, t. I^er de la partie relative à l'histoire naturelle : 1° 7 planches de Mammifères (17 espèces); 2° 8 de Reptiles (25 espèces); 3° 17 de Poissons du Nil (29 espèces); 4° 10 de Poissons de la Méditerranée et de la mer Rouge (28 espèces). Ces magnifiques planches, dessinées par Redouté jeune, les unes en Égypte, les autres à Paris de 1802 à 1807, ont été publiées, partie en 1808 (Poissons du Nil), partie en 1813 (Mammifères et Reptiles), partie en 1817 (Poissons de la mer Rouge et de la Méditerranée).

Dans le tome I^er du texte de l'Histoire naturelle (t. 24 de l'édit. in-8°) : 1° *Histoire naturelle des Poissons du Nil*, 1809; comprenant le Polyptère, les Tétrodons et plusieurs Salmonidés (voy. Chap. X, p. 314); 2° *Description des Reptiles qui se trouvent en Égypte*, 1809; comprenant les Trionyx; 3° *Description des Crocodiles d'Égypte*, 1829. — Le texte des autres planches de Poissons et de Reptiles a été publié, en 1827, par l'auteur de cet ouvrage, d'après les notes de Geoffroy Saint-Hilaire.

Dans le tome II (t. 23 de l'éd. in-8°) : *Description des Mammifères qui se trouvent en Égypte*, 1813 [1]; comprenant les Chauves-souris (travail considérable), l'Ichneumon et l'Hyène. — Le texte des autres planches a été rédigé par M. Audouin.

Les quatre parties du grand ouvrage sur l'Égypte qu'a rédigées Geoffroy Saint-Hilaire, ont été tirées à part en un volume in-folio. On a, en outre, imprimé séparément, en un vol. in-8°, le travail sur les Crocodiles d'Égypte [2]. Voy. Chap. X, p. 308. [3]

---

1 Nous devons toutes ces dates, par lesquelles seules peuvent être fixés plusieurs points de l'histoire de la science, à l'obligeance de l'un des célèbres collègues de Geoffroy Saint-Hilaire dans la Commission et dans l'Institut d'Égypte, à l'un de ses plus constants et de ses plus chers amis, M. Jomard.

2 Nous compléterons l'indication des travaux de Geoffroy Saint-Hilaire, dans le grand ouvrage sur l'Égypte, par la citation de deux notes étendues publiées après coup hors de leur place naturelle; l'une sur les Psylles, insérée dans notre *Description des Reptiles*, article *Scythale;* l'autre sur les Bœufs sacrés, Apis, Mnévis et Onuphis, insérée par l'auteur dans son travail sur les Crocodiles, à l'occasion des Crocodiles sacrés.

3 Outre quelques emprunts faits à l'ensemble de ces travaux par les auteurs de l'*Histoire scientifique et militaire de l'Expédition d'Égypte*, on trouve dans cet important ouvrage plusieurs notes de Geoffroy Saint-Hilaire. Voyez la table analytique de l'*Histoire de l'Expédition d'Égypte*.

HISTOIRE NATURELLE DES MAMMIFÈRES, par GEOFFROY SAINT-
    HILAIRE et FRÉDÉRIC CUVIER.

    4 vol. grand in-folio. Paris, de 1820 à 1842. — 2^me édit. (inachevée)
2 vol. in-4°. Paris, de 1826 à 1835.

    Cet ouvrage qui peut être considéré comme une suite à la *Ménagerie
du Muséum* par Lacépède, Cuvier et Geoffroy, a été presque entièrement rédigé par Frédéric Cuvier.

## II. MÉMOIRES, NOTICES ET ARTICLES SUR LES SCIENCES ZOOLOGIQUES.

### 1. TRAVAUX SUR L'ENSEMBLE DE CES SCIENCES.

A. *Unité de composition organique et Théorie des analogues.*

Sur quelques RÈGLES FONDAMENTALES EN PHILOSOPHIE NATURELLE.

    *Journ. compl. des sc. méd.*, V, 340, et *Ann. gén. des sc. phys.*
de Bruxelles, III, 263; 1820.

    Ces règles sont relatives à la détermination des organes, que l'au-
teur montre devoir être fondée principalement sur les caractères de
connexion, comme il l'avait établi déjà dans le t. I^er de la *Philosophie
anatomique*. Voyez Chap. VIII, p. 211 et suiv.

Discours sur cette question : Alors qu'il est reconnu qu'il
    n'existe qu'UN SEUL SYSTÈME D'ORGANISATION, faudra-t-il
    toujours admettre PLUSIEURS SORTES D'ANATOMIE?

    *Journ. compl. des sc. méd.*, XIV, 241, et *Mémoires de la Société
linnéenne* de Paris, II, 130, et extrait, *Mémoires du Muséum
d'histoire naturelle*, IX, 229; 1822. Voy. aussi *Rev. médic.*, X, 20
1823.

    Ce Discours, dans lequel l'auteur résume ses vues sur la Théorie des
analogues, a été réimprimé en tête du second volume de la *Philosophie
anatomique*, p. xi à xxxiv.

Discours sur le principe de l'UNITÉ DE COMPOSITION ORGANIQUE.

    Paris, in-8°, 1828. Imprimé, sous le titre de *Discours préliminaire*,
à la tête du *Cours de l'histoire naturelle des Mammifères*.

Observations sur un Mémoire de M. Cuvier, relatif aux Cépha-
    lopodes.

    *Rev. encycl.*, XLVI, 20; 1830.

    C'est une des pièces de la discussion académique de 1830, toutes
réunies (voy. p. 382 et 422) dans les *Principes de philos. zoologique*.

Note (sur la DOCTRINE ARISTOTÉLIQUE et la THÉORIE DES ANA-
LOGUES).

En appendice à un article de M. Martin Saint-Ange, *Rev. encycl.*,
XLVI, 709; 1830.

Résumé des différences fondamentales qui existent entre la doctrine
d'Aristote et celle de Geoffroy Saint-Hilaire.

Lettre sur quelques points du Mémoire ayant pour titre : De
la CONFORMITÉ ORGANIQUE dans l'échelle animale.

*Gazette médicale de Paris*, II, 380; 1831.

Cette note a pour objet d'établir que l'expression : *Unité de composition organique*, est préférable, au point de vue philosophique, à
l'expression nouvelle, proposée par Dugès dans le beau Mémoire dont
nous avons donné un extrait, Chap. XI, p. 385.

Des réflexions de M. F. Hœfer sur les théories scientifiques.

*Hermès*, n° du 17 septembre 1836.

De la THÉORIE DES ANALOGUES, source de conceptions synthétiques d'un haut enseignement en histoire naturelle.

*Comptes rendus hebdomadaires des séances de l'Académie des
sciences*, IV, 537; 1837.

D'une profonde modification dans la pensée publique qu'introduit le sentiment des vues unitaires.

*Ibid.*, VIII, 673; 1839.

Voyez encore sur l'*Unité de composition* et la *Théorie des analogues*, outre les ouvrages généraux de l'auteur (p. 421 et 422), tous
ses Mémoires d'anatomie philosophique, et l'article *Nature*, ci-après
cité (p. 429).

B. *Variabilité des êtres organisés, et succession des animaux
à la surface du globe.*

Rapport fait à l'Académie des sciences sur un Mémoire de M.
Roulin, ayant pour titre : Sur quelques CHANGEMENTS OB-
SERVÉS DANS LES ANIMAUX DOMESTIQUES transportés dans le
nouveau continent.

*Mém. du Mus. d'hist. nat*, XVII, 201, et *Ann. des sc. nat.*, XVI,
34; 1829. Voy. aussi le *Globe*, VI, 895; 1829.

C'est dans ce rapport que Geoffroy Saint-Hilaire a abordé pour la
première fois (sauf quelques indications données, en 1825, dans le
Mémoire sur les Gavials; voyez plus bas) la question de la variabilité
des espèces. Voy. Chap. X, p. 345 et suiv.

L'auteur a ajouté à son Rapport, dans les *Ann. des sc. nat.*, p. 41 à 44, une note où ses vues sont exposées avec plus de développement que dans le texte même du Rapport.

Mémoire où l'on se propose de rechercher dans quels rapports de structure organique et de parenté sont entre eux les ANIMAUX DES AGES HISTORIQUES ET VIVANT ACTUELLEMENT, et les ESPÉCES ANTÉDILUVIENNES et perdues.

*Mém. du Mus.*, XVII, 209; 1829.

« C'est là, dit l'auteur en commençant, une question que j'entends « poser seulement, mais non résoudre aujourd'hui. » L'auteur pose ici nettement pour la première fois la question déjà soulevée dans le rapport précédent et dans le Mémoire sur les Gavials et les Téléosaures, publié en 1825.

Sur le degré d'INFLUENCE DU MONDE AMBIANT pour modifier les formes animales ; question intéressant l'origine des espèces téléosauriennes et successivement celle des animaux de l'époque actuelle.

*Mémoires de l'Académie des sciences*, XII, 63 ; 1833.

Ce Mémoire, lu à l'Académie en mars 1831, est le quatrième de ceux qui ont été réunis sous le titre de *Recherches sur de grands Sauriens trouvés à l'état fossile*. Voy. p. 423 et plus bas.

Les considérations générales dont se compose ce travail, avaient dû servir d'exorde à un Mémoire sur les rapports des Téléosaures avec les Reptiles actuels. Son étendue a obligé l'auteur à en faire le sujet d'un Mémoire à part, qui est lui-même fort étendu et se compose de quatre articles : 1° *Précis historique* sur la marche et les besoins actuels de la science; 2° *Des produits organiques systématiquement modifiés* au gré des changements des milieux ambiants; 3° et 4° *Des faits différentiels*, auxquels l'auteur arrive, dit-il, afin de compléter par eux ses études sur l'analogie des êtres; 5° *Des formes animales, modifiables par l'intervention des milieux respiratoires*; 5° et 6° *De diverses transformations*.

Dans une note de ce Mémoire (p. 89), l'auteur montre que les dissentiments qui existent entre Cuvier et lui, ont leur point de départ dans l'opposition des vues de son illustre adversaire et des siennes, en ce qui touche la préexistence des germes. Nous avons insisté sur ce point important de l'histoire de la science, Chap. X, p. 361.

Si les êtres de la création antédiluvienne sont ou non la SOUCHE DES FORMES ANIMALES ET VÉGÉTALES, présentement répandues à la surface de la terre?

*Compt. rend. de l'Acad. des sc.*, II, 521; 1836.

Simple note écrite pour rectifier l'assertion d'un géologue sur les vues de Buffon en paléontologie.

**Sur la singularité et la haute portée en philosophie naturelle de l'existence d'une espèce de Singe trouvée à l'état de fossile dans le midi de la France.**

*Ibid.*, V, 35; 1837.

**Des CHANGEMENTS A LA SURFACE DE LA TERRE qui paraissent dépendre originairement et nécessairement de la variation des milieux ambiants.**

*Ibid.*, V, 183; 1837.

Cet article qui fait suite au précédent, et dans lequel les doctrines paléontologiques de Cuvier ont été opposées à celles de Buffon, a donné lieu à la polémique dont nous avons fait mention, Chap. XI, p. 404, et à laquelle est relative l'article suivant.

**De la nature et de l'âge des OSSEMENTS FOSSILES.**

*Ibid.*, V, 365; 1837.

Une suite à cet article a été publiée à part, sous forme de lettre, in-4°, Paris, 1837.

Sur toutes ces questions, voyez aussi les Mémoires de paléontologie, cités plus bas.

## C. *État présent, et tendances des sciences zoologiques.*

**NATURE.**

Article de l'*Encyclopédie moderne*, XVII, 24; 1829; publié à part sous ce titre : *Fragment sur la Nature, ou quelques idées générales sur les existences du monde physique, considérées d'ensemble et dans l'unité;* Paris, in-8°, 1829.

Dans cet important travail, Geoffroy Saint-Hilaire traite successivement les points suivants de l'histoire et de la philosophie de la science:

1° Sens du mot *Nature;*

2° Doctrines de l'école allemande dite des *Philosophes de la nature;*

3° Caractère, très-différent, des travaux français sur l'anatomie philosophique, et particulièrement sur l'Unité de composition.

Cet article peut être considéré dans son ensemble comme une réponse à l'article, publié par Cuvier en 1825 sous le même titre dans le *Dictionnaire des sciences naturelles*, t. XXXIV, p. 261. Voy. Chap. XI, p. 374.

HÉRÉSIES PANTHÉISTIQUES.

Article du *Dictionnaire de la conversation*, XXXI, 481 ; 1836.

Dans cet article (qui a été réimprimé, avec quelques changements, à la fin des *Fragments biographiques*, p. 331 à 351), l'auteur, en développant quelques vues déjà présentées dans l'article *Nature*, répond à une objection grave portée contre ses doctrines dans un autre article du même *Dictionnaire*.

Dissertation sur cette question : De l'HISTOIRE NATURELLE GÉNÉRALE, considérée comme appelée à donner un jour les révélations de la première philosophie.

Extrait ; *Compt. rend. de l'Acad. des sc.*, III, 523 ; 1836.

De la nécessité d'EMBRASSER DANS UNE PENSÉE UNITAIRE les plus subtiles manifestations de la PSYCHOLOGIE et de la PHYSIO-LOGIE, et sur les difficultés de la solution de ce problème. *Ibid.*, IV, 259 ; 1837.

Remarques sur la TENDANCE ACTUELLE VERS LA ZOOLOGIE GÉNÉRALE.

Extrait ; *Comp. rend. de l'Acad. des sc.*, XI, 686 ; 1840.

On résume ainsi dans les *Comptes rendus de l'Académie* cette communication, la dernière que son auteur, à demi-aveugle depuis plusieurs mois, ait faite à l'Académie (2 novembre 1840) : «M. Geoffroy Saint-«Hilaire, à l'occasion d'un ouvrage présenté à l'Académie dans sa der-«nière séance, fait remarquer que depuis quelques années les études «des zoologistes ont pris, en général, une direction nouvelle; que ceux «même qui s'occupent plus spécialement de la description des espèces, «ont compris que là n'est pas l'histoire naturelle tout entière, et senti «la nécessité d'aborder des considérations d'un ordre plus élevé. »

## 2. TRAVAUX DE CLASSIFICATION, DE DÉTERMINATION ET DE DESCRIPTION.

### A. *Mammifères.*

Mémoire sur une NOUVELLE DIVISION DES MAMMIFÈRES, et sur les PRINCIPES QUI DOIVENT SERVIR DE BASE dans cette sorte de travail.

En commun avec CUVIER.

*Magasin encyclopédique*, 1re année, II, 164 ; 1795.

Ce travail est le point de départ de tous les travaux ultérieurs, non-seulement sur la classification des Mammifères, mais sur l'application des principes de la méthode naturelle à la zoologie. Voyez les Chap. II, p. 68, et X, p. 328.

Mémoire sur les DENTS ANTÉRIEURES DES RONGEURS, dans lequel l'on se propose d'établir que ces dents, dites jusqu'ici et déterminées INCISIVES, sont les analogues des dents CANINES.

*Mém. de l'Acad. des sc.*, XII, 181; 1833; extrait partiel, *Gaz. médic.*, II, 261; 1831.

Dans ce Mémoire, lu à l'Académie en juillet 1831, l'auteur traite de la détermination zoologique des dents antérieures, non-seulement chez les Rongeurs, sujet principal du Mémoire, mais aussi chez le Tarsier et l'Aye-aye, chez les Cheiroptères, chez les Insectivores et chez quelques Pachydermes.

a. Primates.

Extrait d'un Mémoire sur un nouveau genre de Quadrupèdes (l'AYE-AYE).

*Décade philosophique*, IV, 193; 1795.

Malgré ce titre, ce n'est pas un extrait, mais le Mémoire lui-même, moins le préambule qui a été supprimé à l'impression, et est resté inédit. Nous avons retrouvé ce préambule, qui offre un véritable intérêt et par son sujet (voy. p. 42 et 131), et parce que le Mémoire sur l'Aye-aye est le début de l'auteur dans la science.

Observations sur une petite espèce de MAKI.

*Bulletin des sciences par la société philomathique*, 1re partie, 89'; 1795.

Mémoire sur les rapports naturels du TARSIER.

En commun avec CUVIER.

*Mag. encycl.*, 1re année, III, 147; 1795.

Histoire naturelle des Orangs-Outangs. — Des CARACTÈRES QUI PEUVENT SERVIR A DIVISER LES SINGES.

En commun avec CUVIER.

*Ibid.*, 451; 1795; et *Journal de physique*, XLVI, 185; 1798.

Voyez p. 70. — Ce travail tout entier est relatif à la classification des Singes, et non à l'histoire naturelle des Orangs, à laquelle devait être consacrée la seconde partie du Mémoire. Cette seconde partie n'a jamais paru, du moins sous cette forme.

La classification des Singes, adoptée par Cuvier et Geoffroy Saint-Hilaire dans ce Mémoire, est principalement fondée sur la considération de l'angle facial.

Sur le GALAGO.

*Bull. philom.*, 1<sup>re</sup> part., 96'; 1795.

Mémoire sur les rapports naturels des MAKIS.

*Mag. encycl.*, 2<sup>me</sup> ann., I, 20; 1796.

L'auteur distingue dès lors les genres Indri, Maki, Loris, Galago et Tarsier.

C'est dans le préambule de ce Mémoire que l'auteur a, pour la première fois, énoncé ses vues sur l'Unité de composition organique. Nous avons cité ce préambule p. 134. Voy. aussi p. 69 et 71.

Sur un prétendu ORANG-OUTANG des Indes.

*Journ. de physique*, XLVI, 342; 1798; et extraits étendus, *Mag. encycl.*, 3<sup>me</sup> ann., II, 151, et *Bull. philom.*, 2<sup>me</sup> part., 25; 1797.

Traduit dans *The philosophical magazine*, I, 337; 1798.

Le second des extraits que nous venons de citer, est fait par Cuvier. Le Pongo de Wurmb, qui est le sujet du Mémoire, était alors regardé par lui, aussi bien que par Geoffroy Saint-Hilaire, comme différent de l'Orang-Outang.

Mémoire sur le MANDRILL.

Analysé dans le *Rapport général des travaux de la société philomathique* par Sylvestre[1], 111; 1798.

C'est dans ce Mémoire qu'a été démontrée l'identité spécifique du *Simia mormon* et de *S. maimon*.

Sur le CYNOCÉPHALE DES ANCIENS.

Mémoire lu à l'institut d'Égypte. Extrait, *Décade égyptienne*, I, 160; 1799, et *Mémoires sur l'Égypte* (réimpression de la *Décade*), I, 27; 1800.

L'auteur établit que le Cynocéphale des anciens n'est pas le Papion auquel un autre zoologiste l'avait rapporté, en le distinguant du Magot.

Mémoire sur les Singes à main imparfaite ou les ATÉLES.

*Annales du Muséum d'histoire naturelle*, VII, 260; 1806.

Description de deux Singes d'Amérique (ATÈLES).

*Ibid.*, XIII, 89; et extrait (comprenant aussi l'indication des autres Atèles), *Nouv. bull. philom.*, I, 36; 1809.

L'auteur venait de rapporter ces deux espèces de son voyage en Portugal.

---

1 Nous ne renvoyons aux extraits, généralement fort courts, contenus dans le Rapport de M. Sylvestre, que pour les Mémoires qui n'ont été publiés ailleurs, ni intégralement, ni par extraits étendus.

Sur les espèces du genre Loris.
*Ann. du Mus.*, XVII, 164; 1811.

Tableau des Quadrumanes.
*Ibid.*, XIX, 85, et suite, 156; 1812; et extrait, *Nouv. bull. philom.*, III, 218 et 265; 1813.
Voyez p. 196.

Note sur trois dessins de Commerson, représentant des Quadrumanes d'un genre inconnu (Cheirogale).
*Ibid.*, XIX, 171; 1812.

Considérations sur les Singes les plus voisins de l'Homme.
Extrait, *Compt. rend. de l'Acad. des sc.*, II, 92; et *Ann. des sc. nat., zool.*, 2ᵐᵉ série, V, 62; 1836.

Extrait d'un Mémoire sur l'Orang-Outang vivant à la Ménagerie.
*Compt. rend. de l'Ac. des sc.*, II, 581, et suites, II, 601, et III, 1 et 27; et extraits, *Ann. des sc. nat.*, 2ᵐᵉ sér., V, 371, et VI, 54 et 59; 1836. Voy. aussi *Rev. méd.*, ann. 1836, III, 268.

Mémoire dans lequel les Orangs sont successivement considérés, quant à leurs espèces, à leur organisation, à leurs habitudes, etc.

L'auteur avait commencé à réunir et à refondre les diverses parties de ce travail en un ouvrage, qui devait être accompagné de plusieurs belles planches, dessinées par notre habile peintre d'histoire naturelle, M. Werner.

#### b. *Cheiroptères.*

Mémoire sur quelques Chauves-souris d'Amérique, formant une petite famille sous le nom de *Molossus*.
*Ann. du Mus.*, VI, 150; et extrait, *Bull. philom.*, III, 278*; 1805.
C'est dans le préambule de ce Mémoire que l'auteur, rappelant un travail composé par lui dès 1794, mais resté inédit, a publié pour la première fois ses vues générales sur la classification des Cheiroptères. Voyez p. 316.

Mémoire sur le genre et les espèces de Vespertilions.
*Ann. du Mus.*, VIII, 187; 1806; et additions, *ibid.*, XV, 109; extrait de celles-ci, *Nouv. bull. philom.*, II, 93; 1810.

Description des Roussettes et des Céphalotes, deux nouveaux genres de la famille des Chauves-souris.
*Ann. du Mus.*, XV, 86; et extrait étendu, *Nouv. bull. philom.*, II, 89; 1810.

Sur les PHYLLOSTOMES et les MÉGADERMES, deux genres de la famille des Chauves-souris.

> *Ann. du Mus.*, XV, 157; et extrait, *Nouv. bull. philom.*, II, 137; 1810.

De l'organisation et de la détermination des NYCTÈRES.

> *Ann. du Mus.*, XX, 11; et extrait, *Nouv. bull. philom.*, III, 329; 1813.

Sur un genre de Chauves-souris sous le nom de RHINOLOPHES.

> *Ann. du Mus.*, XX, 254; 1813.

CHEIROPTÈRES.

> Article du *Dictionnaire des sciences naturelles*, VIII, 348; 1817.
> Résumé des travaux de l'auteur sur l'organisation, les mœurs et les rapports naturels des Chauves-souris.

Sur de nouvelles Chauves-souris sous le nom de GLOSSOPHAGES.

> *Mém. du Mus.*, IV, 411; 1818.

### c. *Carnassiers.*

Note sur quelques animaux provenant du cabinet de Meyer.

> *Bull. philom.*, III, 102*; 1803.
> Ces animaux sont la Belette de Java, un Hérisson, une Musaraigne, etc.

Sur un ICHNEUMON, acquis pour la Ménagerie.

> *Ann. du Mus.*, II, 246; 1803.

Observations sur le JAGUAR.

> *Bull. philom.*, III, 175*; et *Ann. du Mus.*, IV, 94; 1804.

Sur des CHIENS-MULETS.

> *Ann. du Mus.*, IV, 102; 1804.

Mémoire sur les espèces des genres MUSARAIGNE et MYGALE.

> *Ibid.*, XVII, 169; et extrait étendu, *Nouv. bull. philom.*, II, 381; 1811.
> Détermination, description et bonnes figures de plusieurs espèces.

Mémoire sur les glandes odoriférantes des MUSARAIGNES.

> *Mém. du Mus.*, I, 299; 1815. Extrait, *Nouv. bull. philom.*, *Ann.* 1815, 36.
> Ce Mémoire forme, sur plusieurs points, le complément du précédent.

### d. *Rongeurs.*

Sur l'engourdissement du Rat HAMSTER.

> Anal. dans le *Rapp. gén. des trav. de la soc. philom.*, III; 1798.

Du PACA et de l'AGOUTI.

> *Ann. du Mus.*, IV, 99 et 104; 1804.

Mémoire sur un nouveau genre de Mammifères nommé HYDROMYS.

> *Ibid.*, VI, 81; 1805; et extrait, *Bull. philom.*, III, 253 *; 1804.
>
> Dans ce nouveau genre est compris, avec les véritables Hydromys, le Coypou, devenu depuis le type du genre Myopotame.

### e. *Édentés.*

Extrait des observations sur le genre MYRMÉCOPHAGE.

> *Mag. encycl.*, 1<sup>re</sup> ann., VI, 294; 1795.
>
> L'auteur établit dès lors la différence générique des Fourmiliers de l'ancien et du nouveau monde.

Extrait d'un Mémoire sur le *MYRMECOPHAGA CAPENSIS.*

> *Ibid.*, 2<sup>me</sup> ann., II, 289; et *Bull. philom.*, 1<sup>re</sup> part., 102'; 1796.
> Création du genre Oryctérope.

### f. *Pachydermes.*

Lettre sur le RHINOCÉROS BICORNE.

> En commun avec CUVIER.
> *Mag. encycl.*, 1<sup>re</sup> ann., I, 326; 1795.
>
> Les auteurs distinguent dès lors quatre espèces de Rhinocéros dont une fossile.

Observations sur les DENTS DU TAPIR.

> *Mag. encycl.*, 1<sup>re</sup> ann., VI, 433; 1795; et extrait, *Bull. philom.*, 1<sup>re</sup> part., 96'; 1796.

Mémoire sur les espèces d'ÉLÉPHANTS.

> En commun avec CUVIER.
> Extrait dans le *Rapp. gén. des trav. de la soc. philom.*, 106; 1798.
>
> La date que nous citons, est celle de l'extrait : le Mémoire a été composé en 1795.
>
> On trouve dans ce travail la détermination exacte des deux espèces vivantes d'Éléphants, et la distinction de l'Éléphant fossile, considéré comme une troisième espèce.

Note sur le Zèbre.

*Ann. du Mus.*, VII, 245; 1806; et addition, IX, 223; 1807.
Croisement du Zèbre avec l'Ane.

Lettre sur les ossements humains provenant des cavernes de
Liége, et sur les modifications produites dans le pelage des
CHEVAUX, par un séjour prolongé dans les profondeurs des
mines.

*Compt. rend. de l'Acad. des sc.*, VII, 13; 1838.

### g. *Ruminants.*

Mémoire sur les PROLONGEMENTS FRONTAUX des animaux
RUMINANTS.

*Mémoires de la société d'histoire naturelle* de Paris, 91; 1799. —
Voyez p. 70.

Ce Mémoire qui a fourni à la classification actuelle des Ruminants
l'une de ses bases, est à la fois physiologique et zoologique.

Sur trois BOUQUETINS acquis par la Ménagerie.

*Ann. du Mus.*, II, 244; 1803.

Description d'une nouvelle espèce de BÉLIER SAUVAGE de
l'Amérique septentrionale.

*Ibid.*, II, 360; 1803.

Description du CERF DE LA LOUISIANE.

*Bull. philom.*, III, 169 *; 1804.

Sur une nouvelle espèce de BŒUF SAUVAGE des montagnes de
Mine-pout dans l'Inde.

*Mém. du Mus.*, IX, 71; et *Journ. complém. des sc. méd.*, XIII,
176; 1822.

Notice sur la GIRAFE.

*Précurseur,* journal de Lyon, nᵒˢ des 7 et 8 juin 1827.

Quelques considérations sur la GIRAFE.

*Ann. des sc. nat.*, XI, 210; 1827. Reproduit dans les *Annales de
la littérature et des arts*, XXVIII, 139 et 184; 1827.

Ce Mémoire est, en quelque sorte, une seconde édition, considérablement augmentée, de la notice insérée dans le *Précurseur* de Lyon.

Note (sur un métis de deux espèces de CERFS; Axis et Cerf de Java).

*Compt. rend. de l'Acad. des sc.*, X, 970; 1840.

### h. *Marsupiaux.*

**Dissertation sur les ANIMAUX A BOURSE.**

*Mag. encycl.*, 2^me ann., III, 445; et extrait, *Bull. philom.*, 1^re part., 106'; 1796.

Travail d'ensemble sur le groupe des Marsupiaux que l'auteur considère sous tous les points de vue. C'est le point de départ d'une longue et importante série de travaux, les uns zoologiques, les autres zootomiques et physiologiques. Voyez p. 70, 120, 121, 316 et 318.

**Note sur un nouveau Mammifère (le WOMBAT) découvert à la Nouvelle-Hollande.**

*Bull. philom.*, III, 185; 1803.

**Note sur les genres *PHASCOLOMYS* et *PÉRAMÈLES*, nouveaux genres d'Animaux à bourse.**

*Ibid.*, III, 149*; 1803.

Cette note et la précédente (dans laquelle l'un des nouveaux genres portait le nom de *Wombatus*, presque aussitôt remplacé par *Phascolomys*), sont, en quelque sorte, les prodromes de deux des Mémoires qui vont suivre.

**Notice sur une nouvelle espèce de Mammifère (PHASCOLOME).**

*Ann. du Mus.*, II, 364; 1803.

**Mémoire sur les espèces du genre DASYURE.**

*Ibid.*, III, 353; 1804; et extrait, *Bull. philom.*, III, 158*; 1803.

L'auteur confirme par l'observation, dans ce Mémoire, le genre Dasyure que des considérations théoriques l'avaient d'abord conduit à admettre. Voy. Chap. IV, p. 121 et 122.

**Mémoire sur un nouveau genre de Mammifères à bourse, nommé PÉRAMÈLE.**

*Ann. du Mus.*, IV, 56; 1804.

Voyez p. 121.

**Description de deux espèces de DASYURES.**

*Ibid.*, XV, 301; 1810.

**DASYURE.**

Article du *Dict. des sc. nat.*, XII, 506; 1818.

**DIDELPHE.**

Article du *Dict. des sc. nat.*, XIII, 209; 1819

Cet article est à la fois physiologique et zoologique.

MARSUPIAUX.

Article du *Dict. des sc. nat.*, XXIX, 205; 1823.

Dans cet important travail l'auteur résume ses vues zoologiques, anatomiques et philosophiques sur les Marsupiaux.

### i. *Monotrèmes.*

Extrait des observations anatomiques de M. Home sur l'ÉCHIDNÉ.

*Bull. philom.*, III, 125*; 1803.

L'auteur discute les rapports naturels de l'Échidné et de l'Ornithorhynque, et il établit pour ces deux genres un ordre qu'il nomme dès lors *Monotrèmes.*

Sur l'identité des deux espèces nominales d'ORNITHORHYNQUE.

*Ann. des sc. nat.*, IX, 451; 1826; et extrait, *Nouv. bull. philom.*, ann. 1826, 175.

Traduit dans l'*Archiv für Anatomie und Physiologie* de Meckel, ann. 1827, 14.

### k. *Cétacés.*

Sur le genre BALEINE.

*Gazette de santé*, ann. 1829, 153.

C'est l'extrait d'une leçon faite par Geoffroy Saint-Hilaire, à l'occasion d'un Balénoptère gigantesque que l'on montrait alors à Paris.

### B. *Oiseaux.*

De la place à occuper par les OISEAUX dans les classifications zoologiques.

*Bull. philom.*, ann. 1822, 115; traduit dans le *Deutsches Archiv für die Physiologie*, VIII, 487; 1823.

C'est l'extrait d'un Mémoire que l'on trouve, publié en entier, dans le t. II de la *Philosophie anatomique*, p. 384.

### a. *Oiseaux de proie.*

Sur la division méthodique des OISEAUX DE PROIE.

*Bull. philom.*, 2^me part., 64; 1797.

Voyez p. 329.

Sur la femelle de l'OISEAU SAINT-MARTIN.

*Ibid.*, III, 101*; 1803.

Du VAUTOUR ROYAL dans son premier âge.

*Ann. du Mus.*, IV, 101; et *Bull. philom.*, III, 189*; 1804.

b. Passereaux.

Description d'une nouvelle espèce d'Oiseau, et établissement des genres CEPHALOPTERUS, GYMNODERUS et GYMNOCEPHALUS.

*Ann. du Mus.*, XIII, 235; et extrait, *Nouv. bull. philom.*, I, 362; 1809.

Description d'un oiseau du Brésil sous le nom de TYRAN-ROI.

*Mém. du Mus.*, III, 275; 1817.

c. Échassiers.

Note sur les genres PSOPHIA et PALAMEDEA.

Extraits, *Bull. philom.*, 2<sup>me</sup> part., 50, et *Mag. encycl.*, 3<sup>me</sup> ann., IV, 10; 1797.

Sur une nouvelle espèce de PHÉNICOPTÈRE ou FLAMMANT.

Extraits, *Mag. encycl.*, 3<sup>me</sup> ann., VI, 433; 1797; et *Bull. philom.*, 2<sup>me</sup> part., 97; 1798.

Description du CARIAMA de Marcgrawe.

*Ann. du Mus.*, XIII, 362; 1809.
Création du genre *Microdactylus*.
Voyez p. 311.

d. Palmipèdes.

Description d'un MULET provenant du CANARD MORILLON et de la SARCELLE DE LA CAROLINE.

*Ibid.*, VII, 222; 1806.

Note sur le CANARD A BEC COURBE.

*Ibid.*, VII, 246; 1806.

C. Reptiles.

a. Emydosauriens.

Note sur une nouvelle espèce de CROCODILE DE L'AMÉRIQUE.

*Ann. du Mus.*, II, 53; et extrait, *Bull. philom.*, III, 186; 1803.

Description de deux CROCODILES qui existent dans le Nil, comparés au Crocodile de Saint-Domingue.

*Ibid.*, X, 67 et 264; 1807; et extrait, *Nouv. bull. philom.*, I, 60; 1808.

Sur une petite espèce de CROCODILE vivant dans le Nil, sur son organisation, ses habitudes, etc.

Extraits dans le journal *le Globe*, n° du 13 décembre 1827, et dans le *Bulletin des sciences naturelles* de Férussac, XV, 160; 1828.

C'est une réponse à Cuvier qui avait nié l'existence de la seconde espèce de Crocodile du Nil, décrite par Geoffroy Saint-Hilaire sous le nom de *Suchus*. Cette question a été reprise dans le travail général sur les Crocodiles qui fait partie du grand ouvrage sur l'Égypte.

Voyez encore pour les Crocodiles, pages 443 et 444, et pour les Gavials, p. 444.

### b. *Chéloniens.*

Mémoire sur les TORTUES MOLLES, nouveau genre sous le nom de TRIONYX, et sur la formation des carapaces.

*Ann. du Mus.*, XIV, 1; et extrait fort étendu, *Nouv. bull. philom.*, I, 363; 1809.

Les résultats de ce Mémoire intéressent à la fois la zoologie descriptive et l'anatomie philosophique.

### D. *Poissons.*

Mémoire contenant la description d'une nouvelle espèce de POISSON DU NIL.

Extrait, *Déc. égypt.*, III, 292; et *Mém. sur l'Égypte*, II, 17; 1800.

C'est un premier Mémoire sur le Polyptère, lu à une séance publique de l'Institut d'Égypte en 1799.

Mémoire contenant la description zoologique et anatomique d'un POISSON connu en Égypte sous le nom de FACHHACA.

Extrait, *Déc. égypt.*, III, 294; et *Mém. sur l'Ég.*, II, 19; 1800.

Histoire naturelle et description anatomique d'un nouveau genre de Poisson du Nil nommé POLYPTÈRE.

*Ann. du Mus.*, I, 57; et extraits étendus, *Bull. philom.*, III, 97; et *Mag. encycl.*, 8^me ann., I, 92; 1802.

Sur ce genre remarquable, découvert et établi par Geoffroy Saint-Hilaire, voyez p. 95 et 114.

Description de l'ACHIRE BARBU.

*Ann. du Mus.*, I, 152; et extrait, *Bull. philom.*, III, 146; 1802.

De la synonymie des espèces du genre *SALMO* qui existent dans le Nil.

*Ibid.*, XIV, 460; 1809; et ext., *Nouv. bull. philom.*, II, 73; 1810.

Note sur deux espèces d'ÉMISSOLES.

*Ann. du Mus.*, XVII, 160; 1811.

## 5. OBSERVATIONS ET CONSIDÉRATIONS SUR LES MOEURS DES ANIMAUX.

Note sur quelques habitudes communes au REQUIN et au PILOTE.
*Bull. philom.*, III, 113; et extrait, *Mag. encycl.*, I, 531; 1802.
Voyez aussi *Journal des débats*, n° du 22 fructidor an X.
Note qui, développée quelques années plus tard, fait le fond du Mémoire cité plus bas.

Note sur la perte de trois animaux de la Ménagerie.
*Ann. du Mus.*, IV, 474; 1804.
Affection réciproque d'un Tigre et d'un Chien.

Note sur quelques habitudes de la ROUSSETTE.
*Ibid.*, VII, 227; 1806.

Observations sur les habitudes attribuées par Hérodote aux CROCODILES DU NIL.
*Ibid.*, IX, 373; 1807.
Travail intéressant à plusieurs égards. Voy. p. 312.

Sur le sac branchial de la BAUDROIE, et l'usage qu'elle en fait pour la pêche.
*Ibid.*, X, 480; 1807.

Observations sur l'AFFECTION MUTUELLE DE QUELQUES ANIMAUX, et particulièrement sur les services rendus au REQUIN par le PILOTE.
*Ibid.*, IX, 469; 1807.
Plusieurs exemples curieux de l'affection réciproque de divers animaux sont cités dans ce Mémoire.

Addition à une Notice de M. de Gabriac.
*Mém. du Mus.*, X, 314; 1823.
Cette note est relative à des Perroquets nés en France.

Sur les parties de son organisation que la BAUDROIE emploie comme INSTRUMENT DE PÊCHE.
Rapport sur un Mémoire de M. Bailly.
*Mém. du Mus.*, XI, 117; et *Ann. des sc. nat.*, II, 311; 1824.

Sur les habitudes des CASTORS.
*Ibid.*, XII, 232; 1825.
Observation très-curieuse, relative à un Castor du Rhône qui a fait, en captivité, un commencement de construction.

Mémoire sur deux espèces d'animaux nommés *Trochilus* et
    *Bdella* par Hérodote, leur guerre, et la part qu'y prend
    le Crocodile.

    *Ibid.*, XV, 459; 1827; et extraits, *Annales de physique et de
chimie*, XXXVI, 61; et *Bull. des sc. nat.*, XV, 159; 1828.

Si la Taupe voit, et comment elle voit.

    Extraits d'un Mémoire lu à l'Académie des sciences, *Bull. des sc.
méd.*, XVI, 410, et *The Edinburgh new philosophical journal*,
VII, 340; 1829.

Note sur quelques animaux élevés et apprivoisés (Opuscule
    de M. Chassay).

    *Rev. encyclop.*, XLVII, 172; 1830.

De l'influence des circonstances extérieures sur les êtres or-
    ganisés.

    Lu à la séance publique de l'Institut, le 2 mai 1833, et imprimé
dans le *Recueil des lectures* faites à cette séance, in-4°.

    Parallèle entre les habitudes du Lion et celles du Crocodile.

    Voyez, en outre, la plupart des Mémoires de zoologie descriptive,
et les articles ci-après.


## 4. RECHERCHES SUR LES ANIMAUX CONNUS DES ANCIENS.

Mémoire sur les Animaux du Nil, considérés dans leurs rap-
    ports avec la THÉOGONIE DES ANCIENS ÉGYPTIENS.

    Extrait, *Bull. philom.*, III, 129; 1802.

    Ce Mémoire qui est le fruit de longues recherches faites en Égypte,
et dont une première rédaction avait été lue à l'Institut du Caire en
1800, n'a jamais été imprimé en entier; mais il est connu, outre l'extrait que nous venons de citer, par un rapport de Lacépède et de
Cuvier à l'Académie des sciences; rapport publié, in-4°, Paris, 1802.

    Les recherches de Geoffroy Saint-Hilaire ont pour objet, dans la
première partie de ce Mémoire, la détermination des animaux du Nil,
mentionnés par les Grecs; dans la seconde, la vérification des récits
d'Hérodote, et dans la troisième, le culte égyptien, en ce qui concerne
les animaux.

    Deux des Mémoires que nous venons de citer (p. 441 et 442),
sont, en quelque sorte, la seconde partie de ce travail, développée
et présentée sous une autre forme.

Examen des animaux vertébrés, momifiés et développés de leurs langes (faisant partie de la collection de M. Passalacqua).

*Catalogue raisonné et historique des Antiquités* découvertes en Égypte par M. Passalacqua, de Trieste, in-8°, Paris 1826, p. 229 à 236.

Cette collection qui a été quelque temps à Paris, et qui appartient aujourd'hui au gouvernement prussien, renfermait un grand nombre de momies de Chat, de diverses Musaraignes, de Hobereau, d'Épervier, d'Autour, d'une espèce de Pygargue (*Falco hypogeolis*, Geoff. S. Hil.) d'Ascalaphie, d'Hirondelle, d'Ibis sacré (oiseau sur lequel l'auteur présente quelques considérations), de Crocodile, de quelques Batraciens et de Binny. Il existait aussi dans la collection de M. Passalacqua une prétendue momie de Singe : Geoffroy Saint-Hilaire a reconnu dans celle-ci un monstre humain. Voyez p. 463.

De l'état de l'HISTOIRE NATURELLE CHEZ LES ÉGYPTIENS, principalement en ce qui concerne le CROCODILE.

Mémoire lu à la séance publique de l'Institut le 24 avril 1828. Imprimé dans le *Recueil des lectures faites à cette séance*, in-4°; réimprimé, *Rev. encycl.*, XXXVIII, 289; 1828.

Résumé des recherches de l'auteur sur le Crocodile et le *Trochilus* d'Hérodote.

Essai pour servir à la détermination de quelques ANIMAUX SCULPTÉS DANS L'ANCIENNE GRÈCE, et introduits dans un monument historique enfoui durant les désastres du troisième siècle.

*Nouvelles Annales du Muséum d'histoire naturelle*, I, 23; et, avec quelques changements, *Expédition scientifique de Morée*, III, 28; 1832.

Ce Mémoire est relatif à quelques fragments, transportés à Paris en 1830, du fameux temple de Jupiter, à Olympie. Geoffroy Saint-Hilaire détermine les animaux, figurés par le sculpteur Alcamène, élève de Phidias, sur un bas-relief représentant les douze travaux d'Hercule. Le taureau de Gnosse paraît avoir eu pour modèle un Aurochs, et le Lion de Némée, le Lion asiatique. Quant au Sanglier d'Érymanthe, il a des formes différentes de celles de toutes les espèces connues soit de Sangliers proprement dits, soit de Phacochères; ce qui a conduit Geoffroy Saint-Hilaire à soupçonner l'existence d'une espèce ou encore ignorée ou peut-être détruite.

Naissance et première éducation des CÉTACÉS d'après les anciens.

*Le Navigateur, revue maritime*, 2^me et 3^me livraisons; 1834.

## 5. TRAVAUX DE PALÉONTOLOGIE.

Recherches sur l'organisation des GAVIALS, sur leurs affinités
naturelles, desquelles résulte la nécessité d'une autre distribution générique, *CAVIALIS, TELEOSAURUS* et *STENEOSAURUS*.
*Mém. du Mus.*, XII, 97; 1825; et extrait, *Nouv. bull. philom.* pour
**1825, 13.**

Mémoire considérable, divisé en cinq parties, la première, zoologique
et zootomique, *sur les Gavials du Gange;* la seconde, consacrée à des
considérations d'anatomie philosophique sur la composition du palais
chez les Reptiles; les trois autres, paléontologiques. Le genre Téléo-
saure est créé dans la troisième qui a pour titre : *Du Crocodile fossile
de Caen (TELEOSAURUS)*; et le genre Sténéosaure dans la quatrième,
intitulée : *Sur d'autres espèces observées dans l'état fossile, et rapportées au genre des Crocodiles (STENEOSAURUS).* Dans la cinquième,
l'auteur pose cette question : S'il est possible que les *Teleosaurus*
et *Sténeosaurus* soient la souche des Crocodiles répandus aujourd'hui
dans les climats chauds des deux continents ?

Sur les lames osseuses du palais dans les principales familles
d'animaux vertébrés, et en particulier sur la spécialité de
leur forme chez les CROCODILES et les REPTILES TÉLÉOSAURIENS.
*Mém. de l'Acad. des sc.*, XII, 1; 1833.

Sur la spécialité des formes de l'arrière crâne chez les CRO-
CODILES, et l'identité des mêmes parties organiques chez les
REPTILES TÉLÉOSAURIENS.
*Ibid.*, XII, 27; 1833.

Sur des recherches faites dans les carrières du calcaire oolithique
de Caen, ayant donné lieu à la découverte de plusieurs beaux
échantillons et de nouvelles espèces de TÉLÉOSAURES.
*Ibid.*, XII, 43; 1833. Extrait, *Rev. encycl.*, L, 403; 1831.

Ce Mémoire et les deux qui le précèdent, sont les trois premiers
des cinq Mémoires insérés dans le t. XII des *Mém. de l'Acad. des
sciences*, et publiés à part, en un corps d'ouvrage, sous le titre de
*Recherches sur de grands Sauriens, etc.* Voy. plus haut p. 423.

Dans les deux premiers de ces Mémoires, composés et lus à l'Académie en 1830, l'auteur confirme par l'étude du crâne et des écailles,
les résultats déjà obtenus par lui à l'égard des genres qu'il a nommés
*Teleosaurus* et *Steneosaurus.*

Dans le troisième, composé et lu à l'Académie en 1831, au retour
d'un voyage d'exploration dans la basse Normandie, l'auteur, admettant

et confirmant l'ordre des Émydosauriens de M. de Blainville, y distingue trois familles, les Crocodiliens, les Lépithériens et les Téléosauriens. Ce dernier groupe comprend, selon Geoffroy Saint-Hilaire, quatre genres : *Cystosaurus, Steneosaurus, Palæosaurus* et *Teleosaurus.*

Depuis la publication de ces Mémoires, l'auteur a souvent repris l'étude des *Téléosauriens.* Plusieurs belles planches étaient terminées, et une nouvelle publication semblait prochaine, lorsque survint, en 1837, la déplorable polémique dont nous avons parlé, p. 404.

Considérations sur des OSSEMENTS FOSSILES, la plupart inconnus, trouvés et observés dans les bassins de l'Auvergne.

*Rev. encycl.*, LIX, 315; 1833; et extrait, *Recueil des analyses des séances de l'Acad.*, publiées dans le journal *le Temps*, 484; 1833.

Geoffroy Saint-Hilaire détermine ces ossements comme appartenant à un *Anoplotherium* (nommé par l'auteur *A. laticurvatum*), à une Loutre (*Lutra Valletoni*), à un Ruminant voisin des Chevrotains (*Dremotherium*), à une seconde espèce du même genre, et à un genre de Rongeurs, intermédiaire au Castor et à l'Ondatra (*Steneofiber*).

Note sur les sous-genres à établir parmi les OURS FOSSILES.

*Compt. rend. de l'Acad. des sc.*, II, 187; 1836.

Sur le nouveau genre *SILVATHERIUM*, trouvé fossile au bas du versant méridional de l'Himalaya.

*Compt. rend. de l'Acad. des sc.*, IV, 53; avec additions, *Ibid.*, 77 et 113; 1837.

De quelques contemporains des Crocodiles fossiles des âges antédiluviens, d'un rang classique jusqu'alors indéterminé.

*Ibid.*, VII, 629; 1838.

Note sur les fossiles nommés *Thylacotherium* et *Cheirotherium.*

### 6. TRAVAUX D'ANATOMIE COMPARÉE ET D'ANATOMIE PHILOSOPHIQUE.

#### A. *Squelette.*

Rapport sur les lois de l'OSTÉOGÉNIE de M. Serres.

*Journ. complém. des sc. méd.*, III, 67; 1819.

Considérations et rapports nouveaux d'OSTÉOLOGIE COMPARÉE.

*Mém. du Mus.*, X, 165; 1823. Extraits, *Ann. des sc. nat.*, I, 80, et *Bull. des sc. méd.*, I, 9; 1824.

Ce Mémoire se compose de trois articles : 1° Sur les analogues des rayons des nageoires dorsales, dans l'embryon du Veau. 2° De la composition de l'os du canon chez le même embryon. 3° Sur les doigts des Ruminants en rapport pour le nombre, la composition et les connexions avec les doigts des autres Mammifères.

Note sur l'ostéologie des OISEAUX-MOUCHES (envoyée de Liège).

*Compt. rend. des séances de l'Acad. des sc.*, VI, 880; 1838.

### a. *Crâne.*

Détermination des pièces qui composent le CRANE DES CROCODILES.

*Ann. du Mus.*, X, 249; 1807.

C'est le troisième des célèbres Mémoires de 1807 sur l'anatomie philosophique, et le point de départ de toutes les recherches de l'auteur sur la détermination des os du crâne.

Considérations sur les PIÈCES DE LA TÊTE OSSEUSE DES ANIMAUX VERTÉBRÉS, et particulièrement sur celles du CRANE DES OISEAUX.

*Ibid.*, X, 342; 1807; extrait (comprenant aussi le Mémoire précédent), *Nouv. bull. philom.*, I, 91; 1808.

Nous avons consacré le §. VII du Chap. V (p. 154 à 162) à cet important Mémoire.

La découverte d'un système dentaire chez la Baleine se trouve dans l'explication des planches (explication de la fig. 29).

De l'os CARRÉ DES OISEAUX sous le rapport de sa constitution, des quatre éléments qui le constituent, et de l'existence de tous dans tous les animaux vertébrés, nommément chez l'Homme.

Extrait étendu par l'auteur, *Journ. complém. des sc. méd.*, VII, 155; 1820. Réimprimé : *Ann. gén. des sc. phys.* de Bruxelles, V, 282; 1820; et *Mém. du Mus.*, VII, 163; 1821.

Mémoire sur l'os SPHÉNOÏDE.

Extrait, *Analyse* (par CUVIER) *des travaux de l'Académie des sciences pour* 1820, cclxxix; 1821.

COMPOSITION DE LA TÊTE OSSEUSE chez l'Homme et les animaux, trouvée semblable en nombre, connexions et application usuelle de ses parties.

Tableau lithographié, in-folio; *Ann. des sc. nat.*, *atlas*, ann. 1824, pl. 9. Extraits et reproductions de ce même tableau sous d'autres formes (par Desmoulins), *Bull. philom.*, ann. 1824, 65, et (par Defermon), *Bull. des sc. méd.*, II, 97; 1824.

Ce tableau synoptique des os crâniens, divisés en sept segments vertébraux, a été présenté à l'Académie des sciences le 4 mars 1824.

Une première édition, sous ce titre : *Tête osseuse, divisée en sept tronçons vertébraux*, avait été présentée à la même Académie le 23 février précédent.

COMPOSITION DE LA TÊTE OSSEUSE de l'Homme et des animaux.

*Ann. des sc. nat.*, III, 173, et suite, 245; 1824.

Travail considérable qui résume les longues recherches de l'auteur sur le crâne. Geoffroy Saint-Hilaire étudie la composition de la tête osseuse, montre le crâne formé de sept vertèbres, fait l'historique des travaux publiés sur le même sujet, et donne la concordance de sa nomenclature et de ses déterminations avec celles de Cuvier.

Les publications suivantes sont (à une exception près) autant d'appendices de ce grand travail, que les unes résument, que les autres complètent ou rectifient sur quelques points.

Sur l'ADGUSTAL, l'un des os de la VOUTE PALATINE.

*Ibid.*, III, 491; 1824.

PROLONGEMENTS FRONTAUX DE LA GIRAFE.

Court extrait d'une note lue à l'Académie, *Rev. encyclop.*, XXXV, 514; 1827.

L'auteur montre qu'ils résultent de noyaux osseux, distincts des frontaux, et qu'il existe chez l'adulte des tubérosités comparables aux andouillers du bois des Cerfs.

Sur l'OCCIPITAL SUPÉRIEUR et sur les ROCHERS dans le CROCODILE.

*Ann. des sc. nat.*, XII, 330; 1827.

Résumé sur quelques conditions générales des ROCHERS, et la spécialité de cet organe chez le CROCODILE.

*Gaz. médic.*, n° 43, 1831.

Cette Note est, en partie, la reproduction textuelle, en partie, le développement de l'un des paragraphes du Mémoire suivant.

Sur les PIÈCES OSSEUSES DE L'OREILLE CHEZ LES CROCODILES ET LES REPTILES TÉLÉOSAURIENS, retrouvées en même nombre et remplissant les mêmes fonctions que chez tous les autres animaux vertébrés.

*Mém. de l'Acad. des sc.*, XII, 93; où il n'a paru en entier qu'en 1833; il avait été lu à l'Académie en 1831. C'est le cinquième des Mémoires compris sous le titre de *Recherches sur de grands Sauriens trouvés à l'état fossile.* Voy. p. 423 et 444.

Remarques sur l'ADORBITAL OU PORTION MAXILLAIRE DE L'OS ORBITAIRE CHEZ L'HOMME.

*Ann. des sc. nat.*, XXVI, 96; 1832.

### b. *Opercule des Poissons.*

Afin de faciliter les recherches, nous séparons des autres travaux sur le crâne, et nous réunissons, sous un titre commun, toutes les publications de Geoffroy Saint-Hilaire sur l'opercule.

Du squelette des Poissons ramené dans toutes ses parties à la charpente osseuse des autres animaux vertébrés, et premièrement de l'OPERCULE DES POISSONS.

*Bull. philom.*, ann. 1817, 125; trad. en partie, *Deutsch. Archiv für die Physiol.*, IV, 269; 1818.

De la CHARPENTE OSSEUSE DES ORGANES DE LA RESPIRATION DANS LES POISSONS, ramenée aux mêmes parties des autres animaux vertébrés.

*Bull. philom.*, ann. 1817, 185; trad., *Deutsch. Arch. für die Physiol.*, IV, 271; 1818.

Les recherches et les résultats que résument cet article et le précédent, ont été, un an plus tard, exposées avec tous les développements nécessaires dans le t. I^er de la *Philosophie anatomique.*

Observations sur les PRÉTENDUS OSSELETS DE L'OUÏE trouvés par E. H. Weber.

*Ann. des sc. nat.*, I, 463; 1824.

Sur une nouvelle détermination de quelques PIÈCES MOBILES CHEZ LA CARPE, ayant été considérées comme les parties analogues des OSSELETS DE L'OREILLE; et sur la nécessité de conserver le nom de ces osselets aux PIÈCES DE L'OPERCULE.

*Mém. du Mus.*, XI, 143; 1824.

Dans ce Mémoire, comme dans la note précédente, l'auteur réfute Weber qui avait considéré quelques pièces mobiles, dépendant de la colonne vertébrale, comme les représentants, chez la Carpe, des os de l'oreille.

Dans les deux articles qui vont suivre, l'auteur, revenant sur le même sujet, fait connaître que Huschke avait, avant lui, rejeté la détermination de Weber, et donné la véritable signification des prétendus osselets de l'ouïe. Il existe toutefois, sur un point, entre Huschke et Geoffroy Saint-Hilaire, une légère dissidence qui ne rend pas moins remarquable la concordance des résultats obtenus sur une question aussi difficile par deux anatomistes, procédant par des méthodes très-différentes.

Note complémentaire de l'article sur les PRÉTENDUS OSSELETS DE L'OUÏE CHEZ LES POISSONS.

*Mém. du Mus.*, XI, 258; 1824.

Sur une chaîne d'OSSELETS DÉCOUVERTS CHEZ QUELQUES POISSONS, et annoncés comme les analogues des osselets de l'oreille.
*Bull. philom.*, ann. 1824, 100.

Extrait de l'ouvrage de Bakker, *De Osteographia piscium.*
*Bull. des sc. méd.*, III, 93; 1824.
C'est un véritable Mémoire sur le crâne, où sont comparées les déterminations et les nomenclatures de Geoffroy Saint-Hilaire, de Bakker, de Bojanus et de Cuvier. Cet article a été en partie reproduit dans le Mémoire ci-après.

De l'AILE OPERCULAIRE OU AURICULAIRE DES POISSONS, suivi de Tableaux synoptiques, donnant le nombre et expliquant la composition de ces pièces.
*Mém. du Mus.*, XI, 420; 1824.
Réponse à diverses objections qui s'étaient produites contre la détermination de l'opercule des Poissons, et solution de quelques difficultés.

Sur quelques objections et remarques concernant l'AILE OPERCULAIRE OU AURICULAIRE DES POISSONS.
*Mém. du Mus.*, XII, 13; 1825.
Réponse à de nouvelles objections.

### c. *Appareil hyoïdien.*

Sur les APPAREILS DE LA DÉGLUTITION et du goût dans les ARAS INDIENS ou Perroquets MICROGLOSSES.
*Mém. du Mus.*, X, 186; 1823.
L'auteur montre que la trompe de ces Oiseaux, que l'on avait cru être la langue, se compose de l'appareil hyoïdien, la langue étant rudimentaire.

Observations sur la CONCORDANCE DES PARTIES DE L'HYOÏDE dans les quatre classes des animaux vertébrés, accompagnant, à titre de commentaire, le tableau synoptique où cette concordance est exprimée figurativement.
*Nouv. ann. du Mus.*, I, 321; 1832.
Le travail général que résume ce titre, est précédé d'un résumé des recherches de l'auteur, et des vues qui l'ont dirigé en anatomie comparée.

### d. *Vertèbres.*

Sur les TIGES MONTANTES DES VERTÈBRES DORSALES, pièces restreintes dans les Mammifères à un état rudimentaire, et

portées chez les Poissons au maximum de développement.
*Mém. du Mus.*, IX, 76; et (avec quelques changements) *Journ. complém. des sc. méd.*, XII, 195; 1822.

CONSIDÉRATIONS GÉNÉRALES SUR LA VERTÈBRE.

*Mém. du Mus.*, IX, 89; 1822. Extrait (par Audouin), *Bull. philom.*, ann. 1823, 40; et *Bulletin universel des sciences et de l'industrie*, IV, 228; 1823.

Dans ce travail qui fait suite au précédent, l'auteur recherche quelle est la composition de la vertèbre considérée en général. Il établit que le noyau vertébral qu'il nomme *cycléal*, est primitivement tubuleux chez les animaux supérieurs, qu'il conserve cette forme d'une manière permanente chez certains Poissons, et que les anneaux solides des Articulés sont comparables à des *cycléaux*, complétement tubuleux.

Sur l'analogie des FILETS-PÊCHEURS DE LA BAUDROIE, avec une partie des APOPHYSES MONTANTES DES VERTÈBRES.

En appendice à un rapport sur ces mêmes filets-pêcheurs, voy. p. 441.
*Mém. du Mus.*, XI, 132; 1824.

Rapport sur une communication de M. Jourdan, concernant une modification extraordinaire des VERTÈBRES ANTÉRIEURES chez le *Coluber scaber*.

*Rev. encyclop.*, LX, partie analyt., 177.
Rapport fort étendu que l'auteur a reproduit dans ses *Études progressives*.

e. Sternum.

Troisième Mémoire sur les POISSONS, où l'on traite de leur STERNUM sous le point de vue de sa détermination et de ses formes générales.

*Ann. du Mus.*, X, 87; 1807. — Voy. Chap. V, p. 153.

Sur des Observations communiquées à l'Académie des sciences au sujet du STERNUM DES OISEAUX.

*Nouvelles Annales du Muséum*, II, 1; 1833. Extrait étendu, *Ann. des sc. nat.*, XXVII, 189; 1832.
Mémoire, présenté en janvier 1832 à l'Académie, en réponse à des objections que Cuvier venait d'opposer aux résultats des recherches antérieures de l'auteur. Voy. Chap. XI, p. 393.

Voyez aussi, outre la *Philosophie anatomique*, le Mémoire sur les Trionyx et sur la formation des Carapaces chez les Chéloniens. Voyez p. 440.

### f. *Membres.*

Note sur les MANCHOTS.

*Mag. encycl.*, 3^me ann., VI, 11; 1797; et *Bull. philom.*, 2^me part., 81; 1798.

La décomposition du tarse en trois pièces osseuses chez les Manchots est déjà signalée dans cette note.

Observations sur l'AILE DE L'AUTRUCHE.

*Déc. égypt.*, I, 46; 1799; et *Mém. sur l'Égypte*, I, 79; 1800.

Voy. Chap. V, p. 136. — Ce Mémoire a été lu à la troisième séance de l'Institut d'Égypte le 16 fructidor, an VI (2 septembre 1798).

Premier Mémoire sur les POISSONS, où l'on compare les PIÈCES OSSEUSES DE LEURS NAGEOIRES PECTORALES avec les os de l'extrémité antérieure des autres animaux à vertèbres.

*Ann. du Mus.*, IX, 357; et extrait (comprenant les deux Mémoires qui font suite à celui-ci), *Journal général de médecine* de Sédillot, XXX, 466; 1807.

C'est le premier Mémoire de Geoffroy Saint-Hilaire sur l'anatomie philosophique. Voy. Chap. V, p. 151.

Second Mémoire sur les POISSONS. Considérations sur l'os FURCULAIRE.

*Ibid.*, IX, 413; 1807. — Voy. p. 153.

### B. *Système nerveux.*

Rapport verbal sur l'Anatomie comparée du cerveau, par M. Serres.

*Journ. complém. des sc. méd.*, XIX, 148; et *Rev. encycl.*, XXIII, 324; 1824.

On peut considérer comme une addition à ce rapport, une note insérée dans le *Bull. des sc. médic.*, X, 179; 1827.

Rapport sur un travail de MM. Audouin et Milne Edwards, ayant pour titre : Recherches anatomiques sur le système nerveux des Crustacés.

*Mém. du Mus.*, XVI, 1; et *Ann. des sc. nat.*, XIII, 218; 1828.

### C. *Organes électriques des Poissons.*

Mémoire sur l'Anatomie comparée des ORGANES ÉLECTRIQUES de la Raie TORPILLE, du GYMNOTE engourdissant et du SILURE trembleur.

*Ann. du Mus.*, I, 392; 1802; et extrait par l'auteur, *Bull. philom.*, III, 169; et *Journ. de physique*, LVI, 242; 1803.

C'est le Mémoire qui a été composé pendant le siége d'Alexandrie. Voy. le Chap. III, p. 101. Voy. aussi Chap. V, p. 138.

### D. *Organes de la respiration, de la circulation et de la digestion.*

**Notes sur les BRANCHIES du *SILURUS ANGUILLARIS*.**

*Bull. philom.*, III, 105; 1802.

Première description de l'appareil respiratoire surnuméraire, d'une structure si anomale, dont Geoffroy Saint-Hilaire a fait la découverte chez le *Silurus anguillaris*, ou, comme on appelle aujourd'hui ce Poisson d'après lui, chez l'Hétérobranche.

**Observations anatomiques sur le CROCODILE DU NIL.**

*Ann. du Mus.*, II, 37; et extrait, *Bull. philom.*, III, 186; 1803.

Ce Mémoire, ou du moins une première rédaction, avait été lu à l'Institut du Caire, en mars 1801, dans la dernière séance de ce corps savant.

**Sur les dernières voies du CANAL ALIMENTAIRE dans la classe des OISEAUX.**

Extrait, *Bull. philom.*, ann. 1822, 71. Traduit, *Deutsch. Archiv für die Physiol.*, VIII, 485; 1823.

**Sur quelques remarques de M. Rolando, concernant les PRINCIPES DE LA PHILOSOPHIE ANATOMIQUE.**

*Journ. complém. des sc. méd.*, XVI, 147; et *Mém. du Mus.*, (en appendice à un Mémoire sur la respiration du fœtus), X, 91; 1823.

Réponse à quelques objections de Rolando, relatives à la détermination des organes respiratoires.

**Rapport sur le Tableau des ORGANES DE LA CIRCULATION chez le fœtus de l'Homme et les animaux vertébrés, par M. Martin Saint-Ange.**

*Rev. médic.*, ann. 1833, II.

### E. *Organes génito-urinaires.*

**Note relative aux APPENDICES DES RAIES ET DES SQUALES.**

*Déc. égypt.*, III, 230; 1800; et *Mém. sur l'Égypte*, III, 222; 1802.

Voy. Chap. V, p. 137. — Ce travail est relatif à la fois aux appendices des Raies et des Squales, et à leurs analogues chez les Reptiles.

Considérations générales sur les ORGANES SEXUELS des animaux
à grandes respiration et circulation.

*Mém. du Mus.*, IX, 393; 1822. Extrait, *Bull. des sc. médic.*,
I, 11; 1822.

L'auteur traite plus spécialement des Oiseaux et des Animaux à
bourse.

Composition des APPAREILS GÉNITAUX, URINAIRES ET INTESTINAUX,
à leurs points de rencontre dans l'AUTRUCHE et dans le CASOAR.

*Mém. du Mus.*, IX, 438; 1822.

En donnant l'anatomie de ces appareils, l'auteur s'attache à mettre
en lumière les analogies qui existent entre les éléments de l'appareil
mâle et ceux de l'appareil femelle.

Considérations générales sur les poches où aboutissent les trois
VOIES GÉNITALES, INTESTINALES ET URINAIRES DES OISEAUX.

*Bull. philom.*, ann. 1823, 65.

ORGANES SEXUELS DE LA POULE. Formation et rapports des deux
OVIDUCTUS.

*Mém. du Mus.*, X, 57; 1823.

L'auteur étudie tour à tour avec soin l'oviductus gauche et l'oviductus
droit rudimentaire.

APPAREILS SEXUELS ET URINAIRES DE L'ORNITHORHYNQUE.

*Ibid.*, XV, 1; 1827.

### F. *Squelette des Articulés, et rapports de ces animaux avec les Vertébrés.*

Premier Mémoire sur un SQUELETTE CHEZ LES INSECTES.

*Journ. complém. des sc. médic.*, V, 340; réimprimé, sous un
autre titre, *Ann. gén. des sc. physiques* de Bruxelles, III, 165; 1820.

Voy. Chap. VIII, p. 242 et suivantes, pour ce travail et pour les
autres Mémoires sur les Articulés.

Rapport sur un Mémoire de M. Audouin, concernant l'organisation des Insectes.

*Journ. complém. des sc. médic.*, VI, 30; 1820.

Le rapporteur discute comparativement les vues de Savigny et celles
d'Audouin.

Sur une COLONNE VERTÉBRALE et ses côtes dans les INSECTES
APIROPODES.

*Journ. compl. des sc. méd.*, VI, 138; et *Ann. des sc. phys.* de Bruxelles, IV, 96. Traduit dans le *Deutsch. Archiv für die Physiol.*, VI, 59; 1820.

Ce travail est intitulé *Troisième Mémoire sur les Insectes*, l'auteur ayant composé entre celui-ci et le *Premier*, son Mémoire sur quelques règles fondamentales en histoire naturelle. Voy. p. 426.

## Sur le SYSTÈME INTRA-VERTÉBRAL DES INSECTES.

*Ann. de la méd. physiol.*, III, 233; et *Arch. gén. de méd.*, I, 418; 1823.

L'auteur résume dans ce travail les idées par lui émises dans d'autres Mémoires, et répond à diverses objections de Meckel et de Martini.

Voyez aussi les *Considérations générales sur la vertèbre*, p. 450.

## 7. TRAVAUX DE PHYSIOLOGIE GÉNÉRALE ET COMPARÉE.

## Si l'on peut et doit définir la VIE une faculté de résister aux lois générales de la nature?

*Rev. encyclopéd.*, XXIX, 188 (sous un autre titre); et (sous ce titre) *Bull. des sc. médic.*, VII, 188; 1826.

L'auteur résout négativement cette question, et combat la définition si souvent donnée par les physiologistes.

## Mémoire sur la théorie physiologique du VITALISME.

*Gazette médicale de Paris*, II, 9; et réponse à quelques objections, *ibid.*, 62; 1831.

L'auteur compare les corps vivants aux corps bruts, et montre le défaut de solidité des bases, sur lesquelles repose la doctrine des vitalistes.

Nous rattachons à ces travaux ceux dans lesquels Geoffroy Saint-Hilaire s'est livré à la recherche des lois communes aux phénomènes de la physiologie et à ceux de la physique générale.

## De la loi de l'ATTRACTION DE SOI POUR SOI.

*Compt. rend. de l'Acad. des sc.*, VI, 766; 1838.

## Note sur la RÉPULSION.

*Ibid.*, VII, 551; 1838.

## De la brochure du physicien anglais M. R. Laming, intitulée : Application des axiomes de la mécanique.

*Ibid.*, VIII, 830, et Additions, IX, 10 et 68; 1839.

## D'un nouvel argument de physique intrastellaire.

*Ibid.*, IX, 439, et Additions, 489; 1839.

### A. *Sensations.*

Sur la nature, la formation et les usages des PIERRES qu'on
trouve dans les CELLULES AUDITIVES DES POISSONS.

*Mém. du Mus.*, XI, 241; et extraits, *Bull. philom.*, année 1824,
124; *Bull. des sc. médic.*, III, 9; et *Journ. univ. des sc. médic.*,
XXXVI, 112; 1824.

Lettre sur l'AUDITION DES POISSONS.

*Ann. des sc. nat.*, II, 255; en grande partie réimprimée, *Journ.
univ. des sc. médic.*, XXXV, 248; 1824.

Sur la lésion de la base du NERF TRIJUMEAU, ayant anéanti
l'action des sens sur l'un des côtés de la tête.

*Rev. encycl.*, XXIV, 429; 1824. — Observation faite par M. Serres.

Mémoire sur la structure et les usages de l'APPAREIL OLFACTIF
DANS LES POISSONS, suivi de Considérations sur l'olfaction
des animaux qui odorent dans l'air.

*Ann. des sc. nat.*, VI, 323; 1825. Extraits, *Arch. gén. de méd.*,
X, 121, et *Bull. des sc. médic.*, VIII, 255; 1826.

L'auteur, qui présente aussi quelques considérations sur les organes
de l'olfaction chez les Cétacés, décrit l'organe branchiforme des narines
du Congre, et établit que l'organe olfactif des Poissons présente, sépa-
rées et jouissant de fonctions distinctes, les parties qui, chez les Vertébrés aériens, se trouvent confondues dans la membrane pituitaire.

Sur une des fonctions du CERVELET.

*Bull. des sc. médic.*, XIII, 8; 1828.

L'auteur considère la concordance entre la conformation du cervelet
et celle des oreilles chez les Monstres, comme une confirmation de
l'opinion de Willis, touchant l'influence du cervelet sur l'audition.

### B. *Locomotion.*

Des usages de la VESSIE AÉRIENNE DES POISSONS.

*Ann. du Mus.*, XIII, 460; 1809.

Ce Mémoire, dans lequel l'auteur rappelle quelques travaux inédits,
faits antérieurement par lui sur le même sujet, est consacré à l'explication du mécanisme, par lequel les Poissons produisent à volonté la
dilatation de leur vessie aérienne, et par suite la diminution de leur
pesanteur spécifique.

Rapport sur l'ouvrage de M. Chabrier, intitulé : Essai sur le
vol des Insectes.

*Ann. gén. des sc. phys.* de Bruxelles, VIII, 291; 1821.

## C. *Respiration.*

Sur l'organe et les gaz de la RESPIRATION DANS LE FŒTUS.

*Mém. du Mus.*, X, 85; 1823.

L'auteur ·établit qu'il existe dans les eaux de l'amnios un gaz respirable, et il examine si une véritable respiration ne s'exercerait pas
d'abord par les vaisseaux placentaires, puis par ceux du derme.

Dans un appendice, l'auteur répond à quelques objections de Rolando.

Faits généraux concernant la RESPIRATION.

*Journ. complém. des sc. médic.*, XXII, 327; 1825; et (sous ce
titre : *Sur les êtres des degrés intermédiaires de l'échelle animale*),
*Bull. des sc. médic.*, VII, 4; 1826.

D'un ORGANE RESPIRATOIRE AÉRIEN, ajouté dans les CRUSTACÉS
à l'organe respiratoire aquatique.

Extrait (fait par M. Bertrand pour le journal le *Globe*), *Bull. des
sc. médic.*, VII, 5, 1826.

Suite de l'article précédent.

## D. *Génération.*

Exposition d'un plan d'expériences.

Mémoire lu à l'Institut d'Égypte à la fin de l'année 1800.

Dans le Chap. V, p. 137, et le Chap. IX, p. 286, nous avons donné
une idée de ce Mémoire, resté inédit, mais mentionné par le *Courrier
d'Égypte*, n° du 30 brumaire an IX, et sur lequel a été fait à l'Institut du Caire un rapport inséré dans les *Mémoires sur l'Égypte*, III,
385.

Ce Mémoire a eu pour suite, dans la séance suivante de l'Institut
d'Égypte, un autre travail dont on n'a que le titre (inséré dans le
*Courrier de l'Égypte*, n° du 6 frimaire) : *Histoire naturelle de l'œuf*,
servant d'introduction au développement des expériences annoncées
à l'égard des Oiseaux.

Deux autres Mémoires, l'un sur les muscles, l'autre sur la respiration, qui sont également mentionnés dans ce journal et dans d'autres
recueils, paraissent être aussi le développement du *plan d'expériences*.

Mémoire sur cette question : Si les ANIMAUX A BOURSE NAISSENT
AUX TÉTINES DE LEURS MÈRES.

*Journ. complém. des sc. médic.*, III, 193; 1819.

La conclusion de ce travail est que les Didelphes paraissent être *ovulipares*. Cette conclusion a été développée ultérieurement.

Mémoire sur les DIFFÉRENTS ÉTATS DE PESANTEUR DES ŒUFS, au commencement et à la fin de l'INCUBATION.

*Journ. complém. des sc. médic.*, VII, 271. Extrait, *Ann. gén. des sc. phys.* de Bruxelles, V, 394.

Il résulte des expériences de Geoffroy Saint-Hilaire que la perte en poids, durant l'incubation chez la Poule, est, en moyenne, de 1/6 environ.

Note où l'on établit que les MONOTRÈMES sont ovipares, et qu'ils doivent former une cinquième classe dans l'embranchement des Vertébrés.

*Bull. philom.*, ann. 1822, 95.

Sur les ORGANES SEXUELS et sur les PRODUITS DE GÉNÉRATION DES POULES dont on a suspendu la ponte.

*Mém. de la soc. linnéenne de Paris*, II, 1; et *Mém. du Mus.*, IX, 1; 1822. Extrait, *Bull. des sc. médic.*, I, 26; 1824.

CLOAQUE.

Article du *Dictionn. classique d'hist. nat.*, IV, 219; 1823.

Mémoire sur la GÉNÉRATION DES ANIMAUX A BOURSE et le développement de leur fœtus.

Extrait fort étendu, *Ann. des sc. nat.*, I, 392; 1824.

C'est un extrait, rédigé par M. Dumas, des résultats des recherches de l'auteur, que lui-même venait d'exposer dans l'article *Marsupiaux* du *Dictionnaire des sciences naturelles* (voy. p. 437). Cet extrait, précédé d'une note et d'un *questionnaire* par Geoffroy Saint-Hilaire, a été publié à part par ordre de l'administration du Muséum d'histoire naturelle, et distribué aux correspondants de cet établissement comme supplément à son Instruction aux voyageurs naturalistes.

Sur des VESTIGES D'ORGANISATION PLACENTAIRE et d'ombilic, découverts chez un très-petit fœtus du *DIDELPHIS VIRGINIANA*.

*Ann. des sc. nat.*, II, 121; 1824. Trad., *The zoological journal* de Londres, I, 403; 1825.

Note sur quelques circonstances de la GESTATION DES FEMELLES DE KANGUROOS, et sur les moyens qu'elles mettent en œuvre pour nourrir leurs petits suspendus aux tétines.

*Ann. des sc. nat.*, IX, 340; 1826.

Sur un APPAREIL GLANDULEUX récemment découvert en Allemagne dans l'ORNITHORHYNQUE.

*Ann. des sc. nat.*, IX, 457; 182ô. Traduit, *Archiv für Anatomie und Physiologie* de Meckel, ann. 1827, 18 (avec réplique de Meckel, *ibid.*, 23).

Considérations sur des ŒUFS D'ORNITHORHYNQUE.

*Ibid.*, XVIII, 157; 1829. Trad., *Archiv für Anat. und Physiol.* de Meckel, ann. 1830, 119.

L'auteur publie et commente la lettre d'un célèbre zoologiste anglais, touchant des œufs attribués à l'Ornithorhynque, et considère les Monotrèmes comme pouvant former une classe distincte dans l'embranchement des Vertébrés.

Sur les GLANDES ABDOMINALES CHEZ L'ORNITHORHYNQUE, dont la détermination, comme mammaires, fut en Allemagne et est de nouveau en Angleterre un sujet de controverse.

Premier article, *Gaz. médic. de Paris*, 2$^{me}$ série, I, 78; 2$^{me}$ art., 155; 1833. Articles reproduits dans le *Bulletin de la société impériale des naturalistes de Moscou*, VI, 127 et 139.

Découverte des GLANDES MONOTRÉMIQUES chez le RAT D'EAU.

*Recueil des analyses des séances de l'Acad. des sciences*, insérées dans le journal *le Temps*, 1833, 325.

Propositions de philosophie anatomique au sujet des GLANDES MAMMAIRES et des glandes monotrémiques.

*Ibid.*, 362.

Mémoire sur les GLANDES MAMELLAIRES.

*Ann. des sc. nat.*, 2$^{me}$ série, *zool.*, I, 174; 1834.

Mémoire sur les MONOTRÈMES.

*Ibid.*, II, 38; 1834.

Réponse à des objections de M. Owen. — Reproduit dans les *Études progressives.*

Lettre à M. Obœuf, chirurgien, au moment d'entreprendre une expédition pour la pêche de la Baleine.

Instructions autographiées, distribuées aux voyageurs et aux chirurgiens embarqués sur les vaisseaux baleiniers; in-8°, 1834.

Ces instructions sont principalement relatives aux glandes mammaires des Cétacés.

Mémoire sur la structure et les usages des GLANDES MONOTRÉ-

MIQUES (mammaires), et en particulier sur ces glandes chez les Cétacés.

*Gaz. médic.*, 2^me^ sér., II, 9; et 2^me^ article, *ibid.*, 24; 1834.

Les conclusions de ce travail dont une autre rédaction a été insérée dans l'*Europe littéraire*, t. II, p. 225, ont été rectifiées par l'auteur dans des publications ultérieures que l'on trouve réunies ou résumées dans les *Fragments sur la structure et les usages des glandes mammaires des Cétacés*. Voyez p. 423.

L'article suivant qui a été reproduit dans les *Études progressives*, est aussi un résumé, plus succinct, de ces mêmes travaux, et particulièrement des idées auxquelles l'auteur s'est arrêté à la suite d'une discussion avec l'un de ses savants collègues. Voy. p. 399.

**Vues générales sur la lactation des Cétacés.**

*Rev. encycl.*, LX, 187; 1834.

## 8. TÉRATOLOGIE.

### A. *Travaux d'ensemble ; généralités.*

**Mémoire sur plusieurs DÉFORMATIONS DU CRANE de l'Homme ; suivi d'un ESSAI DE CLASSIFICATION des Monstres acéphales.**

*Mém. du Mus. d'hist. nat.*, VII, 85; 1821. Extrait (par Presle Duplessis), *Journ. univ. des sc. médic.*, XXII, 43; 1821.

Mémoire réimprimé dans le tome II de la *Philosophie anatomique* (p. 3 à 101). Il a été lu à l'Académe des sciences en octobre 1820. C'est le point de départ de toutes les recherches tératologiques de l'auteur : on y trouve déjà le germe d'une grande partie des vues que Geoffroy Saint-Hilaire a développées depuis. Voy. Chap. VIII, p. 254 et suiv.

**Considérations d'où sont déduites des RÈGLES POUR L'OBSERVATION DES MONSTRES et POUR LEUR CLASSIFICATION.**

*Ann. gén. des sc. phys.* de Bruxelles, VIII, 74; 1821.

Réimprimé, comme le précédent, dans le t. II de la *Philosophie anatomique* (p. 103 à 123).

**Sur l'OPINION POPULAIRE, attribuant à de certains regards une influence sur les phénomènes de la Monstruosité.**

*Arch. gén. de méd.*, IX, 51; 1825. — En appendice à un travail sur les Anencéphales.

**Rapport sur l'Anatomie comparée des MONSTRUOSITÉS ANIMALES de M. Serres.**

*Ibid.*, XIII, 82; 1826.

Sur des DÉVIATIONS PROVOQUÉES et observées dans un établissement d'incubations artificielles.

*Arch. gén. de méd.*, XIII, 289, et *Journ. compl. des sc. méd.*,
XXIV, 256; 1826.

Résumé d'expériences faites en vue de déterminer l'origine et les
causes des Monstruosités. Elles ont fourni à l'auteur, dans ses publications ultérieures, de puissants arguments contre le système de la
préexistence des germes. Voy. Chap. IX, p. 290.

L'auteur avait fait des expériences analogues dès 1820. Voyez son
Mémoire sur les changements de pesanteur des œufs en incubation,
cité p. 457.

MONSTRES.

Article du *Dictionn. classique d'hist. nat.*, XI, 109; janvier 1827;
tiré à part et publié à l'avance sous ce titre : *Considérations générales sur les Monstres*, octobre 1826. Extraits dans le *Bull. des sc.
médic.*, IX, 300; 1826; et le *Journ. univ. des sc. médic.*, XLIX,
45; 1828.

L'auteur donne successivement dans cet important travail le résumé :
1° de l'histoire de la science; 2° des vues des tératologues qui l'avaient
précédé, et de ses propres vues sur la classification et la nomenclature; 3° des considérations anatomiques et physiologiques sur les rapports des anomalies organiques avec les faits de l'ordre normal, et sur
les causes des Monstruosités soit unitaires, soit composées.

La plupart des Mémoires qui suivent, renferment aussi, à l'occasion
de divers faits particuliers, des considérations générales sur la tératologie.

Des ADHÉRENCES DE L'EXTÉRIEUR DU FŒTUS, considérées comme
le principal fait occasionnel de la Monstruosité.

*Arch. gén. de méd.*, XIV, 392; 1827.

Réflexions sur quelques DISSENTIMENTS DE THÉORIE dans des
questions de Monstruosité.

*Rev. médic.*, ann. 1827, I, 277 (en appendice à un rapport sur des
Monstruosités anencéphaliques). Trad., *Archiv für Anat. und Physiol.*
de Meckel, ann. 1827, 328.

L'auteur, répondant à quelques objections de Meckel, insiste sur le
véritable sens de sa théorie du *Retardement de développement* que
Meckel et lui-même avaient cru identique avec la doctrine des *Arrêts*,
et qui est au fond fort différente sous un point de vue très-important.
Voyez le Chap. IX, p. 293 et suivantes.

Sur le principe et le caractère des doubles Monstres Hypognathes et cas analogues.

*Compt. rend. de l'Acad. des sc.*, IV, 875; 1837.

## B. *Faits divers.*

Rapport sur un Mémoire de M. Breschet, traitant des GROSSESSES
EXTRA-UTÉRINES, suivi d'annotations.

*Répertoire général d'anatomie et de physiologie*, I, p. 75 de l'édit.
in-8° et 48 de l'édit. in-4°, et *Journal clinique sur les difformités,*
par Maisonabe, I, 241; 1825. Extr., *Bull. des sc. médic.*, X, 9; 1827.

Considérations générales sur l'organe sexuel des femelles, sous
le point de vue des gestations irrégulières.

*Journ. clin. sur les diff.*, I, 253; 1825.

Note additionnelle au rapport précédent, publiée à l'occasion de divers
cas d'utérus double ou bifide et de superfétation, sur lesquels un travail
intéressant venait d'être publié par M. le docteur Cassan. Dans ces cas
observés chez l'Homme, on voyait reproduites quelques-unes des conditions normales de l'utérus des Mammifères.

## C. *Hémitéries.*

Note sur deux frères de la race des HOMMES PORCS-ÉPICS.

*Bull. philom.*, III, 145; 1802.

Cas de transmission héréditaire d'une très-curieuse altération de la
peau, devenue épineuse sur la plus grande partie du corps.

Remarques sur un Mémoire de M. Martin.

*Ann. des sc. nat.*, VII, 87; 1826.

Le Mémoire de M. Martin Saint-Ange est relatif à un cas de dépla-
cement du rein, avec quelques anomalies vasculaires. Geoffroy Saint-
Hilaire fait l'application à ces faits tératologiques du principe du
développement centripète.

Mémoire sur une RÉUNION MONSTRUEUSE DES MÉNINGES ET DU
VITELLUS, et sur les effets de ces adhérences, observées sur
un poulet nouveau-né.

Extrait, *Bull. des sc. médic.*, XII, 204; 1827.

Sur un fœtus de CHEVAL POLYDACTYLE, ayant ses doigts séparés
par une membrane.

*Ann. des sc. nat.*, XI, 224, et extrait, *Bull. des sc. médic.*, XII,
205; 1827.

Note sur un cheval ayant trois doigts. Remarques générales sur la
reproduction, par les anomalies d'une espèce, de l'état normal d'autres
animaux.

Lettre sur la POULE A PROFIL HUMAIN (dont on venait de tra-
duire la description du russe).
*Gaz. médic.*, I, 17; 1830.

NAIN de Bréda, en Illyrie.
*Compt. rend. de l'Acad. des sc.*, III, 480; 1836.

Rapport sur une communication relative à une FILLE NAINE.
*Ibid.*, V, 839; 1837.

### D. *Hermaphrodismes.*

Sur une CHÈVRE DES DEUX SEXES, femelle quant à ses parties
externes, et mâle dans ses organes profonds.
*Nouvelles ann. du Mus.*, II, 141; 1833. Extrait, *Mémorial des
hôpitaux du midi*, II, 505; 1830.

Quoique publié seulement en 1833, ce travail date de juillet 1830
(voy. p. 391) : il a été lu à l'Académie des sciences dans les premiers
jours d'août. Il est relatif à un cas d'Hermaphrodisme mixte par
superposition. On y trouve des vues neuves sur l'indépendance originelle des organes externes de la reproduction et des organes profonds,
et sur l'explication des Hermaphrodismes superposés : vues qui ont été
plus tard confirmées et étendues dans le tome II de notre *Histoire
générale et particulière des anomalies* (p. 46 et suiv.).

Rapport au sujet d'une communication d'un artiste vétérinaire.
*Compt. rend. de l'Acad. des sc.*, III, 758; 1846.

### E. *Monstruosités.*

#### a. *Monstres unitaires.*

ANENCÉPHALE.
Article du *Dict. class. d'hist. nat.*, I, 357; 1822.

D'un nouvel ANENCÉPHALE HUMAIN, sous le nom d'Anencé-
phale de Patare.
*Journ. univ. des sc. médic.*, XXXVI, 129; 1824; et 2e art.,
XXXIX, 257; 1825.

Note sur un ANENCÉPHALE.
*Bull. des sc. médic.*, VI, 216; 1825.

Sur de nouveaux ANENCÉPHALES HUMAINS, confirmant par
l'autorité de leurs faits d'organisation la dernière théorie
sur les Monstres.

*Mém. du Mus.*, XII, 233, et suite, 257; et extrait, *Arch. gén. de méd.*, IX, 41; 1825.

Ce Mémoire est en grande partie la reproduction des articles précédents sur l'Anencéphale de Patare. L'auteur dohne les caractères et la détermination de huit Anencéphales.

Considérations générales sur la Monstruosité, et description d'un genre nouveau observé dans l'espèce humaine, et nommé ASPALASOME.

*Ann. des sc. nat.*, IV, 450, et *Journ. compl. des sc. médic.*, XXI, 236; 1825; et extraits, *Bull. des sc. médic.*, VII, 202, et *Notiz* de Froriep, XIV, 117; 1826.

Remarques générales sur les brides ou lames d'adhérence entre le fœtus et les membranes de l'œuf ou le placenta, considérées comme causes de Monstruosités.

Note sur un HÉMATOCÉPHALE, observé à l'école royale d'Alfort (chez le Cheval).

*Ann. des sc. nat.*, IV, 468; 1825.

Additions au Mémoire sur l'ASPALASOME.

*Journ. compl. des sc. médic.*, XXI, 367 et 369; 1825.

Description d'un Monstre humain né avant l'ère chrétienne, et Considérations sur le caractère des Monstruosités dites ANENCÉPHALES.

*Ann. des sc. nat.*, VI, 357; 1825.

Outre des détails curieux sur l'Anencéphale momie et un résumé des travaux antérieurs de l'auteur, on trouve dans ce Mémoire des considérations sur diverses questions générales, particulièrement sur l'existence dans l'os basilaire de deux noyaux placés bout à bout, et sur l'opinion qui considère le sexe masculin comme un plus grand développement du sexe féminin. L'auteur combat cette opinion.

Note sur un Monstre humain (ANENCÉPHALE) trouvé dans les ruines de Thèbes en Égypte.

*Moniteur* du 13 janvier 1826; *Bull. des sc. médic.*, VII, 105; *Arch. gén. de méd.*, X, 124; 1826; et *Catalogue raisonné et historique des antiquités découvertes en Égypte par M. Passalacqua*, in-8°, 231; Paris, 1826.

Sur un fœtus né à terme, blessé dans le troisième mois de son âge (THLIPSENCÉPHALE).

*Mémoires de la société médicale d'émulation*, IX, 65; 1826.

L'auteur, modifiant ou du moins restreignant ses premières opinions
sur les causes des Monstruosités, établit qu'un certain nombre de
Monstruosités unitaires résultent d'une violence exercée sur la mère
par elle-même ou par d'autres. Les premiers résultats de ce Mémoire
ont été depuis complétés, confirmés et amenés à un degré inespéré
de précision. Voy. plus bas.

## Note sur quelques conditions générales de l'Acéphalie complète.

*Rev. médic.*, ann. 1826, III, 36.

L'auteur traite, dans ce Mémoire, des circonstances de la naissance
des Acéphaliens, et fait voir, par l'analyse des nombreuses observations
antérieurement publiées, que ces Monstres sont très-généralement
jumeaux.

## Notice sur une Monstruosité.

Lue à l'Académie de médecine le 14 novembre 1826.

Cette notice, dans laquelle a été établi le genre Agène ou Agénosome,
est restée inédite, mais plusieurs journaux, notamment les *Archives
générales de médecine*, t. XII, p. 632, en ont donné des extraits
étendus.

## Rapport sur plusieurs Monstruosités anencéphaliques.

*Rev. médic.*, ann. 1827, I, 269. Traduit, *Archiv für Anat. und
Physiol.* de Meckel, ann. 1827, 323.

C'est un rapport sur trois Dérencéphales décrits par M. Vincent Portal.

## Remarques au sujet d'un Mémoire de M. V. Portal.

*Ann. des sc. nat.*, XIII, 246; 1828.

C'est une addition au rapport précédent. L'auteur fait connaître de
nouveaux Dérencéphales.

## Remarques sur le fœtus monstrueux de Charolles.

*Journ. complém. des sc. méd.*, XXIX, 327; 1828.

C'est un Podencéphale qui est décrit dans le même volume, p. 252,
par M. le docteur Pézerat.

## Sur un nouveau produit de l'espèce humaine, frappé de Monstruosité à quatre mois et demi de vie intra-utérine.

Extraits, *Rev. médic.*, ann. 1829, II, 133; *Bull. des sc. médic.*,
XVIII, 168, et *Arch. gén. de méd.*, XX, 460; 1829.

Établissement du genre Nosencéphale, voisin des Thlipsencéphales,
et dont la production résulte de même d'une cause traumatique. Dans
le cas qui fait le sujet de ce Mémoire, la nature de la cause, et même
aussi l'époque à laquelle elle avait agi, furent déterminées par Geoffroy
Saint-Hilaire, malgré les dénégations formelles de la mère qui voulait

cacher un acte de violence exercé sur elle par son mari. Nous avons
rapporté les circonstances très-remarquables de cette observation dans
notre *Histoire générale des anomalies*, t. III, p. 538.


b. *Monstres doubles.*

Considérations zootomiques et physiologiques sur des Veaux
bicéphales, nommés HYPOGNATHES.

*Mém. du Mus.*, XIII, 93; 1825; et (sous un titre un peu différent) *Journal de médecine vétérinaire et comparée*, III, 5, et
suite, 71; 1826. Extrait, *Bull. des sc. médic.*, XII, 203; 1827.

Cas très-curieux de Monstruosité. C'est par eux que Geoffroy Saint-
Hilaire a été mis sur la voie de la loi de l'Union similaire, et, par
suite, de la loi de l'Affinité de soi pour soi. Voy. p. 297 et suiv.

Rapport sur un Monstre chinois HÉTÉRADELPHE.

*Bull. des sc. médic.*, VIII, 205; 1826.

L'observation qui fait le sujet de ce rapport, est du docteur Busseuil
(et non Bordot, comme il est dit par suite d'une erreur typographique).

Notice sur une MONSTRUOSITÉ.

Cette notice, lue à l'Académie de médecine le 22 février 1827, est
consacrée à l'établissement d'un genre très-remarquable de Monstres
doubles sycéphaliens, les Polyopses ou Opodymes. Elle n'a point été
imprimée dans son entier, mais on en trouve des extraits dans plusieurs journaux médicaux, particulièrement dans les *Archives générales de médecine*, t. XIII, p. 447. Voyez aussi : *Zeitschrift für
die organische Physik*, publié par Heusinger, t. I, p. 243.

Mémoire (et rapport) sur un enfant monstrueux né dans le
département d'Indre et Loire (HÉTÉRADELPHE de Benais).

*Mém. du Mus.*, XV, 385; et extrait, *Bull. des sc. médic.*, XII,
206; et *Arch. gén. de méd.*, XV, 137; 1827. Extrait du rapport,
*Rev. médic.*, ann. 1827, IV, 295.

Considérations sur les Monstruosités du genre *SYNOTUS*.

*Ann. des sc. nat.*, XIV, 406; 1828.

Rapport sur le prétendu accouplement d'un Chien et d'une
Brebis, et sur les anomalies de structure du produit.

*Journ. complém. des sc. médic.*, XXXIII, 3; et extrait, *Bull.
des sc. médic.*, XVI, 405; 1829.

Le Monstre que l'on avait regardé comme issu de cette union adultère,
est un agneau Synote.

Rapport sur deux frères attachés ventre à ventre depuis leur
    naissance, et présentement âgés de dix-huit ans.

*Moniteur* du 29 octobre 1829; article publié aussi à part, in-8°.
Extrait, *Gazette de santé*, ann. 1829, 247.

Ce sont les frères Siamois. Leur mode d'union est celui qui caractérise
le genre Xiphopage.

Rapport sur le Monstre bicéphale Ritta-Christina.

Extrait, *Gaz. de santé*, ann. 1829, 270.

Rapport sur une fille à deux têtes, née récemment en France
    aux pieds des Pyrénées.

*Mém. du Mus.*, XIX, 145; 1830; et *Ann. des sc. nat.*, XXII,
65; 1831. Extrait, *Arch. gén. de méd.*, XXIII, 463; 1830.
C'est un Xiphodyme.

Lettre sur la FILLE BICÉPHALE des Pyrénées.

*Gaz. médic.*, I, 30; 1830.

Mémoire sur un enfant quadrupède né et vivant à Paris
    (ILÉADELPHE).

*Gaz. médic.*, I, 340; *Ann. des sc. nat.*, XXI, 333; 1830; et
avec addition, *Mém. de l'Acad. des sc.*, XI, 435; 1832. Extrait,
*Arch. gén. de méd.*, XXIV, 148, et *Mémorial des hôpitaux du
midi*, II, 572; 1830. Addition, *Compt. rend. de l'Acad. des sc.*,
IX, 390; 1840.

Rapport sur un enfant double du genre ISCHIADELPHE, suivi
    de Considérations et de réflexions sur la Monstruosité double.

*Mém. des hôp. du midi*, II, n° 7; 1830; et *Journ. compl. des
sc. méd.*, XLI, 279; 1831.

Sur la famille des Monstres bicorps unicéphales, et sur un
    genre nouveau nommé *DERADELPHUS*.

Mémoire resté inédit. Extrait, *Arch. gén. de méd.*, XXV, 581; et
*Gaz. médic.*, II, 142; 1831.
Établissement des genres *Deradelphus*, *Synotus*, *Iniops* et *Janiceps*.

Réflexions sur l'HÉTÉRADELPHIE.

*Ann. des sc. nat.*, 2e série, *zool.*, VI, 118; 1836.
Note sur la Monstruosité double par inclusion, comparée à l'Hétéradelphie.

Explications au sujet de l'embryon de Syra.

> *Compt. rend. de l'Acad. des sc.*, II, 382; 1836.

A l'occasion d'un fait très-paradoxal de tératologie, annoncé en Grèce, Geoffroy Saint-Hilaire, en émettant des doutes sur sa réalité, rappelle quelques exemples de Monstruosité double par inclusion, et fait connaître un cas de coexistence, dans le même œuf, de deux sujets, l'un normal, l'autre très-petit, comprimé, atrophié.

Mon dernier mot sur l'embryon de Syra.

> *Ibid.*, 391; 1836.

Négation de la réalité du fait, sur lequel l'auteur avait émis des doutes dans l'article précédent.

Études sur la Monstruosité bi-corps de Prunay (ISCHIOPAGE).

> *Gaz. médic.*, 3ᵉ série, VI, 685; 1838; avec suites, *ibid.*, 716; et *Compt. rend. de l'Acad. des sc.*, VII, 769; 1838. Addition et considérations générales sur l'Attraction de soi pour soi, VIII, 268; et IX, 194, 228, 268, 290 et 305; 1839.

Sur une nouvelle fille bi-corps née à Alger.

> *Ibid.*, VII, 1096; 1838.

C'est une réclamation plutôt qu'un article tératologique. Le Monstre double qui en fait le sujet, est un Xiphodyme.

## III. MÉLANGES.

A. *Articles biographiques et appréciations scientifiques.*

Notice sur ANDRÉ THOUIN.

> *Rev. encyclop.*, XXIV, 555; 1824.

Discours sur LACÉPÈDE.

> Recueil des discours prononcés aux funérailles de ce savant, publié par l'Institut, in-4°, 1825; et *Mém. du Mus.*, XIII, 77; 1825.

Discours sur PINEL.

> Recueil publié par l'Institut; in-4°, 1826.

Notice sur PINEL.

> *Rev. encyclop.*, XXXII, 556; 1826.

Notice sur LECOURT.

> *Ibid.*, XL, 260; 1828.

Lecourt, simple taupier à Pontoise, a fait sur les mœurs de la Taupe plusieurs observations intéressantes, publiées par Cadet de Vaux : il est

le véritable créateur de l'art du Taupier, jusqu'alors livré à la routine
la plus aveugle. Geoffroy Saint-Hilaire a voulu sauver de l'oubli le nom
de Lecourt et les services rendus par lui à la société.

Discours sur LAMARCK.

> Recueil publié par l'Institut, in-4°, 1829.

Sur des écrits de GŒTHE, lui donnant des droits au titre de
savant naturaliste.

> *Ann. des sc. nat.*, XXII, 188; 1831.

Sur un nouvel ouvrage de GŒTHE, traitant des analogies et
de la métamorphose des plantes.

> *Journ. complém. des sc. médic.*, XL, 279, et *Rev. encyclop.*,
LI, 523; 1831.

Discours sur CUVIER.

> Recueil publié par l'Institut, in-4°, 1832.

Discours sur SÉRULLAS.

> Recueil publié par l'Institut, in-4°, 1832, et *Rev. médio.*, année
1832, II, 433.

Discours sur MEYRANX.

> *Rev. encyclop.*, LIX, 523; 1833.

Discours sur LATREILLE.

> Recueil publié par l'Institut, in-4°, 1833.

Sur une vue scientifique de l'adolescence de NAPOLÉON BONA-
PARTE, formulée dans son âge mûr sous le nom de Monde
des détails.

> Journal *le Temps*, novembre 1835, et à part, in-8°.
> Cet article est, en grande partie, extrait de l'Introduction des
*Notions de philosophie naturelle*. L'auteur montre Napoléon médi-
tant, tout jeune encore, sur les plus grandes questions de la philosophie naturelle, et regrettant, en Égypte, de n'avoir pu consacrer
sa vie à les résoudre. C'est la première révélation d'un fait historique,
confirmé dix ans plus tard par la publication, due à M. Sainte-Beuve,
d'une remarquable lettre de Napoléon à Laplace (*Revue des deux
mondes,* mars 1845); lettre qui devait faire partie des pièces justifi-
catives du premier volume de l'*Histoire du Consulat et de l'Empire*
par M. Thiers.

Notice sur BUFFON.

> *Encyclopédie nouvelle*, III, 105; 1836.

Analyse des travaux de Gœthe en histoire naturelle, et considérations sur le caractère de leur portée scientifique.

*Compt. rend. de l'Acad. des sc.*, II, 555, et suite, 563; 1836.

Notice historique sur Buffon. Études sur sa vie, ses ouvrages et ses doctrines.

Discours placé à la tête de l'édition de Buffon dite *Buffon Saint-Hilaire*, I, 1; 1837.

Notice beaucoup plus étendue que la précédente, et dans laquelle l'auteur a résumé, dans plusieurs passages, ses vues propres sur la marche et les tendances actuelles de la science.

Cette notice a été réimprimée dans les *Fragments biographiques* (voy. p. 424) avec plusieurs des articles précédents et avec la notice ci-après.

Notice sur Daubenton.

*Encyclop. nouv.*, IV, 221; 1837.

De la Statue de Buffon, afin de lui faire recouvrer ses anciens honneurs.

*Compt. rend. de l'Acad. des sc.*, VII, 681; 1838.

Cet article peut être considéré comme une addition aux *Études sur Buffon.*

Nous rattachons à ces articles les deux notes suivantes, relatives à l'histoire du Muséum et à la biographie de l'auteur lui-même.

Note sur les objets d'histoire naturelle recueillis en Portugal.

*Ann. du Mus.*, XII, 434; 1808.

C'est un extrait du Rapport adressé par Geoffroy Saint-Hilaire au Ministre de l'Intérieur sur les résultats de sa mission en Portugal.

Sur l'accroissement des collections de Mammifères et d'Oiseaux du Muséum d'histoire naturelle.

*Ibid.*, XIII, 87; 1809. [1]

1 L'auteur a en outre inséré, dans la *Revue encyclopédique*, quelques articles sur des ouvrages ou mémoires qui venaient d'être publiés, savoir : le travail sur la *Matière* de M. Bory de Saint-Vincent (t. XXXI, p. 158); l'ouvrage de M. Edwards sur les *Caractères physiologiques des races humaines* (XLI, 749), et les *Lettres* de M. Bourdon *sur la Physiologie* (XLV, 136) : ce dernier article est la reproduction presque textuelle d'un rapport fait à l'Académie.

Deux autres rapports verbaux, l'un sur les *Annales des sciences naturelles*, en 1824; l'autre sur les *Tableaux du règne animal* de M. Comte, ont été recueillis dans divers journaux, et publiés séparément par les soins des éditeurs.

### B. *Rapports et Notes diverses.*

#### a. *Médecine.*

Rapport sur un Mémoire du docteur Deleau (sur ses procédés pour l'éducation des SOURDS-MUETS).

*Bull. des sc. médic.*, VIII, 254; 1826.

Rapport sur un Mémoire de M. Lisfranc, traitant de la RHINO-PLASTIE.

*Mém. du Mus.*, XV, 447; 1827; *Arch. gén. de méd.*, XVI, 480, et *Journ. complém. des sc. médic.*, XXX, 12; 1828.

#### b. *Philosophie.*

Rapport sur l'ouvrage de M. Buchez, intitulé : Introduction à la science de l'histoire.

*Rev. encyclop.*, LIX, 210; 1833.
Ce rapport a été réimprimé dans les *Études progressives.*

#### c. *Archéologie.*

Rapport à l'Institut d'Égypte sur les recherches à faire dans l'emplacement de l'ancienne Memphis et dans toute l'étendue de ses sépultures.

*Courrier de l'Égypte*, n°s 104, 105, 106 et 107, an IX; réimprimé en entier, par Galland, *Tableau de l'Égypte*, Paris, 1803, II, 243. Voy. aussi *Mag. encyclop.*, XLII, 18; 1802.

On trouve aussi dans le *Courrier de l'Égypte*, n°s 48, 95 et 97; dans l'ouvrage de Galland, *ibid.*, p. 241; et dans les *Mémoires sur l'Égypte*, t. IV, p. 9, des détails sur les collections de Geoffroy Saint-Hilaire et sur les résultats des recherches et des fouilles faites par lui dans deux voyages à Saccarah.

#### d. *Voyages.*

Rapport sur le voyage au cap de Bonne-Espérance, de Delalande.

*Précis du voyage de Delalande*, in-4°, Paris, 1821, p. 30.

Rapport sur la partie zoologique du voyage autour du monde, de M. L. de Freycinet (et de MM. Quoy et Gaimard).

*Rev. encyclop.*, XXVI, 625, et *Ann. des sc. nat.*, IV, 341; 1825.

Rapport sur l'ouvrage de M. Passalacqua, traitant des antiquités égyptiennes.

*Moniteur* du 25 nov. 1826. Imprimé aussi à part, in-8°.

Rapport sur les opérations de la Commission des sciences et
des arts en Morée.

*Moniteur* du 29 septembre 1829. Imprimé aussi à part, in-8°, 1829.

Sur des collections scientifiques récemment faites par des officiers de la marine royale.

*Annales maritimes et coloniales*, II, 604; 1832. Extrait, *Nouv.
ann. du Mus.*, I, 41; 1832.

Note sur les collections faites, dans un voyage à Madagascar, par
M. Sganzin, et dans une expédition de circumnavigation, par M. Eydoux.

Rapport sur l'ouvrage intitulé : Catalogue raisonné des objets
d'histoire naturelle recueillis dans un voyage au Caucase
· (par M. Ménétriés).

*Nouv. ann. du Mus.*, II, 137; 1833.

Rapport sur l'histoire scientifique et militaire de l'Expédition
française en Égypte.

Extrait, *Compt. rend. de l'Acad. des sc.*, III, 627; 1836. — Ce
rapport a été aussi publié à part dans son entier, Paris, in-8°, 1836.

C. *Notes relatives à l'organisation de l'Académie des sciences.*

La zoologie a-t-elle dans l'Académie des sciences une représentation suffisante? La physiologie n'y a-t-elle pas été
oubliée ?

*Rev. encyclop.*, XIII, 501; 1822.

Opinion sur la question de candidature pour une place vacante
dans le sein de l'Académie.

Paris, in-8°, 1825. Extrait, *Rev. médic.*, ann. 1825, I, 308; et
*Rev. encyclop.*, XIV, 873; 1825.

Cet article traite la même question que le précédent, et la résout
dans le sens le plus favorable aux études physiologiques et anatomiques.

Note sur le même sujet.

*Rev. encyclop.*, XL, 530; 1828.

A l'occasion d'une élection récemment faite, l'auteur se félicite, dans
cette note, de voir l'Académie entrer dans les voies où, depuis dix
ans, il l'appelait de tous ses efforts.

# TABLE DES MATIÈRES.

## NOTES PRINCIPALES ET PIÈCES JUSTIFICATIVES.

## TABLE MÉTHODIQUE ET ANALYTIQUE DES OUVRAGES ET MÉMOIRES DE GEOFFROY SAINT-HILAIRE.

FIN.